U0257758

国家社科基金
后期资助项目
GUOJIA SHEKE JIJIN HOUQI ZIZHU XIANGMU

黄河铜瓦厢决口改道与晚清政局

The Yellow River's Changing Course at Tongwaxiang and the Political Situation in the Late Qing Dynasty

贾国静 著

社会科学文献出版社
SOCIAL SCIENCES ACADEMIC PRESS (CHINA)

国家社科基金后期资助项目
出版说明

  后期资助项目是国家社科基金设立的一类重要项目，旨在鼓励广大社科研究者潜心治学，支持基础研究多出优秀成果。它是经过严格评审，从接近完成的科研成果中遴选立项的。为扩大后期资助项目的影响，更好地推动学术发展，促进成果转化，全国哲学社会科学工作办公室按照"统一设计、统一标识、统一版式、形成系列"的总体要求，组织出版国家社科基金后期资助项目成果。

全国哲学社会科学工作办公室

从"自然之河"走向"政治之河"（代序）

这几年因缘际会，可以有更多的时间专心于自己的学术志业，也就是灾害史和生态史，故此一方面如饥似渴地狂读各类先贤、同仁的著作，一方面如鱼得水般地在大数据时代日趋膨胀的文献之海中肆意冲浪，只是由于生性懒散，以致在长时间的阅读和文献搜集过程中固然不乏创获，且不时迸发出新的思想火花，可一旦拿起笔来，准确地说，是动起手来，顿觉千钧之重，怎么也敲不出像样的文字来。万千思绪，成就的不过是"茶壶里的风暴"。就如这篇序言，著者早在数年前就已将她的书稿电邮给我，希望我这个师兄给几句"美言"，我居然也一拖再拖，屡屡失约。好在她的大作即将付梓，我再找不到像样的借口，只好硬着头皮，谈几点感想，也算了了一笔宿债。当然，以我个人的秉性，这里都是实话实说，算不上什么"美言"，希望著者不至于太失望。

如果没有记错的话，贾国静是在 2005 年秋季进入中国人民大学清史研究所，师从我的导师李文海先生，攻读博士学位。其时先生正主持一项教育部人文社科重大项目"清代灾荒研究"，后又受托担任国家清史纂修工程《清史·灾赈志》的首席专家，当然希望自己的学生也能参与这一事业，从而壮大灾害史研究的力量。尽管贾国静在读硕士时做的是近代教育方面的研究，对灾荒史原本十分陌生，但考虑到她的老家距离山东黄河不远，对黄河灾害多少也有直接间接的体验，而黄河灾害又是近代中国灾害史研究，乃至整个中国历史研究都无法回避的重大话题，所以建议她以此作为博士学位论文的选题。没想到一晃十三四年过去了，先生离开我们也有将近六年的时间，而贾国静却依然耕耘在这片学术园地之上，始终不辍，此种执着，不能不令人钦佩；特别是她不辱师命，不仅对自己的博士学位论文进行反复修改，还在取得博士学位之后不久，就将研究范围从1855 年黄河铜瓦厢改道之后的晚清河政扩展到对整个清代河政体制的探讨，足见其勇气和魄力。时至今日，这两项研究终将同时付梓，对于著者而言，这当然是其学术生涯中最重要的突破性瞬间，而对于曾经开创中国近代灾荒史研究的李先生来说，这应该是此时此刻同门之中奉献出来的最好的纪念。先生泉下有知，亦当释然。

实际上，贾国静的清代黄河灾害系列研究也算是弥补了我对先生的一份缺憾。当我早于她入学前十多年，追随先生攻读博士学位之时，先生就希望我从事这方面的研究。记得当时他给我出了两个题目，一个是为民国救荒问题，另一个就是近代黄患及其救治。他还就后一个选题给我开出详细的提纲来，建议从近代黄河灾害的总体状况，黄河灾害的演变规律及其自然、社会成因，黄河灾害对当时社会的影响，以及国家和社会如何救治和防范黄河灾害等诸多方面，对以黄河为中心的灾害与社会的相互作用进行较为全面、系统和深入的探讨。由于我在读硕士的时候曾以铜瓦厢改道后的黄河治理为题写过学年论文，所以先生明显倾向于让我以后者为题。但那一时期的我，虽然与同年龄的其他学者相比，不过是个"半路出家"的"老童生"，却也算年轻，"胆肥"，不甘于先生圈定的"套路"，最终选择了当时学人研究较少的民国救荒问题（实际上连这一任务也没有完成，而只是对民国灾害及其影响与成因做了一些初步的探讨），尽管后来有一些学者对我那篇讨论晚清黄河治理的论文有一些我自认为不甚妥当的批评，但我还是弃黄河于不顾而言其他了。

谁曾想，我所弃者，正是大陆社会史学界一个新兴领域的成长繁荣之处，这就是从这个世纪初迅速崛起而今已成果累累的"水利社会史"。如若当年依循先生的指示，把精力放在近代黄河水患之上，或许我也可以在今日颇负盛名的水利社会史领域有一番作为。人们常说，历史不能假设。我要说的是，如果没有假设，我们的历史研究又将从何谈起？况且说什么"历史不能假设"，在我看来，本质上也是一种假设，它所假设的就是"历史不能假设"，只是这种假设总是把多元复杂的历史过程封闭住了，也因此总是把后来的历史结局当成不以人的意志为转移的单向度的"铁律"了。幸运的是，我之辜负先生处，正是贾国静以其持之以恒、孜孜以求的努力报谢先师之所，而且也正由于她对先生倡导的灾害史研究"套路"的坚守，才使她的新著在很大程度上区别于今日水利社会史研究的主流导向，从而以清代黄河治理为突破口，在探索历史时期中国水与政治的互动关系方面进行了颇具启发意义的尝试。

我之做出如许判断，主要是基于中国水利史研究之学术流变的脉络而言的。大体说来，我国现代意义上的水利史研究，当然包括黄河史在内，本质上属于一种以工程技术为主导的水利科学技术史，自民国迄今，名家辈出，成就非凡。与此形成对话的地理学者，主要是历史地理学者，从20世纪二三十年代的竺可桢对直隶水利与环境之关系的探讨，到五六十年代的谭其骧、史念海等对东汉王景治河以后黄河八百年安澜之成因的争论，基本上都是立足于人地关系的层面，挖掘人类影响下的流域环境变迁对河流水文的影响，每多惊人之论。改革开放以后，尤其是1990年代以降，这一流派影响日著，成为中国水利史研究最重要的学术生长点之一。

另一种水利史，也是这里要重点探讨的，则既关心水利工程，也看到河流与环境变迁的关联性，但更注重围绕着水利工程而展开人与人之间非平等权力关系的构建及其演化，这就是美籍德裔学者魏特夫受西方学术传统，尤其是马克思相关论述的影响而构建的"治水社会"和"东方专制主义"理论。① 但是这一理论以其意识形态上过于强烈的反共冷战色彩、过于明显的他本人声称要予以超越实则根深蒂固的地理决定论甚至种族主义特质，而在中国学术界遭到强烈的批评。这种批评，在魏特夫著作的中译本出版不久亦即1990年代初期达至高潮，最集中的体现就是李祖德、陈启能主编的《评魏特夫的〈东方专制主义〉》。② 不过这些批评，虽然表明要采取实事求是的态度，要从学术而非政治的层面展开，但总体上运用的还是一种论战式的二元对立逻辑，以至于在去除魏特夫理论中极端意识形态色彩的同时（按美国环境史家沃斯特的说法是"魏特夫Ⅰ号"），也使有关水与国家政治之间相互关系的研究（"魏特夫Ⅱ号"）似乎成了某种学术上的禁区，很难纳入当时中国学者的研究选题中。就连20世纪30年代中国学者冀朝鼎在魏特夫影响下完成的博士学位论文《中国历史上的基本经济区与水利事业的发展》③，也被大多数学者从经济史、水利史、

---

① 参见卡尔·A. 魏特夫《东方专制主义：对于极权力量的比较研究》，徐式谷等译，中国社会科学出版社，1989。

② 参见李祖德、陈启能主编《评魏特夫的〈东方专制主义〉》，中国社会科学出版社，1997。

③ 参见冀朝鼎《中国历史上的基本经济区与水利事业的发展》，朱诗鳌译，中国社会科学出版社，1981。

历史地理学或地方史、区域史的角度去理解，去阐释，而在很大程度上忽视了冀氏所关注的区域水利建设和经济演化过程中的国家角色及其政治向度。

到了21世纪，学界对魏特夫的治水理论逐渐有了新的认识，更多是从学术上提出各自的质疑。然而有意思的是，不管是1990年代旨在整体否定的理论批判，还是21世纪以来从实证的角度对其进行的批判性借鉴和由此提出的对"水利社会"概念的阐释，实际上都是建立在对魏特夫理论充满误读的基础之上。在前一场批评中，绝大部分学者仅仅把灌溉类的水利工程与专制国家的兴起和维系挂起钩来，指责魏特夫所谈论的中国治水工程，在中国国家早期起源之时，主要目的是防洪或排涝以除害，而非灌溉以取利；而且即便存在少量的灌溉工程，也基本上是地方所为，与国家无涉。后一场批评，承认了治水与权力运行之间密不可分的关系，承认了水利对理解中国社会至关重要的意义，却又质疑魏特夫这位忽视"暴君制度"剩余空间的学者"企图在理论上驾驭一个难以控制的地大物博的'天下'"，把"洪水时代"的古老神话与古代中国的政治现实"完全对等，抹杀了其间的广阔空间"，并从区域史的角度批评魏特夫只谈所谓"丰水区"避灾除害的防洪工程，却忽略了"缺水区"资以取利的农田灌溉，特别是华北、西北干旱半干旱地区的水利灌溉，因此建议放弃或搁置魏氏所提出的"治水社会"，转而采用"水利社会"的概念，更多地发掘普天之下中国各地区"水利社会"类型的多样性。① 但是前一场批评，更多是从先秦时期的上古立论，而对秦汉以后，尤其是明清时期的中国治水事业不提或论之甚少。这样做，固然有其学理上的逻辑，也就是从国家起源的角度否定治水社会和专制主义的存在，由此掐断魏特夫所谓"东方社会"之专制主义传统似乎先天而生、后天持久的逻辑链条。姑且不论这种对先秦历史的论述是否妥洽，其中对秦汉以降中国历史留下的空白，恐怕并不像秦晖所说的那样有效地颠覆了魏特夫的"治水社会"论，② 相反在很大程度上倒是默认了中国封建社会或传统中国后期治水与国家体制的关系，至少承认了专制集权体制作为一种历史现象在中国的存在，以及这种

---

① 参见王铭铭《"水利社会"的类型》，《读书》2004年第11期；行龙《从"治水社会"到"水利社会"》，《读书》2005年第8期。

② 秦晖：《"治水社会论"批判》，《经济观察报》2007年2月19日。

存在对治水活动的影响。后一场批评以及以此为基础而展开的实证研究，以其对魏特夫理论的误读，一方面将“治水社会”的国家逻辑悬而置之，一方面又延续了魏特夫理论中不可或缺且着意强调的存在于干旱半干旱地区的灌溉逻辑。其不同之处在于魏特夫是从大一统的自上而下的宏观视角立论，关注的是大规模的灌溉工程，而新时期的水利社会史则落脚于区域基层社会，聚焦于中小型灌溉事业，从地方史的微观角度自下而上地进行探索。这样的探索，涉及宗族、村落、会社、产权、市场、民俗、文化、信仰、道德等地方社会的诸多面相，勾勒了国家与社会复杂多样的关系，涌现出诸如“库域社会”“泉域社会”，以及与“河灌”“井灌”甚至“不灌而治”等有关的地方水利共同体的新表述，自有其学术上不可否认的重大贡献。①

对于这样一种走向民间、深入田野、自下而上的研究路径，学界在追溯其源流关系时，要么归之于 20 世纪五六十年代美国人类学家弗里德曼的宗族研究，要么是更早的 40 年代日本学者提出的“水利共同体”理论。然而即便如此，这样的讨论也未见得完全超越魏特夫的论证逻辑。这一点连“水利社会”概念的鼓吹者如王铭铭也无从回避，毕竟魏特夫眼中的治水体系也有不同的类型，如“紧密类型”“松散类型”，有“核心区”、“边缘区”和“次边缘地区”，而对于像中国这样“庞大的农业管理帝国”，则包括治水程度不一的地区单位和全国性单位的“松散的治水社会”，其治水秩序“存在着许多强度模式和超地区性的重大安排”。而且看起来不受限制的“治水专制主义”的权力也不是在所有地方都起作用，大部分个人的生活和许多村庄及其他团体单位并未受到国家的全面控制，只不过这种不受控制的个人、亲属集团、村社、宗教和行会团体等，并不是在享受真正的民主自治，而至多仅是一种在极权力量的笼罩下有一定民主气氛的“乞丐式民主”。相比之下，单纯地聚焦于日本学者发明的地方性“水利共同体”或弗里德曼的“宗族共同体”，也就是秦晖所说的“小共同体”，反而有可能忽略国家这一“大共同体”的角色，也不利于更深刻地探讨大小两种共同体之间在水资源控制与利用这一场域的复杂互动关

---

① 参见张俊峰《水利社会的类型：明清以来洪洞水利与乡村社会变迁》，北京大学出版社，2012。

系。从这一意义上来说，不管是"治水社会"，还是"水利社会"，这两个概念看起来内涵不一，其实大体相同，都可以用一个表达来概括之，即hydraulic society。而且，相较于"水利社会"，"治水社会"概念反而更具包容性，防洪、灌溉及其他一切与水的控制、开发、管理、配置、维护等有关的技术、工程、制度、文化等均可囊括其中，只是对于治水的主体，不能仅仅局限于国家这一"大共同体"或地方社会这种"小共同体"，而应该兼举而包容之，如此方能真正呈现出一个上下博弈、多元互动的治水共同体的面貌来。

国际学界对魏特夫的理论反响不一，赞同者视之为超越马克思和韦伯的伟大作品，质疑者如汤因比、李约瑟则直指其对所谓"东方社会"的意识形态偏见，可是无论如何，由魏特夫大力张扬的治水与权力之间的关系仍是后续研究者绕不开的话题。其中一个引起中国学者较多关注的趋向，是由法国著名中国史家魏丕信倡导的，从国家与地方力量动态博弈的角度出发对"魏特夫模式"所做的反思与挑战。这一批评，首先是从地方环境的多样性、差异性入手，从空间层面质疑"水利国家"在权力结构上的一体化、普遍化和均质性，认为不同的地区治水与灌溉问题千差万别，国家机器在各地承担的职责及其干预程度各不相同。其次是从长时段的时间维度挑战"魏特夫模式"在权力结构上的长期延续性，在他看来，由于水利灌溉建设本身引发的诸多内在矛盾所导致的非预期效应，包括各种不同利益群体之间日趋激烈的冲突以及水利工程建设与水环境之间日趋紧张的关系，使得明清以来"中华帝国晚期"的"水利国家"实际上经历了一种"发展—衰落"（魏丕信名之为阶段 A 和阶段 B，两者之间有时还夹着一个"危机"阶段）的王朝周期。在发展阶段，国家在水利工程建设中担当直接干预者的角色，其后随着各种矛盾的展开，国家更多的是运用权术，在水利利益冲突的不同地区、不同力量之间维持最低限度的平衡和安全，国家与水利的关系类型也从大规模的"国家干预功能"转为"国家的仲裁功能"。何况即便是在发展阶段，水利政策的目的也不是要建立一个"仅由国家"负责的制度，即完全由官僚管理运作，由官帑提供资金支持，而是试图寻找一条置身事外的"最小干预"原则，尽可能地限制直接干预的领域及官僚机器的范围，努力提倡和组织地方社团对其各自的福利和安全负起责任。及至后期，除了发生特大水灾等紧急状态之外，国家干预从日常维护方面逐步退缩，一个或多或少具有某种自治意味的中间群体所起的作用日益显著。魏丕信据此认为，应该将"东方专制主义"反过来加以解释，亦即"水利社会"比"水利国家"看起来更为强大。①

显而易见，魏丕信在 1980 年代中期对"水利社会"所给的定义，以及他所采取的研究取向，与后来在中国兴起的"水利社会史"的追求大为契合。由于魏丕信赖以立论的基础主要还是长江中游的两湖地区，他在行文中有时又特别提及该处与黄河下游平原的差异与不同，以致很多学者把他的研究和纯粹的地方史取向完全等同起来，并认为这样的研究忽视了国家曾经扮演的角色，因而呼吁在水利史研究中"把国家找回来"。这就是任职美国的华裔学者张玲在其新近出版的大作中努力为之的学术工程。②不过，张玲的目标不只是要与当前盛行的水利史的地方化取向展开对话，她更大的抱负是在"把国家找回来"的同时，对魏特夫的国家取向，和魏丕信及其前驱日本学者的地方取向进行双重的反思。在她看来，这两种取向都是从治水的生产模式（hydraulic mode of production）出发的，都忽略了治水的另一种模式，即消耗模式（hydraulic mode of consumption）。而从后一种模式出发，魏特夫模式的局限，尽显无遗。黄河北决，不仅危及民生，更是事关国防，因之治黄灌溉，是北宋王朝几代君主的梦幻工程，但就总体而言却非国家事务的全部；而且这样的工程，极大地消耗了当地及邻近区域，乃至其他地区的大量人力、物力和财力，也给当地的环境、社会带来了巨大的破坏，结果不仅无助于国家集权力量的凝聚和巩固，反而犹如一个巨大的人造黑洞，造成了国家权力的急剧削弱和地方生态的衰败。张玲由此得出结论，治水不仅无关于国家专制，反而削弱了已然集权的国家力量。

平心而论，不管是魏丕信对"水利国家"的反转，还是张玲对水利与国家之间相互关联的剥离，从各自的论证逻辑来说，似乎都未能从根本上

---

① 参见魏丕信《水利基础设施管理中的国家干预——以中华帝国晚期的湖北省为例》，原载 Stuart Schram 主编《中国政府权力的边界》，东方和非洲研究院、中文大学出版社，1985；《中华帝国晚期国家对水利的管理》，1986 年 9 月，澳大利亚国立大学远东历史系。译文分别见陈锋主编《明清以来长江流域社会发展史论》，武汉大学出版社，2006，第 614~647、796~810 页。

② 参见 Ling Zhang, *The River, the Plain, and the State: An Environmental Drama in Northern Song China*, 1048–1128, Cambridge University Press, 2016.

颠覆"魏特夫模式",反而在一定程度上为后者添加了新的注脚,我们完全可以把两者的研究看作是"魏特夫模式"的变形。就魏丕信而言,他的确从时、空两方面把魏特夫、冀朝鼎确立的国家与水利之间的关系复杂化了,但这种复杂化破掉的更多是一种僵化的国家想象,相反倒是树立了一个更具弹性和生命力的中央集权体制。他从地方入手,却并未拘囿于地方,而是把国家干预置于地方权力网络之中,着力探讨国家职能和不同区域地方势力相互博弈的动态演化机制,而且也没有完全排除在发生特大灾害等紧急情况下国家大规模干预的事实,更不用说在论证过程中反复声明要避免对中国的政府管理和水利之间的关系做出草率的概括性结论,认为在"环境更不稳定且危险,水利则直接影响漕运"的黄河下游平原,"大规模的国家监督和组织是非常必要的"。同样,他所提出的有关水利兴废的"王朝周期"论,也没有局限于某一特定时段国家或地方的治水实况,而是从一个更长的时段探索国家治水职能的周期性变化,但是这种变化似乎也没有为某种新的水利管理模式打开缺口,而只是一种循环往复的周期性振荡,一种难以逾越的"治水陷阱"(hydraulic trap)。尤其是他所关注的在治水周期的衰败阶段崛起的地方自治势力,最终往往还是失去控制而陷于无序状态。故从这种王朝周期中,我们所看到的并非中国历史的断裂,而是明清时期与现代中国之间值得关注的延续性。这与魏特夫的相关判断似乎也没有太大的不同。更重要的是,魏丕信的治水周期论和他在对治水周期的论证中发掘出来的追求成本最小化的"国家理性",也可以从魏特夫对治水政权在管理方面采行的"行政效果变化法则"所做的论述中找到理论上的源头。据魏特夫的阐释,此种变化法则,包括行政收益大于行政开支的"递增法则"、行政开支接近行政收益的"平衡法则"以及收不抵支的"递减法则"三个方面,三者又各自对应治水过程的三个阶段,即扩张性的上升阶段,趋于减缓的饱和阶段以及得不偿失的下降阶段,虽则这种理想的变化曲线与实际的曲线并不能完全吻合,而是因地质、气象、河流和历史环境等诸种因素导致无数的变形,但大体上还是"表明了治水事业中一切可能的重大创造阶段和受挫阶段"。在这样一种"治水曲线"中,魏特夫一方面揭示了治水社会维持政治秩序之和平与长久的"理性因素"或治水政权"最低限度的理性统治",另一方面也注意到了治水扩张有可能带来的结果,即"水源、土地和地区的主要潜力耗竭用尽"之时，从而在一定意义上提示着魏丕信着意强调的国家治水行为的"非线性逻辑"。

如果这种对于"魏特夫模式"的理论考古能够成立的话，张玲的研究也完全可以从反面进行同样的解读。也就是说，正是由于黄河治理的重要性，事关王朝的安危存亡，才使北宋政府几乎倾国力而为之，在北徙黄河流经的区域（即张玲所说的"黄河－河北环境复合体"）内外乃至全国范围进行国家总动员，所谓牵一发而动全身，虽然其结果不尽如人意，甚至适得其反，但这一过程本身正好极其生动地展示了北宋王朝水与政治之间的深刻关联。何况北宋王朝在黄河流域的所作所为，至少在王安石变革时期，也只是正在自上而下推行的全国范围的农田水利运动的一部分。此时的中原国家，对地方水利的干预程度远超后世。进一步来说，把生产和消耗截然分开，无论就学理，还是实践，似乎都不大行得通，我们大可以把所谓的消耗看成是生产的成本，只是北宋时期这种大规模的生产性水利付出的成本看起来过于高昂，且得不偿失，最后以失败而告终。实际上，魏特夫的研究并未将"灌溉工程"与"防洪工程"混而视之，而是作为"生产性工程"和"防护性工程"区别对待，并对两者与国家权力构建关系的异同做了比较清晰的界定。

把眼光再拉回到魏丕信关注的明清时期，尤其是被其视为清朝水利周期衰败阶段的嘉道时期，继之展开的相关研究，如 Jane Kate Leonard 的《遥制》，Randall A. Dodgen 的《御龙》等，就清廷在黄河、大运河等河流治理的方略、投入和技术创新等问题提出了不同的解释，力图修正魏丕信有关"水利国家"的"王朝周期"论。[①] 即便是 1855 年黄河铜瓦厢改道之后，清王朝及民国政府对曾经的国家治理重心黄运地区逐渐疏而远之，甚至弃之不顾，也就是从传统的国家建设的重大任务中退出，使其成为为国家新的战略重心服务而牺牲的边缘性腹地，这样的情况，在美国著名历史学者彭慕兰看来，亦非国家治理能力的衰败和下降，而是新的历史时期国家构建战略的转移。因为此次河患发生之时，正值中国面临着一个竞争

---

① 参见 Jane Kate Leonard，*Controlling from Afar*：*The Daoguang Emperor's Management of the Grand Canal Crisis*，1824 - 1826，University of Hawai'i Press，1996；Randall A. Dodgen，*Controlling the Dragon*：*Confucian Engineers and the Yellow River in Late Imperial China*，University of Hawai'i Press，2001。

性的民族国家的世界体系的威胁和冲击，国家治理的方略不再是旧的儒家秩序的重建，而是趋于新的"自强"逻辑。① 如果说张玲对北宋时期"黄河－河北环境复合体"的研究提供的是国家失败的案例，在彭慕兰的笔下，晚清民国时期生态上同样衰败的黄运地区，则是国家建设有意为之的产物。我于人民大学攻读硕士学位时完成的学年论文，也注意到了晚清朝廷以洋务运动为起点的富强战略对黄河治理的重大影响，可惜并未引起太多学者的注意。这里需要强调的是，晚清、民国基于"自强"逻辑的区域重构战略，看起来使治水与国家建设暂时脱离了关系，但也正是这一被国家重构的衰败之区，正如彭慕兰的研究所揭示的，最终成为动摇乃至颠覆此种践行自强逻辑的国家政权之一系列"叛乱"或革命的重要策源地。这无意中印证了与水之利害密不可分的"民生"，自始至终都是中国最大的"政治"之一。

很显然，国外的中国水利史研究似乎并没有因为地方史、社会史的兴起而把国家抛诸脑后，而是对国家权力与水利的关系进行了延绵不绝的多元化、多层次的思考；而且随着研究的不断深入，这种对国家的关注，其焦点逐渐从国家能力或国家建设（即 state building）延伸到意识形态和文化象征建设的层面，也就是从政治合法性的角度展开讨论。彭慕兰在研究中已经留意到这个问题，并对涉及国家能力或行政效率的国家构建与关乎政治合法性问题的"民族构建"（national construction）做了区分，只是由于彭的重点是从社会、经济的角度进行分析，故此只好把后一视角舍弃掉了。这在一定程度上削弱了他的"区域建构"论的解释力度。好在这一遗憾很快就由另一位美国学者弥补了，这就是戴维·佩兹关于 20 世纪上半叶的淮河和下半叶的黄河这两大河流的治理研究。② 可见在这些海外学者的笔下，政治或者权力，犹如挥之不去的幽灵，始终游荡在历史中国源远流长的大江大河之中。

当然，张玲所批评的"去国家化"，在国内的水利史研究，包括后来

---

① 参见彭慕兰《腹地的构建：华北内地的国家、社会和经济（1853～1937）》，马俊亚译，社会科学文献出版社，2005。

② 参见戴维·佩兹《工程国家：民国时期（1927～1937）的淮河治理及国家建设》，姜智芹译，江苏人民出版社，2011；《黄河之水：蜿蜒中的现代中国》，姜智芹译，中国政法大学出版社，2017。

兴起的区域水利社会史研究中，或多或少是一个长期存在的事实。但同样令人欣慰的是，进入21世纪以来，这一局面已经在一批中青年学者的努力之下逐步得以改观。就我比较了解的清史研究领域而言，较早在这一方面进行探索的，是曾在中国人民大学清史研究所攻读博士学位，而后供职于中国水利水电科学研究院水利史研究室的王英华女士，从最初讨论康熙朝靳辅治黄到后来对明清时期以淮安清口为中心的黄淮运治理的研究，都尽可能地将国家治河的战略决策、治河工程的规划及其实施，以及治河技术的选择，放到中央与地方、地方与地方的权力网络之中，从帝王与河臣、帝王与朝臣、帝王与督抚，以及河臣与朝臣、河臣与漕臣、河臣与督抚、河臣与河臣等诸多相关利益主体间的关系和冲突中展开论述，从而使"自然科学领域的黄淮关系研究，充实了'人'这一关键环节"。①（谭徐明语）确切地说，这里的"人"应为"政治人"。同样是清史研究所毕业的和卫国博士，选取江浙海塘这一为区域社会史研究排斥在外的关乎大江、大河或大海的重大公共工程作为研究对象，更自觉地对"水利社会史"的地方化和脱政治化取向进行反思，重新提出水利或治水的"政治化"问题，同时又不满于传统政治史研究局限于制度沿革、权力斗争的习惯做法，改从政治过程、政治行为的角度，力图为读者勾勒出一幅18世纪中国政府职能或国家干预全方位、大规模加强的鲜活画面。②这一研究秉承的是一边倒的"正面看历史"的立场，希望读者看到的是18世纪大清王朝之为民谋利的"现代政府"特质。与此相反，南京大学的马俊亚教授受彭慕兰黄运研究的启发而撰写的《被牺牲的局部》，从一条被比其更大的河流蹂躏了近千年的河流——淮河，一个被最高决策者看作"局部利益"而为国家"大局"牺牲了数百年的地区——淮北——出发，对1680年以来清朝频繁兴建的巨型治水工程做出了截然不同的判断，认为这些工程"与农业灌溉无关，与减少生态灾害无关，主要服从于政治需要"，服从于远在这一区域之外的中央政府维持漕运的大局，因而完全是"政治工

---

① 参见王英华《洪泽湖—清口水利枢纽的形成与演变——兼论明清时期以淮安清口为中心的黄淮运治理》，中国书籍出版社，2008。

② 参见和卫国《治水政治：清代国家与钱塘江海塘工程研究》，中国社会科学出版社，2015。

程"，而非"民生工程"。① 此处无意对这些不同的声音做是非论定，但从这样一种客观上展开的学术争鸣中，不难发现国内学者对水与政治之关系日趋增强的研究兴趣，也表明在当今中国的水利社会史研究趋于饱和状态之际相关学者对寻找新方向的渴望。

走过如此这般冗长乏味且多有遗缺的学术之旅，我们终于可以对贾国静的新著"说三道四"了。

从研究旨趣、研究方法和研究内容来看，贾国静推出的成果无疑属于上述新的水利政治史研究的一部分。不过如前所述，她对这一问题的探讨已非一日，有关认识在其博士学位论文、博士后出站报告以及此前的相关发表中有着较为系统的阐述。她对水与政治之间的关系，也没有局限于权力博弈、政府职能或国家能力建设等方面，也就是仅仅关注国家权力在治水领域的单向度扩展，而是在尽可能地吸纳此类视角之外，同时关注治水过程对国家政治的影响，并将其上升到王朝国家政治合法性的高度，从更深的层次探讨治水与国家的互动关系（其对于"治河保漕"论这一国内外学界几成确定不移之共识提出的质疑，就超越了一般意义上的"国家建设"逻辑），进而以此为基础与美国"新清史"中有关治河问题的论述进行对话，此为贾国静新著之最大特色。另一方面，她对清代治水过程的探讨，固然是以国家最高政权为核心，但同时也兼顾中央与地方、地方与地方，在黄河或南或北的大尺度迁流过程中，围绕着黄水之害（即"烫手的山芋"）在地域分布上的不均衡而展开的竞争性政治规避行为，以及这种政治竞争对治河体制的影响，在很大程度上丰富了人们对清代政治及其变迁的认识。她之所以能够做到这一点，当然是其自觉地追踪国内外学术前沿的求新精神的结果，也与她始终坚守的李文海先生的灾荒史研究"套路"有莫大的关联。这就是从自然现象与社会现象相互作用的角度，重新思考和解释近代中国历史上发生的一系列重大政治事件。当然先生和他的团队先前主要讨论的还是晚清的灾荒与政治，包括黄河灾害与鸦片战争进程等相互之间的关联，作为弟子的贾国静则将其延伸到鸦片战争之前的清前中期史，使读者对整个清代以黄河灾害及其防治为中心的治水事业及其

---

① 参见马俊亚《被牺牲的"局部"：淮北社会生态变迁研究（1680～1949）》，北京大学出版社，2011。

演变过程，以及在从传统向近代转换这一波澜壮阔的历史大变动中这种治水事业与国家政治错综复杂、不断变化的互动图景，有了相对清晰的认识。就此而论，她在结语中得出这样的判断，即黄河不再是单纯的"自然之河"，而是被赋予了很强的政治性的"政治之河"，大体而言，还是言之成理，言之有据的。

毋庸讳言，贾国静的研究，尽管取得了不小的成就，提出了不少值得深入探讨的话题，但仍有诸多未尽成熟之处，有待于以后进一步的思考和拓展。这里不妨再来做一种假设。

如果作者在集中探讨清代治河体制之时，能够兼顾这一体制及其兴废与地方基层政治和民间社会的深刻关联；如果在着重分析黄河下游干流治理的同时，留意一下它与流域内支流水系治理之间的矛盾与冲突，并对黄河上、中、下游（包括黄河源、入海尾闾和黄河三角洲在内）不同河段在治理过程中的不同地位及其内在联系有一定的关照；如果在强调黄河之区别于长江、永定河等其他河流的特殊性之外，也对这些河流在水文特性、河道治理和权力介入等方面存在的共性有所认识，并进行相应的对比；还有就是，如果在更大的程度上正视黄河自身的真正特殊性对河道变迁和黄河治理的影响，进一步地突出河流的自然特性对人间社会与政治的作用力度……那么，其笔下呈现的黄河，可能就不是目前给我的一种感觉：这样的黄河，就如同其在现实的区域生态系统中显现的那样，依然是一条"悬河"，一条悬浮在该流域水文生态系统和基层社会之上、交织于以省为单位的地方行政权力网络之中的"政治之河"。可能的原因，或在于作者相对忽视了水利社会史学界在区域研究方面已然取得的成就，亦未能更加充分地借鉴 21 世纪以来方兴未艾的水利环境史研究可能提供的方法论优势。如何把这一条横贯东西的"悬河"，真正地植入千百年来被其深刻地形塑反过来又形塑其本身，且在空间辐射范围极为辽阔的由自然、人文纠结而成的网络状生命体系之中，进而对杂糅其间的人与自然的关系、人与人的关系以及自然与自然的关系，进行更加详尽和深刻的描绘，让黄河变得"悬而不悬"，从而有可能真正超越魏特夫的理论构造，这将是一项值得为之持续奋斗的志业。事实上，纵览神州，恐怕也没有哪一条河流能像黄河这样可以为我们从事此项志业提供如此难得的实践平台。借用贾国静的话，黄河就是黄河，但需要补充的是，黄河的这一特殊性，正是源自黄河之形塑中国的广泛性、深刻性和持久性，从而也凝练了中国历史的关键特质。

我知道，我在这里提出的种种批评，对于这部即将面世的新著来说的的确确是过于苛求了；但令人高兴的是，就我目前的了解，这部新著的作者已经对自己过去的探讨进行了自觉的反思，并开启了新的黄河研究的征程。作为她的师兄和同行，我期待着作者在不久的将来写出更加精彩的黄河故事。

搁"笔"至此，已为凌晨。悄然之间，距离业师李文海先生逝世六周年祭日又近了一天。作为一众后辈，我们所能做的，就是以加倍的努力，继续耕耘于他所重新开辟的这一片灾荒史园地，耕耘于他一生为之奉献的中国历史世界。

是为序。

夏明方

2019 年 5 月于北京世纪城

目　录

绪　论

一　问题的提出

铜瓦厢，又名铜牙城，位于河南省兰考县西北"二十五里"，"《文选》注：'天子出，建大牙。'又古有牙旗、牙门、牙城之称"。① 明嘉靖时，该处"人民丛聚，税课渐多，可当一镇"，遂被列为新增镇店，亦为黄河北岸的重要渡口，即县志所记"铜瓦厢口即铜瓦厢集"。② 后因"民众税多"，日趋繁华，"当称重镇"。③ 镇上有玄都观、栖霞寺、禹王庙、高祖庙等多座寺庙，还有兰考县的主要社学之一——河北社学。据载：该社学"计地一亩三分六厘五毫，前门一座，屏墙一座，正瓦房三间，小房四间，北至丁守年，南至李延龄，东至崔世奇，西至官街"。④ 不仅如此，由于位置所在，明正德六年（1511），还在此建置管河厅，都御史赵璜曾于正德十年（1515）九月为治河到此"致祭"。⑤ 嘉靖二十一年（1542），又建河道分司。⑥ 也就是说，随着时间的推移，该处在朝廷治河实践中的地位愈益凸显。

及至清代，铜瓦厢却成了黄河沿岸有名的"险工"。据水利史学者研究，清初时，铜瓦厢险工"距交界九百余丈"。雍正三年（1725）板厂（位处铜瓦厢之东）堵口后，"自头堡起至七堡止依旧有堤形创临黄越堤一道"。这条越堤头堡至四堡长四百七十一丈，为铜瓦厢险工。乾隆五十四年（1789），情形略有变化。这一年溜刷溃堤，于中间开放水戗，刷塌堤身一百

---

① 嘉靖《兰阳县志》卷9《遗迹》，嘉靖刻本，第3页。
② 嘉靖《兰阳县志》卷1《地理》，第20、16页。
③ 康熙《兰阳县志》卷3《建置》，民国24年铅印本，第27页。
④ 《兰考旧志汇编》，兰考县志总编室整印，1984，第168页。
⑤ 嘉靖《兰阳县志》卷1《地理》，第13页。
⑥ 嘉靖《兰阳县志》卷4《署制》，第21～22页。

八十丈，存上首长二百五十丈，作为上坝，下首长四十丈，作为下坝。此时的上、下坝即为铜瓦厢险工。嘉庆末年，险工范围扩大，"越堤头堡至四堡埽坝相联，皆名铜瓦厢上下坝"，并且"该处河溜上提下移，或并行，或逼堤，或仓猝而来，或旋踵而去，势不可测。防守之法，未可稍忽也"。道光年间，铜瓦厢上下坝仍是一个溜势顶冲的险要之处。① 既为有名的"险工"，则极易发生决口，并且由于铜瓦厢所处地势南高北低，一旦发生决口，黄水往往奔涌而出，顺势而下，造成极为深重的灾难。

康熙年间治河名臣靳辅有言：

> 决之害，北岸为大，何也？南亢而北下也……开封北岸一有溃决，则延津、长垣、东明、曹州，三直省附近各邑胥溺，近则注张秋，由盐河而入海，远则直趋东昌、德州，而赴溟渤，而济宁上下无运道矣。且开封之境，地皆浮沙，河流迅驶，一经溃决，如奔马掣电，瞬息数百丈，工程必大而下埽更难。②

这一说法曾被多次验证。据道光年间魏源记述："乾隆青龙冈之决，历时三载，用帑二千万，又改仪封、考城而后塞。嘉庆封丘荆隆工之决，历时六载，后因暴风而后塞。武陟之决，用帑千数百万，亦幸坝口壅淤而后塞。"河南段黄河北岸决口造成的灾难之严重以及堵筑口门之艰难，由此可见一斑。基于上述分析，他还对当时清廷内部为缓解河患而起的改道论发表了自己的看法。在他看来，虽然黄河"无岁不溃，无药可治"，但是"改之不可于南岸，亦不可于下游徐、沛之北岸"，"决上游北岸，夺溜入济，如兰阳、封丘之已事，则大善。若更上游而决于武陟，则尤善之善"。③ 十余年后即咸丰五年（1855）六月，黄河在铜瓦厢处发生了较大规模的决口，其中口门所处地理位置正是魏源所言之"大善"，水势情形亦如靳辅所讲，奔涌而出，"如奔马掣电，瞬息数百丈"。

本来对于黄河决口及其造成的灾难，清廷均有系统完善的应对办法，

---

① 颜元亮：《清代黄河铜瓦厢决口》，中国水利水电科学研究院水利史研究室编《历史的探索与研究——水利史研究文集》，黄河水利出版社，2006，第107~116页。

② 靳辅：《治河奏绩书》卷4，浙江鲍士恭家藏本，第5页。另，引文中的"盐河"指山东大清河。

③ 《筹河篇》，中华书局编辑部编《魏源集》，中华书局，1983，第368页。

可是由于正值内乱外患交迫之时，清廷考量时局放弃了口门堵筑工程，亦未采取切实有效的救灾措施，以致这次普通的黄河决口最终酿成了历史时期第六次大规模改道。黄河于乱世改道，致灾极为深重，一出"政局越动荡，黄河越疯狂"的大剧以令人震撼的开场拉开了帷幕。

对于灾害之影响，李文海先生曾经谈道：

> 历史上每一次重大灾荒的发生，都必然要对当时的社会生活产生巨大的深刻的影响。最直接的影响当然是在经济方面。一场稍大一点的自然灾害，往往使灾区十几年、几十年都难以恢复元气。……经济的凋敝必然要冲击社会的稳定。在历史上，几乎没有一次大规模的农民起义与群众斗争，不是在严重自然灾害的背景下发生和发展起来的。因此，每一个王朝的更迭，灾荒当然的成了直接的导火线。不仅如此，灾荒还深深的影响着社会生活的各个方面，从统治政策到社会观念，从人际关系到社会风习，这种影响也许是间接而隐性的，但恰如水银泻地，无孔不入。这样，要完整而深入地了解特定时期的社会历史，如果忽略了几乎连年不断而其影响又无处不在的灾荒史的研究，就不免是一件重大的遗憾了。[①]

就铜瓦厢决口改道这次灾害而言，影响在上述区域经济、社会稳定、统治政策、社会风习等各个方面都有非常具体而深刻的体现。由于清廷所施救灾措施疲软乏力，无情的黄水四处奔窜，肆意漫淹，不仅吞噬了大片良田，还令数以百万计的百姓流离失所。新河道从铜瓦厢口门至山东阳谷张秋镇之间的二百多公里河段，没有固定河槽，黄水漫淹范围极为广阔，南北跨几百里，部分地区甚至因位置所在遭受了灭顶之灾。张秋以下至入海口河段长三百多公里，虽然有大清河河道容纳黄水，但是由于大清河本为运盐河，河道远不及黄河河道宽阔，两岸倚河为生的人口数量多，密度也大，所以沿河地区受灾也极为深重。更为严重的是，由于清廷放弃了口门堵筑工程，于新河道治理又迟迟没有采取措施，广大黄泛区陷入了持久的灾难之中。事实上，自咸丰五年铜瓦厢改道起，黄河新河道在一个很长

---

① 夏明方：《民国时期自然灾害与乡村社会》，中华书局，2000，李文海序，第3~4页。

的时期之内可谓肆意泛滥，"无岁不决"，"无岁不数决"。[①] 不难想见，长期遭遇黄水侵噬的广大地区，经济衰退，人口流徙，土壤盐碱化，百姓谈"黄"色变……久而久之形成了特定的灾害环境。可以说，黄河水灾成为重塑山东一省近代区域格局的重要因素之一，[②] 甚至整个华北平原生态基础的恶化，也是从这次决口改道开始的。[③]

由于生存环境恶劣，广大黄泛区的基层社会秩序陷于混乱，各种形式的反叛力量迭起。活跃于安徽北部的捻军则利用有利形势迅速发展壮大，不仅轻松跨过江苏北部已经干涸的河道进入垂涎已久的鲁南以及鲁西南地区，还与当地反叛力量联合起来，成为继太平天国起义之后清政府的又一心腹大患。铜瓦厢决口改道造成的影响之大由此可见一斑。而问题还不止于此。由于生态环境恶化，广大黄泛区尤其重灾区还成为反叛力量的重要起源地。据周锡瑞研究，义和团运动在鲁西南兴起跟持续不断的黄河水灾造成该区域环境性贫困有密切关系。[④]

由上述不难理解，铜瓦厢决口改道何以被列为近代十大灾荒之一。[⑤] 不过除前面所及，这一事件还牵涉一些重大问题，因为其不仅具有灾害的一面，还属清初以降备受重视的河工大政。也主要因为这个层面，清廷考

① 周馥：《秋浦周尚书（玉山）全集·奏稿》卷1，民国11年秋浦周氏刊本，第34页。
② 民国时期侯仁之曾这样分析山东区域格局变化的原因："自清初以至今日，山东地方经济之变迁，实以内陆交通为转移，寻其先后相承之迹：黄河改道为一大变，铁路继作又一大变。"（侯仁之：《续〈天下郡国利病书〉·山东之部》，哈佛燕京学社，1941，第28~29页）彭慕兰亦曾对晚清时期山东经济重心由鲁南、鲁西逐渐转移到山东东部沿海地区的原因做过分析，他认为原因主要有两个：一是黄运的灾患与衰落使得这些地区失去了富裕的基础与资源，二是近代化因素如沿海市场的发育，铁路、航海等现代交通事业的兴起，对沿海地区的发展起到了一定的促进作用。参见彭慕兰《腹地的构建——华北内地的国家、社会和经济（1853~1937）》，马俊亚译，社会科学文献出版社，2005。
③ 戴维·艾伦·佩兹：《黄河之水：蜿蜒中的现代中国》，姜智芹译，中国政法大学出版社，2017，第60页。
④ 周锡瑞：《义和团运动的起源》，张俊义、王栋译，江苏人民出版社，1995。
⑤ 《中国近代十大灾荒》一书把中国近代史上发生的灾情严重且影响深远的十次灾害事件做了概略性梳理与分析。"十大灾荒"包括：国难河患（鸦片战争爆发后连续三年的黄河大决口）、大河改道（1855年黄河铜瓦厢决口前后）、飞蝗七载（咸丰年间的严重蝗灾）、丁戊奇荒（光绪初元的华北大旱灾）、南国巨潦（1915年珠江流域大洪水）、北疆浩劫（1920年北五省大旱灾和甘肃大地震）、万里赤地（1928~1930年西北、华北大饥荒）、八省陆沉（1931年江淮流域大水灾）、人祸天灾（1938年的花园口决口事件）、兵荒交乘（1942~1943年的中原大旱荒）。详见李文海等《中国近代十大灾荒》，上海人民出版社，1994。

量局势放弃口门堵筑这一另案大工，还在很大程度上意味着，原有黄河管控秩序将走向解体，相关事宜亦面临重大变动。

改道的发生引起了朝野上下乃至西人的广泛关注，清廷内部则围绕应堵筑口门恢复故道还是趁势改走新河道展开了争论。在长达三十多年的论争中，两度牵动朝野，形成大规模的讨论。至于其中涉及的问题，范围比较广，既有如何应对决口造成的深重灾难以及恢复故道所面临的诸多困难，还包括是否需要恢复以及如何恢复河运，国家发展当何去何从等关系重大的战略问题。换言之，其中不仅有各方的利益权衡与博弈，还潜隐着晚清所面临的复杂局势。在激烈争论的过程中，原有治河秩序一步步崩塌。先是原有管理机构中因黄河改道而闲置的部分被裁撤，以将运转经费节省下来供给战争所需。如此一来，相关管理规制多也成为具文。庚子事变后，清廷倾国之力筹措赔款，剩下的管河机构遂被裁撤，相关规制亦走向解体，黄河治理彻底实现了从中央到地方的权势转移，成为地方性事务。从这一过程明显可见，河工这一"国之大政"① 在晚清的命运变化烙有很深的时局印痕。

由于河务逐渐游离出国家事务的中心位置，晚清治河实践的主体也发生了变化。尤其新河道治理自一开始就由沿河地方官绅负责，此后虽然沿河地方督抚屡屡推诿，不愿接手这块"烫手的山芋"，但是未能改变丝毫，且还成为清末原有东河河段改归河南巡抚负责的"蓝本"。在异常艰难的新河道治理实践中，地方督抚摸索设置了地方性治河规制，可是这并非一个能够带来生机的新秩序。换句话说，在急剧动荡的政治局势下，清政府根本无力在黄河治理问题上建立一种新的平衡，所能做的修修补补也无法缓解河患。晚清黄河越治越坏，反过来又极大地破坏了黄泛区基层秩序，弱化了地方政府的应灾能力，乃至影响清廷的整体举措及施政能力。还需关注的是，由于该时期中国被卷入世界，异常深重的黄河水患引起了西人的关注。他们对黄河的实地勘察以及所进行的相关技术路径的点滴渗透为黄河河工注入了一丝活力，使得"大变局"下的治河实践"也酝酿着大转变的契机"。② 当然，诸多近代化因素的出现，比如铁路的兴起、近代

---

① 傅泽洪辑《行水金鉴》卷 172《河南管河道治河档案》，上海商务印书馆，1936，第2515 页。

② 夏明方：《铜瓦厢改道后清政府对黄河的治理》，《清史研究》1995 年第 4 期。

市场的发育，亦或多或少为此提供了可能。①

总而言之，发生于咸丰五年的铜瓦厢决口改道即历史时期的第六次大规模改道事件，具有重要的研究价值。其不仅可以作为研究对象，在灾害与河务两个层面深入探讨其影响，还可作为研究视角，透视荒政与河政两大要务在晚清动荡政治环境中的变化情况，进而管窥这一时期的复杂面相。不过，也由于铜瓦厢决口改道兼具灾害与河务双重性质，"影响太大"，"如水银泻地，无孔不入"，涉及政治、经济、文化、社会、民俗等诸多方面，本书不可能全面进行，故仅就政治一面展开，探讨其与晚清政局之间错综复杂的关系。毫无疑问，这理应成为该问题研究的起点。

二　研究综述

目前，就灾荒史研究的种类而言，"关于水旱灾害的研究占了绝大多数的份额"，并且"从广泛的意义上来说，官方治水也属于荒政的范围。这方面论述最多的是关于黄河的治理"。② 不过，由于"黄河的问题，无论时间、空间，在我国都影响太大了"，③ 除了水灾及其治理这一灾荒史谱系的研究外，黄河史相关成果还包括对河工技术、河道变迁、文明探寻、生态环境等多个方面的探讨。诚然，后述诸多方面也与灾害存有一定关联，只是多放在水利史、地质史、生态史等谱系之中，或者干脆称为黄河史专门研究，将上述方面统统包含在内。本书研究对象铜瓦厢决口改道事件的相关成果就具有这一特点，且能够反映某种可能。

20世纪30年代发生的江淮大水以及黄河流域大洪水，助推了学术界相关研究的起步。1936年，《水利》杂志"为前车借鉴计，乃有纂辑清代黄河决口史之发起"，并刊登了一系列文章，其中恽新安的《咸丰五年至

---

① 倪玉平认为："改河运为海运是历史的必然，改由官府无偿征用变成商品交换也是历史趋势，商品经济的发展自然也为漕运体制的瓦解做了铺垫，但显然它并不占主导地位。清朝漕运制度走向崩溃，从本质上说是一种朝廷的自主性行为，它的取消并不是在考虑了商品经济发达程度后的理性选择，而完全是迫于财政压力的无奈之举。"参见倪玉平《清代漕粮海运与社会变迁》，上海书店出版社，2005，第494页。

② 朱浒：《二十世纪以来清代灾荒史研究述评》，《清史研究》2003年第2期。

③ 岑仲勉：《黄河变迁史》，中华书局，2004，导言，第10页。对于黄河史研究的价值与意义，邹逸麟亦曾言："要了解中华民族的历史，就必须先了解黄河流域的历史，而要了解黄河流域的历史，自然也就离不开黄河的历史。"（邹逸麟：《千古黄河》，香港中华书局，1990，前言。）

清末黄河决口考》一文与本书密切相关。① 该文按照时间顺序对咸丰五年铜瓦厢改道至清末四十余年的黄河决口相关资料进行了筛选编纂，进而勾勒了晚清黄河决口概况，不过由于鲜有分析与论述，从严格意义上讲，应该不能算作研究论文。1942 年，韩仲文在《中和》杂志发表的《清末黄河改道之争议》一文②，洋洋洒洒两万多字，对铜瓦厢改道后清政府内部围绕新旧河道问题展开的长期争论做了较为详细的梳理。或许受当时学术环境的影响，该文仅限于梳理基本史实，缺乏对争论所处时代背景的分析，加以一手资料掌握不够丰富，故而显得仍欠明晰深刻。此外，一些通史性研究多把铜瓦厢决口改道作为黄河史上的重要事件予以考察。比如：林修竹的《历代治黄史》③、张含英的《治河论丛》④ 和《历代治河方略述要》⑤，以及吴君勉的《古今治河图说》⑥ 等著述。

　　中华人民共和国成立后，黄河治理受到国家高度重视。1951 年 1 月，黄河水利委员会成立大会在河南开封举行，会上讨论通过了《1951 年治黄工作的方针与任务》《1951 年水利事业计划方案》《黄河水利委员会暂行组织条例方案》等文件。1952 年 10 月，毛泽东视察了河南省兰考县的黄河大堤，并做出重要指示："这里的坝一定要修好。""六年没开口了，今后再把埽坝和大堤修得更好，黄河就不会开口了吧？"⑦ 为响应党中央号召，切实推进治黄工作，黄河水利委员会编辑出版了《新黄河》杂志，1956 年更名为《黄河建设》，1979 年又改为《人民黄河》。这是我国水利行业创刊最早的科技期刊之一。此后，又陆续创办了《黄河报》《黄河史志资料》等。这些报刊不仅关注现实，还注意相关历史研究，比如《人民黄河》长期开辟有"治黄史研究"专栏。不过就笔者查阅所及，这一时期与本书相关的成果不多，仅岑仲勉先生的《黄河变迁史》一书有涉及。该书于 1957 年出版，被誉为"民国以来系统研究黄河问题的一部巨

①　恽新安：《咸丰五年至清末黄河决口考》，《水利》第 11 卷第 2 期，1936。
②　韩仲文：《清末黄河改道之争议》，《中和》第 3 卷第 10 期，1942。
③　林修竹：《历代治黄史》，山东河务总局印行，1926。
④　张含英：《治河论丛》，国立编译馆，1936。
⑤　张含英：《历代治河方略述要》，商务印书馆，1945。
⑥　吴君勉：《古今治河图说》，水利委员会印行，1942。
⑦　翟自豪编著《兰考黄河志》，黄河水利出版社，1998，第 155 页。

著", ① 由于其旨趣如作者本人所言 "注重技术方面的研究", 在论及铜瓦厢改道问题时, 着意于探讨改道后的治河策略及技术问题。

综观上述研究不难看出, 水利史领域的关注与研究较多, 并且这一态势一直持续到 20 世纪 90 年代。这主要由于改革开放后, 黄河水利委员会除了加大治黄力度, 仍非常重视包括黄河史在内的学术研究, 从而助推了水利史领域的相关研究。此后, 由于该领域黄河史研究人才青黄不接, 相关研究也随之出现了下滑的趋势。② 而同时随着史学研究范式的转变, 历史学领域开始从灾荒史、社会史等多个角度予以关注。具体而言, 相关研究主要探讨了如下几个问题。

首先为铜瓦厢决口改道基本史实及其影响问题。作为灾荒史领域的拓荒者, 李文海先生很早就注意到了这一问题的研究价值, 并将铜瓦厢决口改道列入 "近代十大灾荒"。③ 对于这次改道产生的深远影响, 董龙凯着墨较多。他的博士学位论文《山东段黄河灾害与人口迁移 (1855 ~ 1947)》以此次决口改道为起点, 探讨了山东段黄河持续不断的决溢泛滥, 以及由此造成的人口迁徙问题。该文指出: 黄河水灾是山东人口迁移的主要动因, 灾民外迁产生了复杂的影响。对于迁出地来说, 移民部分地缓解了当地的人口压力, 但土著流徙加剧了土地荒芜、村落萧条、城镇衰微。对于迁入地来说, 大量的移民前来开发荒地, 有利于经济的恢复和发展, 同时也引起了当地社会政治、文化、政区设置等方面的一些变化。此外, 生存自救中的人口迁移是近代山东黄泛区的一种消极但又十分必要、相对彻底的避灾方式。④ 相较之下, 李靖莉将研究的空间范围缩小至黄河三角洲, 探讨了决口改道对这一特定区域内人口迁移的影响。⑤ 另有研究者对此次改道给山东经济社会变迁以及济南造成的影响进行了概

---

① 朱东润主编《中华文史论丛》第 7 辑 (复刊号), 上海古籍出版社, 1978。

② 蔡铁山:《关于黄河水利史研究的思考》,《人民黄河》2004 年第 7 期。

③ 《大河改道: 1855 年黄河铜瓦厢决口前后》, 李文海等:《中国近代十大灾荒》。

④ 董龙凯:《山东段黄河灾害与人口迁移 (1855 ~ 1947)》, 复旦大学博士论文, 1999。因其一系列研究论文均大体在博士论文基础上形成, 故此不赘述。

⑤ 李靖莉:《光绪年间黄河三角洲的河患与移民》,《山东师范大学学报》(人文社科版) 2002 年第 4 期; 李靖莉、孙远方、宋平:《20 世纪三四十年代黄河三角洲移民与马营诸村的建立》,《石油大学学报》(社会科学版) 2002 年第 4 期。

述性探讨。① 水利史领域的研究者颜元亮利用其学科特长，对铜瓦厢险工的形成、决口前的洪水状况以及决口初期的黄水流路等进行了较为细致的研究，并指出"分析考察这次决口前后的一些具体问题，是我们认识明清黄河的一面镜子，也是了解黄河何以决口改道的一把重要钥匙"。② 此外，他还引证史料，较为翔实地描述了铜瓦厢决口之后新河道的形成过程。③

　　其次是此次决口改道发生的原因问题。对于这一问题，不同学科背景的学者认识有所不同，但不外乎天灾与人祸两个维度。水利史学科背景的研究者徐福龄认为，1855 年黄河改道北迁是河道本身演化的必然结果，而治黄治标不治本也是促成改道发生的重要因素。④ 几乎与此同时，历史学学科背景的研究者王京阳也发表了看法。他认为，清代前中期清廷治标不治本的治河策略是铜瓦厢决口改道的主要原因。⑤ 此后，水利史领域的研究大体沿着徐福龄的思路向前推进，历史学领域也循着王京阳的逻辑继续探索。比如：颜元亮认为，决口前的河道已日趋恶化，悬河已经达到一定高度，坡降平缓，淤积不断发展，决口频繁，是导致改道的自然因素。⑥ 钱宁通过分析铜瓦厢决口改道后下游新河道的形成过程及其对铜瓦厢以上河道的影响指出，黄河游荡性的特点是河道迁徙不定的关键性因素。⑦ 王质彬的研究则显示，河道淤积、用人不当、墨守成规、贪污浪费等河工弊政，是嘉道年间水灾较重并最终导致铜瓦厢决口改道发生的主要原因。⑧ 此外，还有张瑞怡从地质学角度进行研究，认为其中固然有社会因素和自

①　张海防：《1855 年黄河改道与山东经济社会发展关系探讨》，《中国社会科学院研究生院学报》2007 年第 6 期；安丰梅、刘晓海：《1855 年黄河改道对济南的影响——以地方志为中心的考察》，《沧桑》2014 年第 2 期。

②　颜元亮：《清代黄河铜瓦厢决口》，中国水利水电科学研究院水利史研究室编《历史的探索与研究——水利史研究文集》。

③　颜元亮：《清代黄河铜瓦厢及新河道的演变》，《人民黄河》1986 年第 2 期。

④　徐福龄：《黄河下游明清时代河道和现行河道演变的对比研究》，《人民黄河》1979 年第 1 期。

⑤　王京阳：《清代铜瓦厢改道前的河患及其治理》，《陕西师大学报》（哲学社会科学版）1979 年第 1 期。

⑥　颜元亮：《清代铜瓦厢改道前的黄河下游河道》，《人民黄河》1986 年第 1 期。

⑦　钱宁：《1855 年铜瓦厢决口以后黄河下游历史演变过程中的若干问题》，《人民黄河》1986 年第 5 期。

⑧　王质彬、王笑凌：《清嘉道年间黄河决溢及其原因考》，《清史研究通讯》1990 年第 2 期。

然因素，但是铜瓦厢所处的地质环境是主要原因。① 在这个问题上，水利学家王涌泉还通过更为深入的探索提出，1855 年黄河铜瓦厢决口改道，是全球范围内特大地震、大地震、干旱、特大洪水、大洪水这一百年灾害链形成的巨变。用先生自己的话说，这是"第一次以科学和历史结合给出解释，其结论可供当前地球科学灾害链研究及治黄参考"。②

再次是改道后清政府内部的新旧河道之争以及治河实践问题。对于改道后清政府内部围绕复归故道还是改走新道问题展开的长期争论，颜元亮撰文梳理与分析了争论双方的基本主张。③ 史学背景的研究者王林则不仅厘析基本史实，还从一个非常宏观的层面探讨了争论长期悬而不决的原因，"国运决定河运，河运是国运的反映"。④ 至于晚清时期的治河实践，夏明方结合时代背景对清政府的治河活动进行了深入探讨，并指出虽然引进了西方先进科技，但是由于陈旧落伍的腐败气息、封建社会内部传统惰性势力的顽固抵制，河工方面仅是枝节性的局部改良，晚清"治黄只是一种臆语"，并没有取得多少实效。⑤ 刘仰东也曾提及这一问题，但因文章旨趣所在，仅是点到为止。⑥ 唐博撰文认为，改道之初清政府出台"暂行缓堵"口门的对策是迫于形势，不是一个"不负责任的决定"，更不是"将政府御灾捍患的责任完全推卸到普通民众身上"。⑦ 此外，还有相关人物的治河思想及实践问题研究。比如：山东巡抚丁宝桢、周馥以及受邀参与其中的刘鹗等人都受到了关注。⑧

最后是改道的生态影响或相关生态效应问题。这方面成果有来自自然

---

① 张瑞怡：《黄河铜瓦厢改道地质背景浅析》，《人民黄河》2001 年第 9 期。

② 王涌泉：《1855 年黄河大改道与百年灾害链》，《地学前缘》2007 年第 6 期。

③ 颜元亮：《黄河铜瓦厢决口后改新道与复故道的争论》，《黄河史志资料》1988 年第 3 期。

④ 王林：《黄河铜瓦厢决口与清政府内部的复道与改道之争》，《山东师范大学学报》（人文社科版）2003 年第 4 期。

⑤ 夏明方：《铜瓦厢改道后清政府对黄河的治理》，《清史研究》1995 年第 4 期。

⑥ 刘仰东：《灾荒：考察近代中国社会的另一个视角》，《清史研究》1995 年第 2 期。

⑦ 唐博：《铜瓦厢改道后清廷的施政及其得失》，《历史教学》（高校版）2008 年第 4 期。

⑧ 汪治国、丁晓蕾：《周馥与山东黄河的治理》，《安徽史学》2003 年第 6 期；吴宏爱：《略论周馥的治河思想与实践》，《历史教学》1994 年第 10 期；汪治国：《论周馥的治水思想》，《中国农史》2004 年第 2 期；王文轩：《丁宝桢的治水业绩》，《贵州文史丛刊》1988 年第 4 期；刘蕙孙、刘德音：《刘鹗治理黄河理想初探——兼析老残为黄大户治病的医案》，《福建师范大学学报》（哲学社会科学版）1994 年第 2 期；郭发明：《刘鹗和晚清的一段治河工案》，《文史杂志》1995 年第 1 期。

科学领域的研究，比如：廖永杰等人撰写的《1855 年黄河改道事件在渤海的沉积记录》一文，通过对渤海柱状沉积物中粒度特征及常、微量元素含量变化的系统分析，揭示了 1855 年黄河改道事件在渤海中部的沉积记录，探讨了改道前后渤海沉积环境的变化。① 也有历史学领域的研究，比如：刘琼的《1855 年黄河改道与苏北渔业发展——以滨海、射阳为例的分析》一文从环境史角度出发认为，此次改道使苏北自明清以来的煎盐业逐渐衰落，取而代之的是渔业的兴起。② 还需指出的是，此次黄河大改道无论对旧河道还是新河道所处的自然环境都产生了或大或小的影响，自然科学领域学者在海岸线发育，流域内植被、土壤等具体问题上多有探讨，考虑这与本书关系稍远，兹不赘述。

　　总而言之，自 20 世纪 30 年代以来，铜瓦厢决口改道问题已经得到了学界较多关注，并且随着时间的推移，研究视角亦呈现多样化态势，但是不可否认，仍有继续探索的空间与必要。这主要体现在以下几个方面。

　　第一，现有研究多为单篇论文，就某个方面的具体问题进行探讨，或在通史性研究中将其作为黄河史上的大事件予以述及，而由于此次决口改道关涉面较广，仍有相关问题未被关注，或关注不够，故有系统深入研究的必要。第二，在清代灾荒史研究蓬勃发展之时，铜瓦厢决口改道作为重大灾害事件，研究价值仍有深挖的可能，因为单次灾害事件研究所能揭示的问题往往更为具体、深入、透彻。就灾害与政治的关系而言，现有积累堪称丰厚，但是较少从具体灾害事件入手，这次决口改道事件应可以为此提供有益的尝试。第三，就此次决口改道事件与晚清政局关系的研究来看，前人虽有论及，但是远不够系统，也欠深入。以改道引发的清政府内部的大规模讨论为例，目前已有几篇论文专门探讨这一问题，但是这些研究尚未触及争论背后比较具体的深层次问题，即左右争论结果的不是两派力量孰强孰弱，而是晚清发展何去何从这一战略。何况还有治河规制、治河实践等其他具体问题纠缠其中。第四，由于铜瓦厢决口改道既是重大灾害事件，又为重要河务问题，在对某些问题进行探讨时需要跨越学科界限

---

① 廖永杰、范德江、刘明、王伟伟、赵全民：《1855 年黄河改道事件在渤海的沉积记录》，《中国海洋大学学报》（自然科学版）2015 年第 2 期。

② 刘琼：《1855 年黄河改道与苏北渔业发展——以滨海、射阳为例的分析》，《科学与管理》2014 年第 6 期。

才能将问题搞清楚。以改道发生的原因为例，水利史学者认为主要是由泥沙淤积、河床抬高造成的，历史学者则强调清政府治河不力以及改道发生之时急剧动荡的政治局势，这无疑需要综合辨析，才能更为客观地探究。第五，此次决口改道事件对黄泛区区域环境变迁，乃至更大的一个区域范围到底产生了怎样具体而微的深远影响，还需继续探讨，只是难度较大，需要深入地方发掘更为丰富的文献资料，并借助多学科研究方法与手段，尤其研究者还要有非常开阔的研究视野等。

三　研究进路与资料说明

（一）研究进路

对于铜瓦厢决口改道这样一次涉及较多、影响深远的重大事件，本书无意面面俱到，仅从政治的角度探讨其与晚清政局之间的复杂互动，以尝试从具体灾害事件入手深入揭示灾害与政治之间的关系。至于时间断限，由于铜瓦厢决口改道发生于1855年，研究自然起始于此，下限大致在1902年，主要因为此次决口改道引发的朝野论争以及治河规制从中央到地方的演替在这一年大体结束，此时清王朝也大厦将倾。

本书分为绪论、正文、结语三大部分，其中正文部分包括五章。

绪论部分从铜瓦厢的发展演变史开始，述其明代还是黄河北岸繁华的集镇，至清代则变成了有名的"险工"，以说明咸丰五年黄河在此发生决口有其必然性，但是形成历史时期第六次大规模改道还有很深的时局因素。接着从备受清廷重视的荒政与河政两个层面论证此次决口改道的研究价值，并对水利史学、历史学等学科领域的相关研究成果进行综述评析，以从学术史的脉络中寻找本书的可行性以及研究意义。

正文部分大体按照从上往下的逻辑顺序，具体探析铜瓦厢决口改道与晚清政局之间的复杂关系，主要从五个方面展开。第一章首先梳理铜瓦厢决口改道发生的基本史实，进而分析清廷何以出台"暂缓堵筑"口门的对策，以揭示动荡时局对清廷两大要务即荒政与河政的深刻影响。对改道原因的综合厘析，亦为彰显政治因素在其中的作用。第二章重在探讨改道引发的清政府内部围绕新旧河道问题展开的长期争论，如何一步步牵动朝野，又如何被清廷平息，争论中涉及了哪些问题，各方观点如何，真正左右争论结果的力量是否如表面所显示的，复故派弱于改道派。第三章以改道后原有黄河管理机构的裁撤，以及地方性治河规制的设置为线索，厘析晚清河务从中央向地方的转移，进而揭示晚清政治局势的复杂变动如何影响了河务的命运。第四章通过较为细致地梳理新河道上民埝与官堤的修筑情况，探讨晚清黄河治理地方化的艰难实践过程，以及在这一过程中中央与地方、地方与地方以及地方社会内部关系如何协调，又产生了怎样的矛盾甚至冲突。并对河工经费、治河主体等相关因素予以剖析，以更为深入地揭示晚清政局变动对治河实践地方化产生的影响。第五章主要分析此次决口改道如何助推了黄泛区基层社会反叛势头的高涨，尤其捻军的发展壮大，进而以捻军对清政府统治形成的威胁之严重，以及清廷剿杀捻军之费尽周折，揭示此次决口改道对晚清政局造成的影响之重。

结语部分，总结铜瓦厢决口改道与晚清政局之间错综复杂的关系，并将其放在历史长河中，简要考察黄河水患与国家政治之间由来已久的密切关系，将时间延伸至抗战以及 1949 年后对黄河治理的认知，则有助于在历史的纵深之中予以深入揭示。结尾回到铜瓦厢改道的地方，以呼应本书开头部分，在此，灾害与政治的复杂互动也得以具体深入的呈现。

（二）资料说明

由于清代的黄河治理不仅为公共水利工程，还是关涉甚重的政治问题，受到清廷的高度重视，所以这一时期黄河史相关资料极为丰富。作为清代黄河史上具有坐标意义的事件，铜瓦厢决口改道以及此后的黄河水灾与政治、经济、社会乃至环境等都产生了错综复杂的关系，并引起了国内外的广泛关注，因此，与之相关的资料也就非常之多。大体而言，与本书有关的主要包括以下几类。

档案资料 中国第一历史档案馆藏有大量相关档案资料，问题较为集中的有：军机处录副黄河水文灾情类、水利河工类。散件资料主要为河督、地方督抚以及关注这一问题的官员的奏折，件数较多，需要耐心细致地进行搜集。此外，则是后人对相关档案的整理与编排，主要有：（1）20世纪 50 年代黄河水利委员会成立以后，将能够查见的与黄河问题相关的档案几乎全部复制了一份，并根据研究需要重新做了分类编排，比如防汛工程类、决溢类、河政奖惩类等；（2）水利水电科学研究院等编纂的《清代黄河流域洪涝档案史料》重点收集了黄河流域的雨情、水情、灾情等方面的档案；《清代淮河流域洪涝档案史料》虽重在淮河流域，但是由于清前中期黄淮交汇，晚清黄河决溢也经常危及苏北，所以也收录有部分黄河水灾方面的档案；（3）中国第一历史档案馆整理出版的《光绪朝朱批奏折》水利卷部分，绝大多数与黄河治理相关；（4）中国第一历史档案馆与国家清史编纂工程灾赈志课题组合作整理的《清代灾赈档案专题史料》中也有关于黄河水灾及灾后赈济的资料，作为灾赈志课题组成员，笔者从中受益匪浅，也借此表示感谢。

官方文书　官书中相关记载较为详细，比如：《清实录》《起居注》《清史稿·河渠志》的记载。此外，《清会典》中对铜瓦厢改道后相关规制的演变也有记载，考虑编纂的承接性，本书主要参考光绪朝《清会典》。

文集或专书　由于此次决口改道波及广泛，影响深远，受到了朝野上下的普遍关注，所以有相关专书出现，也有文集收录与此相关的论说。比如《李文忠公（鸿章）全集》、冯桂芬的《校邠庐抗议》等，刘鹗的《治河七说》与《河防刍议》等。

方志资料　晚清黄河频繁决口为患，对沿岸地方影响深重，因此，在黄河流经区域的地方志中，河渠志、河防志或者水利志部分多有专门记载，在人物志、疆域志等部分也时而可见黄河水灾的影子。这是研究黄泛区环境变迁、基层社会的水灾应对等问题的基础性材料。

资料集　有时人编纂的资料集，比如葛士濬编纂的《皇朝经世文续编》以及盛康编纂的《皇朝经世文编续编》，都对黄河史资料给予筛选、辑录，后人在研究时既可以作为原始资料直接引用，还可以作为参考查见原文。有后人编纂的资料集，比如《豫河志》《再续行水金鉴》《近代中国灾荒纪年》《黄河金石录》等。其中《再续行水金鉴》部头较大，仅黄河方面的资料就有580多万字，且选材广泛，涵盖内容丰富，为本书的重要参考资料。近年，水利水电科学研究院等进行了点校整理，使用更加方便，本书主要使用的这个版本。

外文资料　由于晚清时期全世界都能知晓灾荒消息的时代已经到来，西人对黄河水灾也给予了较多关注，除通过报刊报道，他们还多次前往新旧河道进行实地勘察。由于有的勘察目的性强，留下了较为详细的勘察报告，以及精确度很高的地图。毫无疑问，类似文献极具史料价值，也为研究中具体呈现一些细节提供了可能。

报刊资料 晚清时期，信息传播渠道发生了重大变化，报纸、杂志成为宣传报道国家大事、社会要闻的重要渠道，黄河水灾自然亦在关注的范围之内，比如《北华捷报》《申报》等。但是鉴于所刊内容多为灾情或者赈济方面的资料，本书使用较少。

另外，本书还使用了少量碑刻、年谱、诗文集等文献资料，借鉴吸收了自然科学领域的部分相关研究成果，不再赘述。

第一章　天灾还是人祸：距今最近的黄河大改道

　　黄河，具有"善淤、善决、善徙"的特性。据水利部门统计，"在1946年以前的三、四千年中，黄河决口泛滥达一千五百九十三次"，[①] 其中大规模改道有六次。[②] 通常情况下，由于伏秋大汛期间，降雨较强，洪水较旺，为决口高发期，清廷早早就进入战备状态，一旦出现险情则立即采取应对措施。然而咸丰五年铜瓦厢决口发生后，情况大有不同，自此改道还有更为深层次的原因。本章主要在特定的时代背景下，厘析铜瓦厢决口改道发生的基本史实，探讨清廷的应对举措及其影响。

[①]　水利电力部黄河水利委员会编《人民黄河》，水利电力出版社，1959，第32页。

[②]　黄河六次改道的情况大致如下。周定王五年，河徙宿胥口，东行漯川，至长寿津与漯别，东北至成平，复合禹河故道，至漳武入海，自禹治后，至此凡阅一千六百七十有六年，是为河道大徙之第一次。新莽始建国四年，河决魏郡，泛清河平原，至千乘入海，自周定王五年至此，凡阅六百十有二年，是为河道大徙之第二次。宋庆历八年，河决商胡，分为二派，北流合永济渠，注于干宁军入海，东流合马颊河，至无棣县入海。自新莽始建国四年，至此凡阅一千三十有七年，是为河道大徙之第三次。金章宗明昌五年，河决杨武故堤，灌封丘，而东注梁山泺，分为二派，北派由北清河入海，南派由南清河入淮，自宋庆历八年至此，凡阅一百四十六年，是为河道大徙之第四次。明孝宗弘治六年，河决张新东堤，夺汶水入海，明年刘大夏筑太行堤，北流遂绝，全河悉趋于淮，自金明昌五年至此，凡阅三百年，是为河道大徙之第五次。清咸丰五年，河决铜瓦厢，由直隶注山东之张秋，夺大清河入海，自明弘治至此，凡阅三百年有一年，是为河道大徙之第六次。参见申丙《黄河通考》，台湾中华丛书编审委员会印行，1960，第14页。

　　此外，还有历史时期黄河改道26次的说法。比如：《人民黄河》一书即持这一观点，水利史家张含英在《历代治河方略探讨》（水利电力出版社，1982）一书中也曾提到这一问题。对此说法不一的情况，水利史学界已有所关注。比如：水利部黄河水利委员会《黄河水利史述要》编写组在编写《黄河水利史述要》（水利出版社，1982）一书时曾做过如下注释："前人多认为自春秋战国以来，黄河下游有六次大的改道，解放后，《人民黄河》一书提出了较大改道26次的看法。究竟什么样的改道才算大改道和较大改道，难以下一个准确的定义。"（见该书第17页）既然水利史学界尚未就这一问题达成一致意见，那么本书就采纳为多数人所接受的六次改道的观点。

第一节　大河改道

一　铜瓦厢决口之发生

咸丰五年立春前后，黄河化冻，水位上涨，凌汛来临，其中"丰、兰两厅境内黄河水势，正月以来至清明前，已共长水三尺余寸"。[①] 至清明桃汛之时，"续又长水二尺余"。[②] 迨五六月伏汛期，水势上涨更为迅猛，两岸险情迭现。其中甘肃段自"五月二十日至二十三日，共涨水八尺三寸，已入硤口志桩八字之刻迹"，河南段"于五月十六并六月初三等日，两次共长水六尺七寸"。不仅如此，黄河各支流水势也在上涨，其中河南"武陟沁河于四月十九，五月十六、十七，并二十二、三等日，五次共长水一丈三尺"。支流之水奔腾下泻汇于正流之后，水位进一步抬高，"六月十五至十七日，下北厅志桩骤长水，积至一丈一尺以外，势极湍激"，"两岸险工叠出"。[③] 面对来势汹汹的黄水，"在工年老弁兵"备感惊诧，咸谓"十余年来，从未见如此异涨"。[④]

在黄河水位持续上涨之时，天公亦不作美。进入六月雨季，河南黄河沿岸地区大雨如注，数日不绝，"平地水深五六尺"，雨水汇入无疑会进一步抬升水位。据奏，"万锦滩黄河于十四日午时、十六日寅、巳、酉、亥等时，五次共长水一丈五尺五寸"，"武陟沁河于十四日申、戌二时，十六日申、亥二时，并十七日卯时，五次共长水一丈六寸"，"洛河于十六日酉时，长水三尺"。河南、山东两省交界处，受大雨影响，还发生了"山泉坡水，汇注河湖，微山湖水涨满，顶托黄流"等情况。汹汹黄水受到"顶托"，难免造成"拍岸盈堤，河身难以容纳"之险情。[⑤] 六月十八日，黄

---

① 黄河档案馆藏：清1黄河干流，下游修防·防汛抢险，咸丰朝1～6年。一点说明：本书使用的档案资料有从中国第一历史档案馆查阅的档案原件，有清史编纂委赈志课题组与中国第一历史档案馆合作整理的《清代灾赈档案专题史料》电子影印档案，有从黄河水利委员会黄河档案馆查阅的，还有已经影印出版的档案，因此，所用档案资料的注释形式不尽相同。

② 黄河档案馆藏：清1黄河干流，下游修防·防汛抢险，咸丰朝1～6年。

③ 军机处录副奏折，赈济灾情类，03/168/9343/10，《清代灾赈档案专题史料》第65盘，第395～397页。

④ 军机处录副奏折，赈济灾情类，03/168/9343/27，《清代灾赈档案专题史料》第65盘，第417～418页。

⑤ 军机处录副奏折，赈济灾情类，03/168/9343/27，《清代灾赈档案专题史料》第65盘，第417～418页。

河水位仍在迅速上涨，"加以大雨一昼夜，上游各河之水汇注"，"两岸普律漫滩，一望无际，间多堤水相平之处"，在"素有兰阳第一险工"之称的河南兰仪铜瓦厢处，大堤"登时塌宽三四丈，仅存堤顶丈余"。①

在此千钧一发之时，署河东河道总督蒋启扬忧心如焚。作为河工事务的直接责任人，他深知当时的政治局势以及由此造成的河务困境。自咸丰元年（1851）太平军兴，军费成为政府财政支出之大宗，曾受高度重视的河务之经费被作为"不急"之需，大幅缩减，这不能不对黄河的日常修守产生影响，河务渐成废弛之态。即便如此，他还是按照惯例在第一时间向清廷奏报了险情：

> 臣在河北道任数年，该工岁岁抢险，从未见水势如此异涨，亦未见下泻如此之速，目睹万分危险情形，心胆俱裂。现在督饬道厅营委员弁，竭尽血忱，设法抢办，一面多方挪措钱粮接济，断不敢稍遗余力。此次异涨之水，自系来源勤旺，尚未据驰报，且河面过宽，未能向渡，南岸文报已四日不通，亦不知情形如何。②

从所奏来看，面对万分危急之形势，在河官员实施紧急抢险，并未束手待毙，只是钱粮贮备不足，难度太大。毋论其中有无故意掩饰的情况，险情仍在进一步恶化，黄河随时都有发生大规模决口的可能。两天后，蒋启扬再次向清廷发去急报，"万分危险情形于十八日驰奏后，臣仍督饬竭力抢办，道厅文武员弁于黑夜泥淖之中，或加帮后戗，或扎枕挡护，均形竭尽全力"，"铜瓦厢迤下无工处所，塌堤迅速"。③ 不过两份奏报还未到达京城，黄河就在铜瓦厢处发生了决口。睹此，河督胆战心惊，慌乱不堪，因为按照惯例，他将受到极为严厉的处罚。在此后的奏报中，他一面描述决口发生情形，一面竭力为自己开脱罪责，强调尽管连日抢险，但是"无如水势复长，所加之土，不敌所长之水，适值南风暴发，巨浪掀腾，直扑堤顶，兵夫不能站立，人力难施，以致于十九日漫溢过水。初尚分溜三分，于二十日，全行夺溜，下游正河，业已断流。该处土性沙松，口门刷宽七

① 军机处录副奏折，赈济灾情类，03/168/9343/10，《清代灾赈档案专题史料》第65盘，第395~397页。
② 军机处录副奏折，黄河水文灾情类，署东河总督蒋启扬折，03/168/9343/10。
③ 军机处录副奏折，黄河水文灾情类，署东河总督蒋启扬折，03/168/9343/4。

八十丈"。① 然而，即便形势严峻若此，口门以上河段以及支流之水位并未停止上升的态势。"据陕州呈报，万锦滩黄河于六月二十二日子时，陡涨水四尺八寸，来源正旺"，② "六月三十日未时，陡涨水四尺五寸"，各支流水势亦持续上涨，并"同时下注，加以霪雨过多，上游各厅禀报，骤涨水三四尺余寸不等"。③ 在持续增强的洪水水流的冲刷下，铜瓦厢口门变得越来越宽。半个月后，继任河督李钧奏称：

> 先经署河臣蒋启扬盘做裹头，因料物不能凑手，一面厢护，一面冲刷，七月初三日以前，已塌至一百一十七丈。业经前署河臣，绘图贴说，据实奏闻。奈至初三日以后，河水连日暴涨，又塌五六十丈。本日，用弹绳测量漫口，东西两坝相距实有一百七八十丈之宽，东坝下水深一丈五尺，中洪深二丈五尺，西坝下深至四五丈不等，河底形类斜坡。④

大规模黄河决口已经形成，然而由于清廷放弃了堵口工程，口门越刷越宽。五年之后，"河水面宽五百九丈，中洪水深九尺，口门以下，滩高水面六七尺不等"。⑤ 不难想见，随着时间的推移，问题愈发严重，已呈无法挽救之势。

① 军机处录副奏折，赈济灾情类，03/168/9343/6，《清代灾赈档案专题史料》第65盘，第387~388页。关于铜瓦厢决口的发生时间，西人世界多与咸丰元年（1851）丰北决口混淆。比如，1868年，一位在上海经商的英国人通过实地勘察认为：以往所认为的发生于1851年或者1852年、1853年的说法有失真实，确定情况应为，改道是在1851~1853年两年多时间里逐渐完成的，并推测了这一时间段内河南兰阳段黄河屡决之情形。[Ney Elias, "Notes of a Journey to the New Course of the Yellow River in 1868," *Proceedings of the Royal Geographical Society of London*, Vol.14, No.1（1869－1870），pp.20－37]此后，相关调查或者研究均循此认识。比如，裴宜理在《华北的叛乱者与革命者（1845~1945）》（池子华、刘平译，商务印书馆，2007）一书中讲道："在1853年，黄河离开了它已占据长达500多年的河道，往北掀起了一场灾难。"入海口"北迁了250英里"。再如，彭慕兰在《腹地的构建——华北内地的国家、社会和经济（1853~1937）》一书中提到，"1852~1855年，黄河的河道改徙到山东境内"。关于丰北决口情况，详见后文。
② 军机处录副奏折，黄河水文灾情类，署东河总督蒋启扬折，03/168/9343/27。
③ 军机处录副奏折，黄河水文灾情类，东河总督李钧折，03/168/9343/35。
④ 军机处录副奏折，黄河水文灾情类，东河总督李钧折，03/168/9343/31。
⑤ 中国水利水电科学研究院水利史研究室编校《再续行水金鉴》黄河卷《山东河工成案》，湖北人民出版社，2004，第1205页。

二　黄水流路

决口发生后，汹涌的黄水如脱缰野马奔腾下泻，顺势朝东北方向急流而去，最终在山东省阳谷县张秋镇穿越运河后，夺大清河河道入海。

（一）改道之初上游漫流情况

对于一次较大规模的黄河决口，勘察清楚黄水流路情况无论对发赈救灾还是治理河患均属必要，李钧接任河督后即受命进行这一工作。经过近半个月努力，他掌握的河水流路情况大致为：

> 先向西北斜注，淹及封丘、祥符二县村庄，再折向东北，漫注兰仪、考城以及直隶长垣等县各村庄。行至长垣县属之兰通集，溜分三股，一股由赵王河，走山东曹州府迤南下注，两股由直隶东明县南北二门外分注，经山东濮州、范县境内，均至张秋镇汇流穿运，总归大清河入海。①

由此可知，黄水流路以张秋为界大致可分为两段，其中张秋以上河段无固定河槽，黄水任意奔趋支流港汊，变化不定，以下则侵夺大清河河道直至入海（为行文方便，下文将铜瓦厢口门至张秋段称为上游，张秋以下至入海口段称为下游）。

该年十月，李钧再次对上游河段进行勘察，发现黄水流路情况发生了些许变化，"虽仍分三股行溜，而半月来复见改移。一股从赵王河斜串洪河，历东明县城南，出开州境，直向东北，归入濮州者为最大。其原趋菏泽县城南北之二股，溜势转小，北股先近城垣，今已渐往西掣"。② 该年年底，"南二股即从堤外分支，一入赵王河，在府城东，一入陶北河，在府城西，均与东明城南洪河一股会合东趋"。③ 不过即便如此，上游黄水的漫流情况仍不甚清晰。同治七年（1868）秋，英国人内伊·埃利阿斯（Ney Elias）在新河道进行的一番实地勘察，多少可以弥补这一缺憾。为尽可能准确地掌握新河道的承运能力，他对黄水流路以及上游漫流情况详细记述，并绘制了精确度较高的地图。④ 从所绘地图来看，改道十余年后，

---

① 军机处录副奏折，黄河水文灾情类，东河总督李钧折，03/168/9343/35。
② 《再续行水金鉴》黄河卷《黄运两河修防章程》，第1141页。
③ 《再续行水金鉴》黄河卷《黄运两河修防章程》，第1146页。
④ Ney Elias，"Notes of a Journey to the New Course of the Yellow River in 1868，" *Proceedings of the Royal Geographical Society of London*，Vol. 14，No. 1（1869 – 1870），pp. 20 – 37.

上游黄水仍肆意漫流，范围广阔，南北跨几百里。事实上，直到光绪三年（1877）两岸大堤修筑完竣之后，上游黄水才大体束归一道，结束了漫流的局面。

　　从咸丰五年到光绪三年的二十余年时间里，上游到底发生了哪些变化，水利史学者颜元亮进行过较为细致的研究。他根据黄水流路的变化情况将这二十余年时间分作三段，每一阶段都有不同。第一阶段为咸丰五年至十年（1855～1860），分歧多股行走，没有主溜，南面到达赵王河，北面到达开州、濮州、范县的南面；第二阶段为咸丰十一年至同治五年（1861～1866），大溜逐渐北徙，灌濮州，冲开州金堤，大溜由金堤而下；第三阶段为同治六年至十三年（1867～1874），大溜又南徙，河身成为东西形势，走赵王河及沮河。[①]为了达到更为直观的效果，他还绘图予以说明（图1-1、图1-2）。

图1-1　铜瓦厢决口后运西溜势（咸丰五年至同治五年）

图片来源：颜元亮：《清代黄河铜瓦厢决口》，《历史的探索与研究——水利史研究文集》。

---

①　详见颜元亮《清代黄河铜瓦厢决口》，中国水利水电科学研究院水利史研究室编《历史的探索与研究——水利史研究文集》。

图1-2　铜瓦厢决口后运西溜势（同治六年至同治十三年）

图片来源：颜元亮：《清代黄河铜瓦厢决口》，《历史的探索与研究——水利史研究文集》。

比较两幅图可以看出，黄水的漫流范围呈现逐渐缩小的态势，其原因除了黄水自身的调节外，还应与沿河官绅百姓自发修筑民埝拦御水流有关（详后）。

（二）下游黄水流路情况

对于张秋以下河段，河督李钧的奏报语焉不详，仅提到有大清河河道容纳，似在说明较上游情形为好，实际上，由于大清河本为山东境内有名的运盐河，"深阔均不及黄河三分之一"，① 难以容纳汹涌而来的黄水，四处漫流的情形也极为严重。

光绪中期，以小说《老残游记》为后人所熟知的刘鹗接受山东巡抚张曜邀约，赴山东参与治河实践。在他看来，欲治理新河道，须先全面细致地了解清楚黄水流路情况，为此，他不辞辛劳花了几年时间沿黄河一路考

① 《再续行水金鉴》黄河卷《山东河工成案》，第1157页。

察，记录界址，观察灾情（见本书附录），并在此基础上，绘制了较为细致的黄水流路图（见图1-3）。

这幅黄水流路图，除利津以下至入海口处河段因受泥沙淤积与海水顶托等因素影响几经变迁外，其他河段大体延续至今。毫无疑问，刘鹗的此番工作为山东巡抚的治河实践提供了重要参考，亦对后人绘制黄河图以及进行黄河史相关研究极具价值。

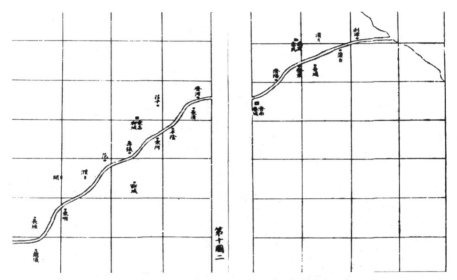

图1-3 光绪中期黄河新河道流路
图片来源：刘鹗：《历代黄河变迁图考》。

三 致灾程度

对于一场"突如其来"的灾难，黄水流经之地亦为受灾之区。从前述黄水流路情况大致可以推知：由于上游河段在很长一段时期内没有固定河槽，黄水肆意奔窜漫淹，造成的灾难极为深重；下游河段因有大清河河槽容纳，受灾程度应较上游为轻。从流经之地所属行政区域来看，口门以下一千一百多里新河道，山东最长，达九百余里，直隶次之，长一百二十余里，河南最短，仅二十多里。相应地，三省受灾程度从重至轻依次为：山东、直隶、河南。当然，对于这样一次较大规模的黄河决口的致灾情形，仅这些概略性认知还远远不够。

在铜瓦厢决口发生地，有一首民谣描述了决口之初的灾难情形：

咸丰乙卯月在申，

开封河决殃及民，

冯夷起舞龙怒瞋，

波浪中宵排九垠，

燕齐豫省疆界邻，

田庐其问诸水滨。

…………

中流社木如藻萍，

树头饿殍犹望人，

遗黎面鹄衣结鹑，

穴沮洳地栖厥身，

沿堤乞食日逡巡，

聊复忍死延数旬，

恨不同时葬涟沦。

行人目击增酸辛，

兹者浩劫尤奇迍，

哀嗷被野谁致询。①

这首民谣所描述的凄惨情景令人震撼：决口发生后，滚滚黄水奔腾下泻，豫、直、鲁三省大片地区被洪水淹没，无数百姓葬身鱼腹，侥幸生存下来的不仅要忍受失去亲人的巨大悲痛，还得忍饥挨饿，栖息枝头。

由于决口发生之时，全世界都能得知灾难资讯的时代已经到来，西人对于决口致灾情况也给予了关注，尤其英国皇家地理协会还表现出浓厚的兴趣。据英国《晨邮报》报道，1858 年，该协会召开会议，其中一个重要议题就是发生在中国的黄河大改道，并提到"方圆几百英里的肥沃土地变成了一片汪洋"。② 同年，该协会主办的杂志还刊文描述了当时上海百姓对这场灾难的反映，"上海居民频繁地诉说着来自中国北部的灾难，黄河冲破了堤岸，毁灭着国家，许多居民被淹死，幸存者被迫背井离乡沦为

---

① 董平章：《秦川焚馀草》卷 1《兰仪谣》，第 33～34 页，《续修四库全书》第 1537 册，第 126～127 页。

② "Royal Geographical Society," *The Morning Post*, Nov. 23, 1858.

乞丐"，并认为"无论古代还是现代，世界上还没有哪条河流如此彻底决绝地改道"。① 西人的这些描述从一个侧面体现了此次决口造成的灾难之深重。

按照惯例，大灾之后，地方官员需查勘受灾情形，确定成灾分数，并逐级上报，以为清廷出台救灾措施提供参考与凭据。此次灾难亦不例外，受灾三省督抚均于灾后将辖区灾情比较详细地上奏清廷。接下来，将他们所奏结合相关县志记载呈现三省的具体受灾情况。

（一）山东灾况

从前述已知，在新河道所经区域中，山东一省内最长，达九百余里，几乎从西向东穿越全省。据巡抚崇恩奏报，约有"五府二十余州县"受灾，② 具体受灾情形如下：

> 黄水由寿张、东阿、阳谷等县联界之张秋镇阿城一带，串过运河，漫入大清河，水势异常汹涌，运河两岸堤堰，间段漫塌。大清河之水，有高过崖岸丈余者，菏濮以下，寿东以上，尽遭淹没。其它如东平、汶上、平阴、茌平、长清、肥城、齐河、历城、济阳、齐东、惠民、滨州、蒲台、利津等州县，凡系运河及大清河所经之地，均被波及。兼因六月下旬，七月初旬，连日大雨如注，各路山坡沟渠诸水，应由运河及大清河消纳者，俱因外水顶托，内水无路宣泄。故虽距河较远之处，亦莫不有泛滥之虞。现据各属纷纷禀报，实为非常灾异。且大河秋汛方长，而八月海潮正涨，利津海口不能畅泄，则横流旁溢，更无止境。③

> 计成灾十分者有菏泽县邓庄等二百六十六村庄，濮州李家楼等一千二百一十一村庄，范县宋名口等三百四十四村庄；成灾九分者有菏泽县大傅庄等二百二十六村庄，濮州姜家堤口等一百三十九村庄，范县张康楼等一百四十村庄，阳谷县张博士集等四百九十二村庄，寿张

① William Lockhart, "The Yang-Tse-Keang and Hwang-Ho, or Yellow River," *The Journal of the Royal Geographical Society of London*, Vol. 28 (1858), pp. 288 – 298.
② 军机处录副奏折，赈济灾情类，03/168/9343/55，《清代灾赈档案专题史料》第65盘，第446页。
③ 军机处录副奏折，赈济灾情类，03/168/9343/42，《清代灾赈档案专题史料》第65盘，第444~445页。

县何家庄等三百九十一村庄；成灾八分者有菏泽县桑庄等二百七十八村庄，城武县王家庄等二百一十一村庄，定陶县黄德村等八十庄，巨野县刘家庄等九十村庄，郓城县邱东等四百四十九村庄，濮州高家庄等一百零一村庄，范县张常庄等三十四村庄，寿张县阎家堤等二百六十四村庄，肥城县刘家庄等一百零五村庄，东阿县枣园村等三十二村庄，东平州陈辛庄等一百六十村庄，平阴县盆王庄等九十三村庄，齐东县郭家庄等二百二十六村庄，临邑县杨家庄等五十四村庄；成灾七分者有菏泽县唐庄等二百七十二村庄，城武县前宋家弯等一百六十五村庄，定陶县折桂村等三十八村庄，巨野县庞家庄等八十一村庄，范县朱堌堆等六十三村庄，肥城县栾湾庄等三十六村庄，东阿县山口村等三十九村庄，东平州赴老庄等八十四村庄，平阴县宋子顺庄等七十一村庄，齐东县王家寨等三十一村庄，禹城县小洼等六十三村庄，临邑县高家庄等五十八村庄；成灾六分者有菏泽县傅家庄等一百四十三村庄，城武县刘家桥等二百六十三村庄计，定陶县牛王庄等三十二村庄，巨野县大李家庄等四十八村庄，范县高常庄等八村庄，阳谷县东灼李等一百六十八村庄，东平州关王庙等十六村庄，平阴县吉家庄等十四村庄，齐东县东赵家庄等五十村庄，禹城县不干等三十二村庄。①

从奏报可知，鲁西南地区以及大运河、大清河沿岸地区均不同程度受灾。其中受灾六分及以上的村庄达 7161 个，仅受灾十分的村庄就有 1821 个。据此，李文海先生指出：咸丰年间，山东是我国人口密度最高的省份之一，如果我们按每个村庄 200 户人家，每户五口人统计，那么，山东省受灾六分及以上的重灾区的难民将逾 700 万人。这个统计还不包括所有城镇和受灾略轻的地区。②

由于所处位置不同，与口门距离远近不一，各府县具体受灾情况差别较大。为了较为清晰地予以呈现，下面把能够查见的府县志资料按照黄水流经地域自上往下的顺序做一排列，详见表 1-1。

---

① 录副档·咸丰六年三月初七日崇恩折，李文海等《近代中国灾荒纪年》，湖南教育出版社，1990，第 160~161 页。

② 李文海等：《中国近代十大灾荒》，第 44 页。

表 1-1　山东部分府县受灾情况一览

地点	灾情	资料来源
菏泽县	咸丰五年六月，河决铜瓦厢，东注县境，西南北三面水深二丈余。七月冲溃西堤，水逼城下，旋破城北堤流出	光绪《新修菏泽县志》卷3《山水》，第11页
寿张县	五年，铜瓦厢黄水决口，寿张大水，金堤左右村庄，及张秋镇田亩，成泽国，为灾甚巨	光绪《寿张县志》卷10《杂志》，第9页
阳谷县	咸丰五年六月，大雨，中雨，若翻盆，水若建瓴，穿阳谷之东南境，入于济。南北阔六七十里，一望汪洋，直灭乔木，鼋鼍蛟龙盘跃其中，无风三尺浪，有雨万家号，荡析离居，不可名状	光绪《阳谷县志》卷1《山川》，第23页
临清县	夏六月，州境大水（以河南铜瓦厢黄河溢，由东明直注菏泽，分流至张秋镇穿运，归大清河入海。故曹州、济宁、东昌以下皆水）	民国《临清县志·大事记》，第14页
历城县	黄河自咸丰五年北徙至光绪朝，屡决为患	民国《续修历城县志》卷1《总纪》，第1页
长清县	七月，黄水来，自大清河涌出，河西平地水深丈余，村庄漂没甚众	民国《长清县志》卷16《杂事志·祥异》，第1页
平阴县	黄河东行以来，大清河不能容受。然南岸近山，地高，北岸平衍，地下，故水之行也，渐趋于北。虽两岸俱有坍塌，而北尤甚。如滑口以东，沿河各庄，多沦于河。人无所栖，皆侨居民埝之上，其存者不过一二，南岸则迁居山腰以避之	光绪《平阴县志》卷1《村庄》，第41页
齐东县	六月，河南铜瓦厢黄河溢，归大清河入海	民国《齐东县志》卷1《地理志·灾祥》，第19页
齐河县	咸丰五年，河决河南铜瓦厢，分流至张秋镇，穿运归大清河入海	民国《齐河县志》卷首《大事记》，第13页
东平县	河决铜瓦厢，东平田庐尽坏	民国《东平县志》卷16《大事记》，第26页
滨州	大清河黄水漫溢，漂没庐舍田禾	咸丰《滨州志》卷5《纪事志·祥异》，第7页
沾化县	自咸丰五年，豫省铜瓦厢决口，黄河北徙大清河，年年漫溢，徒骇河万不能容，沾境殆成泽国	民国《沾化县志》卷1《疆域志》，第12页
阳信县	秋，黄河决，入大清河，漫溢，秋禾尽淹，房屋倒塌无数	民国《阳信县志》卷2《祥异志》，第13页
惠民县	秋七月，黄河灌入大清河，白龙湾决口，徒河、沙河涨溢，漂没庐舍田禾	光绪《惠民县志》卷17《五行志·灾详》，第14~15页
惠民县	秋，兰阳漫口，黄水进入大清河，河不能容，水高于堤数尺，堤遂圮，而堤内之疆畎、庐舍沦为鲛鱼窟者，不啻数万户	光绪《惠民县志》卷28《艺文志记》，第46页
利津县	（咸丰）五年，大清河黄水漫溢，淹没田禾	光绪《利津县志》卷1《恩泽》，第2页

综合县志中的记载以及前述崇恩的奏报可以推知：距离口门较近的鲁西南菏泽、寿张、阳谷等地受灾最为严重，距离口门稍远的平阴、东平、滨州等地受灾相对较轻，齐东、齐河等地则由于县志记载简略，受灾情况不甚清楚，不过晚清官吏张集馨的个人经历多少可以弥补这一缺憾。

咸丰七年（1857），张集馨从京城南下途经山东时遭遇了由水灾造成的交通困境，感触颇深，遂记述如下：

> 自河南北岸铜瓦箱决口后，直冲东昌，大清河桥冲断，黄河灌注，直至齐河县城下。禹城左近各县，咸为泽国，来往行旅，俱由齐河渡黄。自齐河至禹城，并无旱道，近村农民，以小舟济渡，计程九十里，需索甚苦。余在齐河南店，住二日，令戈什杨保安，持帖至齐河县署，乞差协同觅船，许给重赏，始得小舟七八只，将车分载。自丑初由南北渡，幸尚顺利。坐车十五里至隔水处所，上船拉挽，水深处数丈，水浅处没踝，或推或挽，皆从田园果木林中游泳。至日暮，始至禹城，驿馆距城尚远。至子正后，始到禹城桥，人马疲乏已极。从此渐入直境，道路干燥，按站巡行。记在泰安前时，忽遭大雨，平地水深尺许，衣履沾透，亦苦境也。[①]

出门"以小舟济渡"，如在江南水乡当是非常惬意之事，只是齐河地处暖温带半湿润季风气候区，出现这样的情形则不能不让人在诧异之余感叹铜瓦厢决口造成的灾难之深重，更何况这已是决口之后的第二个年头。总之，汹涌而来的黄水漫淹山东大片地区，包括原本繁华富庶的黄运地区以及大清河两岸地区。

（二）直隶灾况

决口当年八月，直隶总督桂良所奏辖区受灾情况大致如下："长垣县切近黄河，被灾较重，东明县次之，开州惟距城二十里外之东南乡被水，核其情形尚轻。"[②] 由此可知，直隶共有长垣、东明、开州三县受

---

① 张集馨：《道咸宦海见闻录》，中华书局，1981，第180页。
② 水利电力部水管司科技司、水利水电科学研究院编《清代黄河流域洪涝档案史料》，中华书局，1993，第667页。

灾，其中长垣县因距离黄河较近而受灾最重。两年之后，继任总督谭廷襄也曾就此问题向清廷上过奏报，但所陈情形与桂良有些出入。据他所言：

> 咸丰五年，豫省兰阳汛堤工漫口，直隶之开州、长垣、东明三州县均遭水患，而东明县城适当其冲，大溜汇注，四面环绕。漫口一日不堵，来源一日不绝，以城为堤，情形吃重。前于东南顶溜处所新筑大坝开挖引河，冀图拦水。乃黄流势猛，旋筑旋冲，垣墙日久被水，渐形坍塌。兹据该县禀报，城西北隅因南面、西面各有大溜一股，齐至其下会合，紧抱城角，折向东，乃回溜漩涡，日夜摩荡，外面城砖蛰陷九十余丈，仅存土垣。此外，坐蛰、坍卸、裂缝之处，虽经随时保护，惟瞬届伏汛，恐难抵御。①

根据这份奏报，在受灾的三个县中，情况最为严重者为东明县，非前述桂良所言长垣县。这是什么原因造成的呢？

从前述黄水流路情况已知，上游河段由于没有固定河槽容纳，黄水横冲直撞，肆意漫流，河道变化不定，受此影响，受灾区域以及各地受灾程度也呈现不断变化之势。这应为两人奏报存有差异的原因。另外，根据东明、长垣两县县志记载亦可大致做此判断。《增修长垣县志》载："自咸丰五年，黄水泛滥以后，仓房均被冲圮，亦无存谷。"②《东明县新志》载："咸丰五年，河决而复北，由铜瓦厢口大溜直奔贾鲁河，其支溜则夺洪河、漆河之道，一片泽国，汪洋弥望。迨至七、八两年，复由贾鲁河折而北，自李官营别开新河，入曹州之七里河，绕而东北行。十、十一两年，复尽并入于洪河，逼近县城，弥漫巨浸，而百姓几无生人趣矣。"③这几条材料将铜瓦厢改道之初两县的受灾情况，以及最初几年间黄河河道的摆动情况记述得非常清楚，东明县的受灾程度明显在随河道摆动而加深。

（三）河南灾况

从前述已知，新河道自河南铜瓦厢口门折东北方向大约二十里即入

---

① 录副档·咸丰七年五月二十二日谭廷襄折，李文海等《近代中国灾荒纪年》，第162页。
② 同治《增修长垣县志》卷上《仓厫》，第24页。
③ 民国《东明县新志》卷1《漆河　黄河》，第5页。

直隶境内，且由于此段临近口门，水流湍急，河南受灾面积比较山东、直隶两地要小，受灾程度也轻。据河南巡抚英桂奏报，该省有"兰仪等四县北岸村庄，及封丘、考城二县，猝遇水淹，室庐倾圮，早晚秋禾飘溜无存"。① 另据毗邻的考城县县志记载，决口之初共有"堌阳等五里被黄水漫淹，成灾分十、九、七、六、五数等，共七十一村，计民田上下更名等地共八百二十七顷七十七亩六分一厘"。② 由于受资料所限，无法确知当时考城县的村庄总数以及田地亩数，也就难以察知具体受灾情况，不过可以根据民国时期的数据做一大致推断。该县县志记载：1924年时，该县有 298 个村。③ 据此推知，受灾五分以上的村庄约占总数的 24%。

面对大规模的黄河决口以及由此造成的深重灾难，清廷将如何应对？按照以往惯例，由于河务关涉甚重备受重视，一般发生较大规模的决口，清廷往往立即抢堵，并拨付帑金，"多者千余万，少亦数百万"，④ 有时还派钦差大臣前往督战，与此同时，按照救灾程序启动相关赈济工作。然而，此次决口出现了"例外"，且意味深远。

第二节　"缓堵"对策的出台

一　清廷面临的空前困局

道光以降，内乱迭起，外患频兴。从内部来看，社会危机不断加深，各种形式的反抗斗争此起彼伏。尤其道光三十年（1850）末爆发的太平天国农民起义，如火如荼，发展迅猛，仅用两年时间即从广西打到了南京，并将此地改名天京，定为都城，正式建立起与清政府对峙的政权。随后组织的北伐军跨越黄河，直捣京畿，尽管孤军深入，终遭失败，但是给清军以沉重打击，令清廷惶惶不可终日。与北伐相比，太平军西征战绩颇丰，不但借此控制了安徽、江西、湖北东部的

---

① 军机处录副奏折，黄河水文灾情类，河南巡抚英桂折，03/168/9344/6。
② 民国《考城县志》卷6《田赋志》，第3页。
③ 民国《考城县志》卷1《舆图志》，第5~7页。
④ 赵尔巽等撰《清史稿》卷131《食货六》，民国17年清史馆铅印本，第24页。

大部分地区，还夺得了安庆、九江、武昌三大军事据点，几乎操控整个长江中游地区。至咸丰六年（1856），太平军乘胜进击，一举攻破了清军的江北大营和江南大营，军事上达于鼎盛。与此形成鲜明对比，清军遭受了重创，不仅颇受倚赖的湘军败阵龟缩，负责督办江南军务的钦差大臣向荣还身死军中。更令清廷感到恐慌的是，在太平天国起义的影响下，全国范围内的反清斗争风起云涌，南方有天地会起义，北方有捻军起义，西南、西北有苗民、彝民、回民等起义，等等。在内乱不断加剧的形势下，英、法等资本主义列强也加快了侵略步伐，企图乘内乱之机扩大侵略权益，在两次向清廷提出修订协约要求遭到拒绝的情况下，密谋再次诉诸武力。在北部边疆，俄国侵略势力侵疆略土，占领了黑龙江流域和巴尔喀什湖以南的许多战略要地，为了将此"战果"以条约的形式固定下来，也加入了英、法等国的行列。第二次鸦片战争一触即发。

不难想见，军费、赔款等项支出剧增，清廷财政每况愈下。对此，《清史稿·食货志》总结如下："道咸以降，海禁大开，国家多故，耗财之途广，而生财之道滞。当轴者昧于中外大势，召祸兴戎，天府太仓之蓄一旦荡然，赔偿兵费至四百余兆。以中国所有财产抵借外债，积数十年不能清偿。摊派加捐，上下交困。"① 据周育民研究统计：一场鸦片战争，清政府支出军费白银 2500 多万两，赔款折合 1470 万两，加上被英军掠夺的银钱财物（折合近 600 万两），三项合计达 4500 多万两，这笔巨款相当于清政府一年全部的财政收入，战争造成的各地兵差支出、赋税短征等还未计入。② 而这远不及镇压太平天国起义所费。据估计，清政府"单是有据可查的支出即 4 亿多两，有人估计当在 8 亿两左右"。③ 虽然没有确定的数目，所估数字亦存有不小的差距，但就拿最小估计值 4 亿两来算，对于清廷而言亦可谓天文数字。

受诸多因素影响，清廷的财政支出结构发生了变化，河工所占比例明显缩小（表 1-2）。

----

① 赵尔巽等撰《清史稿》卷 126《食货一》，第 1 页。
② 周育民：《晚清财政与社会变迁》，上海人民出版社，2000，第 81 页。
③ 转引自康沛竹《战争与晚清灾荒》，《北京社会科学》1997 年第 2 期。

表 1 - 2　1840 ~ 1850 年清政府例外支出

类别	项目	款额（万两）	资料来源
河工	1841 年祥工	610 余	岑仲勉：《黄河变迁史》，第 573 页
	1843 年牟工	1190 余	同上
	1842 年杨工	574	《清宣宗实录》卷 384，第 16 ~ 17 页
赈灾	1844 年豫皖	300	《清宣宗实录》卷 407，第 30 页
	1847 年河南	100 余	《清史稿·食货六》
	1848 年河北	138	同上
	1849 年四省	400	同上
战争	鸦片战争	4000 余	以下专门说明
	二次回疆之役	730	《清史稿·食货六》
合计		8000 余	

资料来源：周育民：《晚清财政与社会变迁》，第 68 页。

表 1-2 显示，在第一次鸦片战争后的十余年间，军费占去了清政府整个例外支出的一半还强，这与鸦片战争前以军费、官俸、河工等为大宗的财政支出结构相比较，已然发生了不小的变化。据申学锋研究，咸丰以后，赔款、外债等新式支出科目出现，在总支出中所占的比重不断增加，官俸、河工等科目所占比重相应地明显下降，这也是财政支出结构演变过程中的一大转折。[①]

另据陈锋研究，咸丰时期清政府的户部收支情况大致如表 1 - 3。

表 1 - 3　咸丰年间户部银库收支统计

单位：两

年　度	进　银	出　银	盈亏
二年（1852）	9196945	11103669	- 1906724
三年（1853）	5638380	9840151	- 4201771
四年（1854）	10442075	10468564	- 26489
五年（1855）	9956867	10079189	- 122322
六年（1856）	9220056	9141910	+ 78146
九年（1859）	15580654	13350297	+ 2230357
十年（1860）	9397441	12795530	- 3398089
十一年（1861）	7108582	6581645	+ 526937
合　计	76541000	83360955	- 6819955

资料来源：陈锋：《清代财政支出政策与支出结构的变动》，《江汉论坛》2000 年第 5 期。

---

① 申学锋：《晚清财政支出政策研究》，中国人民大学出版社，2006，第 237 页。

在所统计的八个年份中，户部总收入为七千余万两，总支出却高出这个数字，为八千余万两，银库实际亏损六百余万两，其中显然不包括镇压起义的军费开支。不难想见，为了筹措军费，清政府背上了非常沉重的财政包袱。对内千方百计开源节流，增设厘金税，节减"河工"等"不急"开支，甚至命地方政府"就地筹饷""就地筹款"，对外则举借外债，把海关税收等一些非常重要的财政收入来源作为抵押。这些措施反过来又对清廷的财政能力产生不小的影响。据彭泽益研究：鸦片战争后，由于战争赔款和对外对内频繁用兵，清政府的军费等项支出遽然增大，使得国库存银空虚到了极点，到咸丰三年（1853），连王公官员的俸银也发不出来了，之后的很长一段时期，库存实银仅维持在 10 万两上下，财政问题异常严重。[①]

总而言之，咸丰五年铜瓦厢决口发生之时，清廷已陷入存亡绝续之困境，如何保住大清江山成为压倒一切的事情，至于黄河决口以及由此造成的深重灾难，当没有精力也无财力顾及。

二　道咸以降之河务状况

从前述财政支出结构的变化情况来看，河工经费受到挤压，所占比重不断萎缩，这不能不影响黄河的日常修守。实际上，道咸之际，自清初以降备受重视的河工事务渐呈废弛之状。尤其河工弊政积重难返，"河工劣员，借报险为开销，以冒支恣浮靡"等腐败问题非常普遍。尽管道光帝曾下定决心进行整顿，比如调整河督选拔办法，改为选用没有任何河工经历者，以"厘剔弊端"，[②] 但此良苦用心并未能收到实效。道光后期，随着政治局势急转直下，清廷在河务问题上投入的精力与财力大幅削减，受此影响，黄河泛滥决溢更为严重。其中最令人触目惊心的是第一次鸦片战争期间连续三年发生大决口，即道光二十一年（1841）河南祥符决口、道光二十二年江苏桃源决口、道光二十三年河南中牟决口。这三次决口造成河南、安徽、江苏、山东等地大面积受灾，灾民逾千万人。尽管清廷费尽心思几经周折最终将口门堵筑，但是受河工贪冒腐化之习气的影响，黄河仍

---

① 彭泽益：《清代财政管理体制与收支结构》，《中国社会科学院研究生院学报》1990 年第 2 期。

② 《清宣宗实录》卷 200，第 3 册，第 1144 页。

然危机重重。并且由于清廷的赈济措施存有诸多纰漏抑或弊病，广大灾民难得实际，灾区很难在一个较短的时期内恢复元气。十余年后，广大黄泛区仍然一片凄凉，自"祥符至中牟一带，地宽六十余里，长逾数倍，地皆不毛，居民无养生之路"，闻此情状，咸丰帝颇感惊讶，遂质问大臣，"河南自道光二十一年及二十三年两次黄河漫溢，膏腴之地均被沙压，村庄庐舍荡然无存，迄今已及十年，何以被灾穷民仍在沙窝搭棚栖止，形容枯槁，凋敝如前？"① 对于清帝这一惊讶之状，李文海先生感慨万千："上谕中这个'何以'问得很好，但封建统治阶级恐怕永远也无法做出正确的回答。无情的黄水，把'膏腴之地'变成'地皆不毛'，但时隔十年，老百姓仍'凋敝如前'，这难道仅仅是老天爷的原因吗？"②

　　咸丰帝登基之初亦曾振刷精神革除河工弊政。他闻知"近来东、南两河工次，每有过往官员，及举贡生监幕友人等往求资助，河工各员，或碍于情面，或恐其挟制，往往挪动公项，以为应酬之费。积习相沿，久滋流弊。道光二十四年曾奉谕旨，严行禁止。近闻此风虽较前稍息，而游客之请求，河员之滥费，仍不能免"。鉴于此，严令"嗣后，官员士子等，各宜自爱，不准前赴河工……河工官员果能廉正自持，又何难概行拒绝。倘有无赖之徒，敢于挟制，或投递书函，公行请托，经该河督查出，即将其人扣留，指名严参惩究。如河员克减工程，滥施邀誉，一并从严参办，以除陋习，而慎河防"。③ 若照此态势推行下去，河务这一场域或许会出现一丝转机，只是内忧外患纷至沓来，咸丰帝的革新计划不得不搁浅。或者说，河工弊窦不但未能革除，反而随着扑朔迷离的政治局势愈发严重。当时"河工钱粮，东河每年不下一百四五十万两，实在办工，不及十分之六，任情挥霍，种种糜费"。④ 更有甚者，"于河工拨给之款，拨多发少，擅将现银抵换官票，所发官票折算制钱。并将办工要需，扣除厅员节寿陋规，及幕友节敬，家丁门包等名目。竟有要工一处，应发帑银三千两，除所扣外，只余

① 中国第一历史档案馆编《咸丰同治两朝上谕档》第1册，广西师范大学出版社，1998，第23页。

② 李文海：《鸦片战争时期连续三年的黄河大决口》，《历史并不遥远》，中国人民大学出版社，2004。

③ 《清文宗实录》卷43，第1册，第596~597页。

④ 《再续行水金鉴》黄河卷《清文宗实录》，第1106页。

数两者。厅员不肯具领，在道署公堂争论，众目共睹"。① 政局动荡、河工贪腐、河务废弛等情况共同促发了咸丰元年（1851）的丰北决口。

（一）丰北决口概况

咸丰元年，黄河在江苏丰北决口，致使江苏、山东两省大面积受灾，数百万百姓流离失所。据南河总督杨以增奏报："八月二十日寅时，风雨交作，河水高过堤顶，丰下汛三堡逈上无工处所，先已漫水，旋致堤身坐蛰，刷宽至四、五十丈。"② 后经黄水冲刷，口门越塌越宽，不几天就已"至一百八十五丈，水深三、四丈不等"。③ 一个月后，"决口已三四百丈"。④ 从口门塌宽程度来看，实为清代黄河史上一次较大规模的决口。随着口门愈形塌宽，黄河"大溜全行掣动，逈下正河业已断流"。⑤ 不仅如此，黄水还"直趋东省微山等湖，串入运河"，⑥ 以致运河河堤也发生了溃塌。黄、运两河先后溃决，致灾极为深重。

由于位置所在，江苏一省受灾最重。据两江总督陆建瀛、江苏巡抚杨文定勘察，此次"丰北漫口，黄水灌注，秋禾木棉或被淹成灾，或收成歉薄"。⑦ 具体受灾地区包括"上元、江宁、句容、六合、江浦、长洲、元和、吴县、吴江、震泽、常熟、昭文、昆山、新阳、华亭、奉贤、娄县、金山、青浦、宜兴、荆溪、丹阳、丹徒、金坛、溧阳、山阳、阜宁、清河、桃源、盐城、高邮、泰州、东台、江都、甘泉、仪征、兴化、宝应、铜山、丰县、沛县、萧县、砀山、邳州、宿迁、睢宁、太仓、镇洋、海州、沭阳、溧水、高淳、安东、海门、通州五十五厅州县，暨苏州、太仓、镇海、淮安、大河、扬州六卫"。⑧ 其中，"丰、沛二县受灾较重"。⑨

① 《再续行水金鉴》黄河卷《清文宗实录》，第1108页。

② 《清文宗实录》卷41，第1册，第563页。

③ 《清代黄河流域洪涝档案史料》，第661页。

④ 军机处录副奏折，赈济灾情类，03/70/4180/24，《清代灾赈档案专题史料》第47盘，第741页。

⑤ 《清代黄河流域洪涝档案史料》，第661页。

⑥ 军机处录副奏折，赈济灾情类，03/70/4180/26，《清代灾赈档案专题史料》第47盘，第745页。

⑦ 军机处录副奏折，赈济灾情类，03/74/4338/38，《清代灾赈档案专题史料》第41盘，第185页。

⑧ 《清文宗实录》卷49，第1册，第659～660页。

⑨ 水利电力部水管司科技司、水利水电科学研究院编《清代淮河流域洪涝档案史料》，中华书局，1988，第769页。

据《丰县志》载，河决后，该"县之东南北举为泽国"。①

受地势影响，黄河在苏北决口往往殃及与之毗邻的鲁南部分地区，此次黄运皆决，致灾更为严重。据江南道监察御史奏报，"江北连遭水厄，地方较广，非寻常偏灾可比"，"临近山东等县亦被水冲，淹毙人口不计其数，其田庐之漂没，民生之荡析，更不知凡几矣"。②另据山东巡抚陈庆偕勘察：

> 滨湖滨河之济宁、鱼台、峄县、滕县、金乡、嘉祥等州县运道民田，均被淹浸……鱼台一县被淹尤重，水及城堤，其次则济宁、滕县，又其次则峄县、金乡、嘉祥等县。其被淹村庄，自四五百及一二百不等。有全被河湖倒漾之水冲没者，亦有本因秋间雨水过多，各处坡水山泉宣泄不及，现值河湖并涨，内水无路疏消，外水复行倒灌者。故其情形轻重不等。较重之处，则未获晚禾多被淹坏，居民房屋均被淹浸……今自济宁以南至峄县境内，河湖一片，汪洋三百余里，八闸上下，水势尤为溜急。③

明显可见，距离丰北较近的鲁南、鲁西南广大地区均不同程度地遭受了黄水侵袭。不仅如此，相对较远的鲁西北部分地区也被殃及。据《临清县志》载："秋七月，丰北黄河决口，水漫州境。"④《茌平县志》亦载："黄河决，邑南大水，秋稼漂没。"⑤据估计此次黄运决口受灾人数在千万人左右。⑥

在广大灾区，极端脆弱的小农经济遭受了致命打击。两江总督与江苏巡抚奏称，灾区"禾棉花铃受伤脱落，谷粒空瘪，即已割早稻亦因阴雨连

---

① 光绪《丰县志》卷16《纪事类·祥异》，第20页。
② 军机处录副奏折，赈济灾情类，03/70/4180/24，《清代灾赈档案专题史料》第47盘，第740～741页。
③ 军机处录副奏折，赈济灾情类，03/70/4180/26，《清代灾赈档案专题史料》第47盘，第745～747页。
④ 民国《临清县志·大事记》，第13页。
⑤ 民国《茌平县志》卷11《灾异志·天灾》，第25页。
⑥ 《忆昭楼时事汇编》，《太平天国史料丛编简辑》第5册，第284页，李文海等《中国近代灾荒纪年》，第113页。

朝，未能晒晾，类多发芽霉变"。① 不难想见，倚农而生的广大百姓生计无着，不得不四处颠沛流离，情形之悲惨难以言表。咸丰三年（1853），安徽巡抚李嘉端途经山东、江苏两省交界处时曾耳闻目睹，"饥民十百为群，率皆老幼妇女，绕路啼号，不可胜数。或鹑衣百结，面无人色。或裸体无衣，伏地垂毙。大路旁倒毙死尸，类多断骴残骸，目不忍睹"。② 奉命镇压太平天国起义的钦差大臣胜保的听闻更令人惊悚。他在奏折中提到"现闻沿河饥民，人皆相食！"③ 在饥饿面前，灾民已然突破了人伦道德底线！被迫游离出农业生产的灾民，当在正常轨道上无法生存的时候，"弱者转沟壑，壮者沦而为匪"。④ 本来丰北周围的广大地区因地处江苏、山东、河南、直隶等省交界，"向多著名巨匪往来奔窜，抢劫为生"，⑤ 再加以众多流民的加入，发展势头可想而知，黄泛区的社会秩序在水灾打击下陷入了混乱。

（二）移"缓"就急策

览毕河督的奏报，咸丰帝立下批示，该督"查明被水村庄，妥为抚恤，并查照嘉庆元年丰北六堡漫水成案办理。着陆建瀛、杨以增严督厅汛各员，将现在漫口赶紧盘裹，应办各工，迅即兴筑"。⑥ 但综合考量政治局势，随即改变了态度。几天之后，又以"广西贼匪窜扰，现在大兵云集，所需兵饷，尤关紧要"为由决定移"缓"就急，⑦ 暂缓办理堵口工程。自清初以来，河务一直处于国家事务的中心位置，此次变成"缓"务当在很大程度上意味着，清政府的精力所向发生了变化，河工事务将面临重大转折。

三个月后，户部拨款及各省解款仍然迟迟未到，堵口工程所需的大批经费不得不变通办理。相关谕令言及"此次丰北工程，正值国帑支绌之

---

① 军机处录副奏折，赈济灾情类，03/74/4338/40，《清代灾赈档案专题史料》第41盘，第196页。

② 军机处录副奏折，安徽巡抚李嘉端折，03/4180/044/285/0222。

③ 《忆昭楼时事汇编》，《太平天国史料丛编简辑》第5册，第284、286页，李文海等《中国近代灾荒纪年》，第113～114页。

④ 《山东军兴纪略》，中国史学会主编《捻军》第4册，上海人民出版社，1957，第332页。

⑤ 军机处录副奏折，赈济灾情类，03/70/4180/28，《清代灾赈档案专题史料》第47盘，第751页。

⑥ 《清文宗实录》卷41，第1册，第563页。

⑦ 《清文宗实录》卷42，第1册，第585页。

时，拨解银两，即一时未能到齐，该督等自应酌量缓急，设法通融，不妨权宜办理。其银票一节，应如何抵用之处，亦可变通筹画，不必拘执。总期有济实用，无误要工"。① 对晚清史稍做了解即知，咸丰年间，为应付日益严重的财政危机，清廷采用了饮鸩止渴的方式——发行票钞，而票钞的大量发行又引发了通货膨胀，造成了市场混乱。由此不难想见，在河务工程中使用票钞虽为形势所迫，但也在一定程度上预示着治河绩效将大幅度下滑。按照惯例，冬季黄河封冻，为堵筑决口的最佳时机。鉴于此，尽管"丰工拨款，未能克期全到"，但"时已仲冬，距来年桃汛，仅八十余日，势难再缓"，清廷谕令在河官员赶紧动工，"不可迟缓"。② 然而由于前期准备不足，堵口工程进展得极为艰难，"两次走占，以致不克合龙"。时间在流逝，转眼到了翌年春天，黄河化冻，春汛来临，堵口工程很难继续下去，在河官员只得"请于霜降水落后补筑"。③ 这意味着无情的黄水将肆意漫流长达一年的时间，其间造成的灾难姑且不论，仅就决口本身而言，一般时间越长，口门冲刷得越严重，堵口工程越难进行。

从清廷方面来看，虽因军务当头决定暂缓办理河工事务，但是当漕运大受水患影响之时，不得不进行调整。军务、漕务与河务复杂交织，考验着清廷的施政能力。翌年，由于"丰北口门，未经合龙，运河漫水未退，南粮北上，已形艰滞"。④ 由于漕粮关涉京畿所需，关系国家大计，面对漕运严重受阻之局面，清廷转而强调"现在河工、军务，均关紧要"，⑤"丰工亦在吃紧之际，该督启程后，即责成杨以增督同查文经竭力妥办。并饬该镇道等认真弹压稽查，务须趁此天气晴和，料物充足之时，催令进占"。⑥

咸丰三年正月二十六日，丰北决口终于"挂缆合龙"。⑦ 然而在政局动荡、经费支绌、河工贪冒成性的大背景下，丰工注定了是豆腐渣工程。按照大清河工律例，像堵筑决口这样的另案大工，保固期限一般为两年，

---

① 《再续行水金鉴》黄河卷《清文宗实录》，第1083页。
② 《再续行水金鉴》黄河卷《清文宗实录》，第1084页。
③ 《再续行水金鉴》黄河卷《清文宗实录》，第1087页。
④ 《清文宗实录》卷64，第1册，第844页。
⑤ 《清文宗实录》卷77，第1册，第1012页。
⑥ 《清文宗实录》卷77，第1册，第1015页。
⑦ 《再续行水金鉴》黄河卷《清文宗实录》，第1097页。

可是刚刚完竣的丰北工程竟然未能经受住当年第一个汛期的考验。

（三）从堵而旋决到"暂缓"堵筑

咸丰三年"五月二十八、九两日，雷雨大作，黄水漫溢过堤，堤身坐蛰，刷开口门三十余丈"，丰北复成漫口。① 闻此，咸丰帝大为震怒，下令处分在河官员：

> 丰工西坝尾土基漫塌口门，至八十七丈之多，该员弁等，堵筑草率，临时又抢堵不力，均属咎无可辞。所有疏防之专管官同知借署丰北厅通判张渼、署丰北营守备贺正捷，均着交部严加议处。兼辖之徐州道王梦龄、河营参将吕邦治、淮徐游击王基棠、徐州府知府赵作宾、署砀山县知县赖以平，均着交部照例分别议处。其工次专委守坝之候补通判章仪林，着一并交部照例议处。②

与此同时，还派人前往河干调查出事原因。经调查发现，一再申斥的贪冒问题非常严重，"徐州道王梦龄见好属员，擅将大工要款挪作他用，以致大汛时，抢险无资。河臣所称人力难施之处，亦有不实。至留坝文员系候补通判章仪林，武弁即系丰北原案失事合龙后开复之游击阚兴邦，河臣未将阚兴邦附参，亦属遗漏"。③ 清廷似乎找到了问题的"症结"所在，可是这对于堵口工程的继续进行已经没有实际意义，因为此时大清王朝面对的已不仅仅是农民起义造成的内乱，更是自身的存亡绝续问题。

丰北再决前夕，太平天国起义军占领了南京，正式建立起与清政府对峙的政权，此后组织的北伐，直捣京津。清廷备感惶恐之际再次调整堵口措施，改为"缓堵"，"南河现当办理防堵，若兴举大工，诚恐数十万夫麇集河干，奸匪因而溷迹，自应暂缓堵筑，以昭慎重"。④ 虽言"慎重"起见，实则惧怕河夫"挑动黄河天下反"，加重内乱。至于因河患而出现异常的漕运，由于太平军占领南京将运输线掐断，清廷改行海运。"暂缓堵筑"黄河决口，这是自清初以来从未有过的情况！由此不难想见，异常严峻的政治局势对清廷施政之影响，以及河工事务或将面临命运

---

①　《再续行水金鉴》黄河卷《清文宗实录》，第1099页。

②　《清文宗实录》卷98，第2册，第413页。

③　《清文宗实录》卷102，第2册，第492~493页。

④　《清文宗实录》卷105，第2册，第584页。

转折。

尽管清廷迫于时局不得已疏远河务，但是对一次较大规模的黄河决口决策犹豫最终放弃也令其遭受了隐形的重创。曾国藩在家书中提到咸丰元年的两件"大不快意"之事，一件是太平天国起义，另一件就是丰北决口。① 咸丰帝也曾哀叹，"粤西军务未平，丰北河工漫口未合，内外诸务因循，未能振作"。② 将丰北决口与太平天国起义并作扰心之事，在一定程度上说明此次决口也给清政府的统治造成了严重影响。

透过清廷应对丰北决口的反反复复明显可见，曾经备受重视的河工大政在急剧动荡的政治局势下已然失去了昔日的殊荣。由此亦可推知，随着战局的深入，清廷当更无心应对铜瓦厢决口。

三　"缓堵"决口为何意？

咸丰五年六月二十五日，即铜瓦厢决口后的第五天，咸丰帝接到了奏报。阅毕奏折，他立下命令："着该署河督严饬道厅赶集料物，盘做裹头，毋使再行坍宽，以致工程愈大，糜帑愈多。"③ 紧接着又命河督"李钧等赶紧堵合"，不敷料物"设法协济"。④ 这似乎预示着清廷将按照惯例大举堵口工程，可是现实困境令其很快做出了调整。

姑且不论前述所及政治局势、财政困境以及河务状况等，仅堵口所需经费与物料，此项工程就无法进行。据河督初步估算："本年兰阳漫溢，上游又复受淤，一经兴工堵筑，除应托引河外，江南自徐州至海口皆宜分段抽托，费增数倍。加以连年大堤残缺，必先一律补还，旧日临黄工段，皆须购储料物，以备不约，而计之用帑动逾千万。"⑤ 考虑当时清廷的财政状况，他认为"只有开捐一法可济要需"。⑥ 尽管为筹集经费，清廷变通办法，规定此次捐输不再局限于钱钞，"秫秸草垛麻橛等项，并

---

① 《曾国藩全集·家书》（一），第221页，转引自李文海等《中国近代灾荒纪年》，第112页。

② 《清文宗实录》卷57，第1册，第750页。

③ 《清代起居注册·咸丰朝》第26册，台北国学文献馆，1983，第15190页。

④ 军机处录副奏折，黄河水文灾情类，署东河总督蒋启扬折，03/168/9343/23。

⑤ 黄河档案馆藏：清1黄河干流，下游修防·决溢，咸丰1~11年。

⑥ 黄河档案馆藏：清1黄河干流，下游修防·决溢，咸丰1~11年。

准按照例价折算，与银钱、银钞一律捐输"，① 但是由于军费、河工等项长期大行捐输，"各省捐输佐各省之供支而不足，安能襄集巨数留作工需?"②

筹集堵口所需物料同样困难重重。自丰北决口以来，清廷疏远河务，黄河日常修守陷于半瘫痪状态，两岸所存料物日渐稀少，决口发生后很快就"用尽无存"，③ 而临时筹集困难重重。据河督李钧奏报：

> 东坝购料稍易，现在赶办，克日可以完竣，西坝因形势未定，屡镶屡塌，钱粮不能应手，集料较难。盖附近堤里之料，先为滩水漫浸，堤外之料续为漫水淤没，远处之料又为雨后积水所阻，大车不能通行，小车搬运极为费力。现在督饬设法招徕，放价采购，并拨运临厅杂料。④

不难看出，决口发生后，由于到处一片汪洋，不仅料物被淹，运输也难以进行。再者，自明至清，黄河还被视为环卫京畿的一道天然屏障，太平天国起义爆发后，为严防太平军渡越黄河，威胁京畿，清廷采取了黄河禁运政策。这或许能够在一定程度上遏制太平军的发展，但是也极大地影响了黄河修防。比如"碎石一项，为抛护埽坝必不可少之需，连年因黄河严禁舟行，未能赴山采运，附近桩基柱石，亦搜罗殆尽"。⑤

考虑现实困境以及异常严峻的形势，咸丰帝渐生"缓堵"之意，只是鉴于清廷内部就决口堵还是不堵出现了两种截然不同的意见（详后），欲改变对策，还需谨慎，遂决定派李钧前往新河道进行实地勘察。

勘察归来，李钧奏称，兴举堵口工程存有两难：一是"需费甚巨，况当寇氛未靖，经费支绌，实无帑项可拨"，"今则到处劝捐，势涣力分，断难集事"；二为"现在逆匪未平，楚皖均与豫境接壤，本省各处联庄会刁民，不时窃发，倘再勾结滋事，所关匪细，此又不可不思患预防者"。基于此，他"暂请缓办"，"俟南省各路贼匪荡平，再行议堵"。此奏当颇合

---

① 黄河档案馆藏：清1黄河干流，下游修防·决溢，咸丰1~11年。
② 黄河档案馆藏：清1黄河干流，下游修防·决溢，咸丰1~11年。
③ 《再续行水金鉴》黄河卷《山东河工成案》，第1119页。
④ 军机处录副奏折，黄河水文灾情类，东河总督李钧折，03/168/9343/35。
⑤ 军机处录副奏折，黄河水文灾情类，署东河总督蒋启扬折，03/168/9343/30。

咸丰帝派他前去勘察的意图。以此为据，咸丰帝发布上谕："现因军务未竣，筹饷维艰，兰阳大工，不得不暂议缓堵。"①

虽然上谕显示"缓堵"而非"不堵"，可是在当时的局势下，这个"缓"字之意不难想见。按照上谕所言，因"军务未竣"而施"缓堵"对策，"缓"应指将太平天国起义镇压下去之后再兴堵口工程。"缓"似乎有了期限，可是仔细分析不难发现，这实为不了了之之意。因为 1855 年对于清廷而言是非常艰难的一年，太平军的节节胜利与清军的连连溃败形成了鲜明对比，在这种局势下，咸丰帝对荡平太平军能有几成胜算？在他心里，"缓"的期限到底是多久实无从把握。因此，"暂缓堵筑"虽"是清廷基于国家财力和治黄形势做出的决策"，② 可实质上为封建统治者在处理棘手问题时惯用的掩人耳目的脱身之术，目的在于集中力量镇压太平天国起义，即李文海先生所言"是任黄水四处横流，对黄河灾难不闻不问的一种冠冕堂皇的遁词"。③

对于决口，清廷未能按照惯例兴举堵筑工程，而是考量时局出台了"暂缓"办理之策，如此，对于决口造成的黄泛区数以百万计的灾民，清廷又将如何应对？

第三节　救灾举措乏力

咸丰五年六月二十五日，在发布抢堵口门谕令的同时，咸丰帝还命河南、直隶、山东三地督抚"赶紧派员筹款，前往确查，黄水经由之处，将被水灾黎，妥为抚恤，毋令一夫失所"，④ 并"发去内帑银十万两"，交给山东巡抚崇恩"七万两"，河南巡抚英桂"三万两"，"并将直隶缴回宝钞二万五千串，发交桂良，抵发赈济之用"。⑤ 这似乎表明清廷将启动赈灾程序救济灾民，可是与处理堵口问题类似，面对危局，清廷无心无力，仅采取了开捐筹赈、截留漕项、蠲缓额赋、平抑物价等项措施。

① 《再续行水金鉴》黄河卷《山东河工成案》，第 1130～1131 页。
② 唐博：《铜瓦厢改道后清廷的施政及其得失》，《历史教学》（高校版）2008 年第 4 期。
③ 《中国近代灾荒与社会稳定》，《李文海自选集》，学习出版社，2005，第 406 页。
④ 《清代起居注册·咸丰朝》第 26 册，第 15189～15190 页。
⑤ 《清代起居注册·咸丰朝》第 27 册，第 15795 页。

一 开捐筹赈

晚清以降，捐输似成清廷的救命稻草，在军事、河工、赈灾等项事务中均有推行，此次亦不例外。灾后不久，清廷决定"于河南、山东省设立捐局，无论银钱米面及土方秸料，皆准报捐，奏请奖励"。[①] 然而，尽管清廷尽可能地拓展收捐范围，但因连年推行，捐例已成弩末。为调动广大官绅百姓的积极性，清廷变通办法，包括提高抵捐银数，将原来"每米一石抵捐项银三两四钱"提至"每收米一石连运脚等项，准抵捐项银三两八钱"。[②] 在山东灾区，鉴于捐局设立之后，"群情观望，歙动为难"，[③] 巡抚崇恩"于开局之日首先捐赈米一千五百石，以为绅民倡"。[④] 在清廷的倡导以及地方疆吏的带动下，官绅终于行动起来。踊跃捐资者中，有轸念桑梓的外省官员。比如：陕西布政使王懿德，籍隶河南，"捐制钱一万串"，"缴河南藩库作为助赈之用"；[⑤] 江南河道总督杨以增，籍隶山东，"现办灾赈捐备谷一千五百石"；[⑥] 在外任事的朱廷佐，"自念桑梓之邦，灾民可悯，以所领川资悉数出，以佐赈"。[⑦] 也有基层官绅，比如：山东长清县袁向龙，"出资百余缗以赈济"；董毓镐，"出谷十余石，以济贫民"。[⑧] 在受灾较重的直隶东明县，士绅还打开义仓，实施赈济。[⑨] 在河南灾区，"附近绅富捐散馍饼席片"赈灾。[⑩] 为奖掖先进，鼓励后进，清廷对踊跃捐输的官绅予以表彰，前述王懿德即被"交部从优议叙"，[⑪] 杨以增也

---

① 军机处录副奏折，黄河水文灾情类，东河总督李钧折，03/168/9343/22。
② 军机处录副奏折，山东巡抚文煜折，03/4315/037/297/2841。
③ 《再续行水金鉴》黄河卷《山东河工成案》，第1125页。
④ 军机处录副奏折，财政田赋地丁类，03/70/4180/125，《清代灾赈档案专题史料》第47盘，第969页。
⑤ 军机处录副奏折，财政田赋地丁类，03/70/4180/122，《清代灾赈档案专题史料》第47盘，第962~963页。
⑥ 《清代起居注册·咸丰朝》第28册，第16859页。
⑦ 民国《续修历城县志》卷40《列传二》，第27页。
⑧ 民国《长清县志》卷13《人物志·懿行》，第6、7页。
⑨ 民国《东明县新志》卷22《大事记》，第14页。
⑩ 军机处录副，赈济灾情类，03/168/9343/23，《清代灾赈档案专题史料》第65盘，第414~415页。
⑪ 《清代起居注册·咸丰朝》第27册，第15865页。

"应得奖叙"。①

在多方努力下，捐局工作渐有起色。据崇恩奏报，山东"自九月二十二日开局起，截至十月初五日止，共官生七十八员名，收捐粟米一万四千七百一十七石二斗九升"；②"自十一月二十六日起至十二月初五日止，共计捐输官生一百一十七员，收捐米一万四百八十石八斗九升，连前共收米六万四千八百六十石三斗八升"；③"至六年九月底止，共收捐米三十万石"，"自六年十月初起截至本年（八年）六月止，又收捐赈米二十万八千三百石有奇"。④ 由此计算，在决口后近三年时间里，山东捐局收捐米数约 50 万石。另据继任巡抚文煜奏报，从咸丰五年九月设立捐局起至十年五月近五年时间里，山东捐局共收捐 38 次。⑤ 与山东捐局情况类似，河南捐局的工作在多方努力下也取得了一定成效。据河南巡抚英桂奏报，"该员等在局劝捐，时逾两载，收数几及百万"。⑥

即便如此，收捐数额也远无法满足嗷嗷待哺的数百万灾民之需要，何况捐例耗时冗长，也制约着这一举措的实际效用。

二　截留漕项

山东、河南两省均为有漕省份，大灾之际，截留漕粮成为赈济灾民的便捷之途。灾后，清廷发布谕令："所有本年山东省未经起运之漕米，即着就近截留五万石交崇恩，确查被灾较重地方，速为赈济。一面咨查直隶被灾各属，酌量拨给。河南省应征未完漕米五万余石，并着英桂督饬各该州县赶紧征收，于该省应行给赈地方，随征随放。"⑦ 与收捐银米相比较，截留的漕粮可以及时批量地运往灾区，但问题是，几万石粮食对于数以百万计的灾民来讲仍然不能发挥多大作用。尤其山东一省，受灾面积最广，人数最多，程度最深，所截漕粮远不敷用，还要兼顾直隶灾区。或许考虑

---

① 《清代起居注册·咸丰朝》第 28 册，第 16859 页。
② 军机处录副奏折，财政田赋地丁类，03/70/4180/125，《清代灾赈档案专题史料》第 47 盘，第 968 页。
③ 军机处录副奏折，山东巡抚崇恩折，03/4414/013/305/2174。
④ 军机处录副奏折，山东巡抚崇恩折，03/4298/017/296/0993。
⑤ 军机处录副奏折，山东巡抚文煜折，03/4315/037/297/2841。
⑥ 《清代起居注册·咸丰朝》第 29 册，第 17071 页。
⑦ 《咸丰同治两朝上谕档》第 5 册，第 266～267 页。

山东灾情之深重，清廷随即加大了该省漕粮的截留力度，令"所有山东省本年应征漕粮，除业经蠲缓外，实应起运新漕二十一万石，着全数截留，分别接赈。……其上年劝捐兵糈案内，尚余谷八万八千余石，及省城防堵案内，买存谷麦豆四万七十余石，均着拨作赈需，统归赈案，分别报销"。① 至于"直隶开州、东明、长垣三州县，因河南兰阳漫口，被水村庄灾黎待哺孔殷，自当亟筹赈济。所需赈米二万五千石，着准其截留山东临东前帮米麦豆三项，共二万二千二百余石，不敷米石，即着该督设法筹拨，或搭放折色，以资接济。其山东截留赈济之漕粮五万石，毋庸分拨直隶赈需"。② 在此基础上，清廷还督促截留漕粮的散放工作。比如，在河南灾区，"所有兰仪、祥符、陈留、杞县四县北岸被水村庄，封丘、考城二县被水村庄，无论极贫、次贫，均着散给一月口粮，以资接济。即以上年应征漕粮，赶紧征收散放"。③

自决口起的很长一段时间里，清廷几乎每年都命山东、河南两省截留漕粮赈济灾民，如此，这两省的漕粮几乎成了当地灾民的救济粮。

三　蠲缓额赋

大灾过后，灾区短时间内无法正常耕作，蠲缓额赋成为必需。该年十月，清廷谕令蠲缓山东临清、历城、章丘、邹平、长山等五十五州县，"并德州、东昌、临清、济宁、东平五卫及永阜、王家冈、官台等场被水灾区新旧额赋"。④ 翌年，灾情依旧，为抚慰民情，清廷于年初就发布谕令，缓征山东历城、章丘、长清、德州、平原、青城、阳信、乐陵、汶上、朝城、堂邑、清平、馆陶、恩县、博兴、齐东、禹城、临邑、肥城、东平、东阿、惠民、商河、沾化、菏泽、金乡、邹平、长山、新城、齐河、济阳、陵县、海丰、兰山、莒县、沂水、聊城、茌平、高苑、乐安、寿光、平度、昌邑、高密、夏津、平阴、滨州、利津、阳谷、寿张、城武、定陶、巨野、郓城、高唐、济宁、嘉祥、鱼台等六十七州县，以及德

---

① 《咸丰同治两朝上谕档》第 5 册，第 400 页。
② 《清代起居注册·咸丰朝》第 27 册，第 15826～15827 页。
③ 《咸丰同治两朝上谕档》第 5 册，第 323 页。
④ 《清文宗实录》卷 181，第 3 册，第 1024 页。

州、东昌、临清、济宁四卫受灾庄屯本年额赋。① 由于口门没有堵筑，新河道两岸大堤又迟迟未曾修筑，山东黄泛区陷于持久的灾难之中，清廷几乎年年发布针对山东重灾区的蠲缓谕令。②

或许因河南一省受灾面积较小，清廷发布的缓征令略显具体："所有孟津县滨临黄河沙压地亩一百三十七顷九十七亩，应完连闰丁耗共银九百七十三两零，漕米一百五十三石零，漕项银四十两零，自咸丰四年为始，均着暂行停缓。阌乡县冲压地亩六顷五十四亩，应完连闰丁耗银七十两零，除上忙已完解八分外，自咸丰四年未完二分为始，均着暂行停缓，以纾民力。俟数年后，能否耕种，再行察看情形，分别办理。"③ 以往除田赋、漕粮，河南一省每年还需缴纳河工加价银，大灾之后，鉴于百姓生活困苦不堪，清廷决定予以取消：

> 所有此项河南省每年应征河工加价等银，着自本年为始，加恩豁免，永不摊征，俾小民得以专完正课。如有本年已征在官者，着该抚查明，抵作今年正赋。至历年积欠摊征银两，昨谕户部查明，除道光二十年以前业经豁免外，其自道光二十一年起至道光二十九年，共未完银二百四十七万六千二百九十六两零，本系查办豁免之项，尚未据该抚奏到，自道光三十年起至咸丰四年，共未完银一百七十五万六千四百二十八两零，系应行催追之款，着一并加恩豁免。④

四　平抑粮价

平抑粮价稳定市场也是救济灾民的重要举措。按照惯例，灾后地方政府需每月向朝廷奏报当地粮价的浮动情况，此次亦不例外。该年八月，山

---

① 《清文宗实录》卷188，第4册，第5页。

② 在铜瓦厢决口改道后近十年时间里，中央政府几乎每年都发布蠲缓山东等灾区额赋的谕令。详见中国第一历史档案馆编《咸丰同治两朝上谕档》。另在县志中亦有记载，比如，民国《东明县新志》载："咸丰五年，豫工决口，停征一十三载。"（卷7《田赋》，第17页）再如，光绪《利津县志》载："咸丰五年，大清河黄水漫溢，淹没田禾，奉旨赈济豁免钱漕。六年、七年、八年、九年、十年、十一年秋禾被灾，奉旨缓征。同治元年，奉恩旨建元普免咸丰九年以前缓征民欠钱粮，二年、三年、四年、五年、六年、七年秋禾被灾，奉旨缓征。"（卷1《恩泽》，第2页）

③ 《咸丰同治两朝上谕档》第5册，第445页。

④ 《清代起居注册·咸丰朝》第27册，第16184～16185页。

东巡抚崇恩奏报"各属市集粮价业已逐渐增昂"。① 十月续报"各属市集粮价虽经增贵，尚未过昂"。② 即便如此奏陈，他还是认为"各市集粮价，因秋收失望，势不能不逐渐增贵。臣恐各处市侩借此抬价居奇，严饬各地方官体访情形，随时查禁，以济民食"。③ 按此奏报，决口当年山东一省粮价涨幅不大，此后几年，崇恩所奏大体类似，如"略有增减，与上月基本相同"。④ 难道这次大灾例外，粮价没有出现大的波动？继任巡抚文煜在奏报中也曾提及粮价问题，但与崇恩的说法有些出入。咸丰十年（1860），在奏报第 38 次捐输情况时，他提到，决口后，因"米价昂贵，输将未能踊跃"，不得不把抵捐银提高。⑤ 一个说决口之初粮价"尚未过昂"，另一个则说"米价昂贵"，明显矛盾。对于咸丰时期的市场情况，目前经济史研究领域基本达成了一致意见，即物价飞涨，秩序混乱，通货膨胀极为严重。在全国市场整体失衡的大环境下，遭遇重创的黄泛区市场岂能独自平稳？粮价又怎么可能不出现大的波动？不难想见，崇恩在敷衍了事，所奏水分较大。此外，咸丰七年，清廷曾鉴于市场粮价上涨情况下令山东"所有各海口米商贩运粮食进口者，自本年三月为始，无论杂粮米石，概予免税，以广招徕，俟年岁稍丰，再行照旧征收。其本省麦面不准贩运出境，并着该抚出示晓谕，以平市价，而济民食"。⑥ 这也从一个侧面说明，决口后的市场粮价不可能如崇恩所说"尚未过昂"。

综上不难看出，清廷虽然采取了一些措施，但是于救灾实际而言尚有相当距离，何况有限的举措还难以发挥实际效用。如果将此放在整个清代救荒史中进行纵向的比较考察更可发现，此次救灾程序混乱，措施乏力。据李向军研究："清代荒政已形成系统、完善的制度。如何报灾、勘灾、审户、发赈，有一系列时间上的、用人上的要求和限制，并载入《大清会典》及《户部则例》中。"⑦ 由此反观上述救灾措施，救灾程序已大为简化，像勘灾、审户这样的基础环节并未进行，在发赈环节，也仅是截留了

---

① 军机处录副奏折，黄河水文灾情类，山东巡抚崇恩折，03/168/9344/1。
② 军机处录副奏折，黄河水文灾情类，山东巡抚崇恩折，03/168/9344/46。
③ 军机处录副奏折，黄河水文灾情类，山东巡抚崇恩折，03/168/9344/24。
④ 可查见军机处录副奏折，雨雪粮价类，山东巡抚崇恩的一系列奏折。
⑤ 军机处录副奏折，山东巡抚文煜折，03/4315/037/297/2841。
⑥ 《咸丰同治两朝上谕档》第 7 册，第 72 页。
⑦ 李向军：《清代荒政研究》，中国农业出版社，1995，第 102 页。

河南、山东两省的漕粮，显然无法与以前由清廷拨专款筹集物资，同时再调集数省漕粮发往灾区相比，至于按月发赈更未可谈。

李文海先生曾经指出："晚清时期，清政府的救荒活动可以说是一潭浑水，百弊丛生，各种各样的问题俯拾皆是。"① 此次救灾更是如此。不仅未按原有程序启动救灾工作，相关举措也疲软乏力，甚至因地方官吏的贪冒舞弊而离板走样。以在河南免除河工加价银为例，本来谕令一下，地方官吏应遍贴誊黄尽快执行，实际"或隐匿誊黄不贴，照旧征收，或年终始行张贴，或延至今春，始行张贴。迨誊黄既贴，上年正赋已完，摊征加价一款亦完纳过半。本年春季开征，百姓欲以前项抵完正课，州县官复多方支吾，不肯作抵"。② 还有的在"征收钱粮时，勒令民间先完河工加价，以图肥己"。③ 在山东灾区，有地方官吏欺上瞒下，"上年缓征之案，迟至本年始行贴示誊黄"，还"多方索诈"，以致"民人王玖以蠹役索诈，稽压誊黄等情，赴该衙门呈控"。④ 欺压至极则引发了较大规模的民团反抗。据《山东军兴纪略》载："东省恃团抗粮，如莘县、平原、乐安等县之案，尚未办结，而各州县之民效尤者日多"。清政府污称此为"愚民抗欠钱漕，借以肥己，一倡百和，相率效尤"。⑤ 受诸多贪冒舞弊行为的影响，本就疲软的救灾举措大打折扣，所能取得的实际成效可以想见。

第四节　决口改道原因探究

按照清代河工律例，黄河一旦决口，在河官员罪责难逃，其中河督作为第一责任人，往往要受到革职留任、枷号河干等极为严厉的处罚。此次决口亦不例外。咸丰五年六月二十五日，咸丰帝得知决口发生的消息后龙颜大怒，随即下令处分在河官员：

> 所有疏防专管之署下北河同知王熙文、署下北守备梁美、汛官兰阳主簿林际泰、兰阳千总诸葛元、兰阳汛额外外委司文端，均着即行

① 李文海、周源：《灾荒与饥馑：1840—1919》，高等教育出版社，1991，第321页。
② 《咸丰同治两朝上谕档》第6册，第232页。
③ 《咸丰同治两朝上谕档》第5册，第456页。
④ 《咸丰同治两朝上谕档》第7册，第115页。
⑤ 《山东军兴纪略》，中国史学会编《捻军》第4册，第430页。

革职，枷号河干，以示惩儆。兼辖之代办河北道事务黄沁同知王绪昆，着交部议处。蒋启扬以该管道员署理黄河，未能先事预防，实难辞咎，着摘去顶戴，革职留任。①

面对处罚，蒋启扬竭力申辩，发生决口的一个重要原因在于铜瓦厢地处"无工处所"，以为在河官员开脱罪责。对此辩解，咸丰帝责令继任河督李钧"查明此次漫口是否实系无工处所"，并强调"不得借词掩饰"。②此后的调查结果显示，铜瓦厢处为"无工处所，原奏尚无欺饰"。③这是实事求是的表达，还是官官相护，故意隐瞒事实？按照清代黄河管理相关规制，两岸大堤险要之处均设有管河机构，或为汛，或为堡，每汛堡均有一定数量的河兵河夫看守。从前述已知，铜瓦厢早就成了河南段黄河北岸的有名险工，不可能是"无工处所"。另据水利史学者研究，"这一带应属有工地段"，"说它决于无工堤段是不能不令人怀疑的"。④不过，在当时的情境下，李钧的调查结果或许能在一定程度上减轻蒋启扬的罪责，只是由于战局扑朔迷离，清廷实无心真正探个究竟。何况封建统治者不可能意识到或者根本不愿意面对黄河改道发生的真正原因。

由于此次改道距离现在较近且影响较大，时人及此后学术研究中对其发生的原因多有讨论。有的认为自然因素起了主要作用，有的则强调人为因素，可谓众说纷纭，见仁见智。总体而言，笔者更为认同"人祸论"，以下将在综合前人研究的基础上，通过分析比较论证这一观点，以加深对这次改道的认识。

一　时人的评论

清前中期，黄河治理受到前所未有的重视，及至晚清，虽然一步步走向边缘，但是在重视河务这一传统并未迅即消失的情况下，这次改道引起了朝野上下的广泛关注。不仅如此，由于此时的中国已被卷入世界，西人

① 《清代起居注册·咸丰朝》第 26 册，第 15190～15191 页。
② 《再续行水金鉴》黄河卷《黄运两河修防章程》，第 1113 页。
③ 军机处录副奏折，赈济灾情类，03/168/9343/31，《清代灾赈档案专题史料》第 65 盘，第 427 页。
④ 颜元亮：《清代黄河铜瓦厢决口》，中国水利水电科学研究院水利史研究室编《历史的探索与研究——水利史研究文集》。

亦对此发表了看法。大体而言，时人对改道发生原因的分析有如下几种。

首先是治河方略失当说。早在丰北决口之时，魏源就对清初以来的治河方略提出过质疑，"但言防河，不言治河，故河成今日之患"。① 这一看法直捣当朝的治河方略，可视作对整个治河与漕运问题的反思。因为有清以降，清廷对河务问题高度重视的一个重要理由就是保障漕运畅通，"防河"的说法与此存有密切关系。

其次是治河技术失败说。光绪年间，河道总督梅启照认为铜瓦厢改道"固由定数，实以南北两岸筑坝太多，河流逼窄之所致也"。② 理解此说要从自明至清采用的"束水攻沙"这一技术说起。所谓"束水攻沙"，主要指通过堤坝稳定河槽，相对缩窄河道横断面，增大流速，提高水流挟沙能力，利用水力刷深河槽，以解决泥沙淤积问题。③ 不难看出，这项技术在缓解问题的同时也带有先天性弊端，即只有河槽足够狭窄才能加促黄水流速以达到攻沙的效果，如此一来，在洪水期则易出现因河槽容纳力有限而造成的堤岸决溢。因此，此说具有一定道理。

再次是局势困境说。《伦敦皇家地理协会杂志》刊登的一篇文章认为，自太平天国运动爆发以来，清廷财政陷于困境，不得不缩减河工等项支出，如此，黄河的日常修守大受影响。堤岸因失于防护而发生决口，甚至出现了全河夺溜改道的局面。④ 当时，西人还做过这样一个假设："一旦战事结束，局势稳定，清廷将采取措施堵筑决口，引黄河归复故道，因为几百英里范围内一片汪洋。"⑤ 也就是说，在他们看来，铜瓦厢决口改道的发生与政治局势急剧动荡之间存有非常密切的关系。

此外还有地震致灾说。1857 年 1 月 3 日，英国伦敦会传教士麦高温在《北华捷报》发表文章，其中提到 1852~1853 年黄淮海平原上发生的轻微

---

① 周馥：《秋浦周尚书（玉山）全集·治水述要》卷 10，第 24 页。
② 梅启照：《饬员测绘现在河图疏》，葛士濬辑《皇朝经世文续编》卷 90，光绪二十七年排印本，第 8~9 页。
③ 李文学：《论"宽河固堤"与"束水攻沙"治黄方略的有机统一》，《水利学报》2002 年第 10 期。
④ "On the Important Changes that Have Lately Taken Place in the Yellow River," *Journal of the Royal Geographical Society of London*, Vol. 28 (1858), pp. 295.
⑤ "the Royal Geographical Society," *The Morning Post*, Nov. 23, 1858.

地震是造成决口改道发生的重要原因。[①] 根据县志记载，咸丰五年前后，苏北的确发生了持续不断的轻微地震。[②] 不过十余年后，英国人内伊·埃利阿斯在对新旧河道进行实地勘察后认为，这一观点不能成立。[③]

时人从多个角度进行的分析说明，铜瓦厢决口改道发生的原因颇为复杂。民国以降，对这一问题的认识更趋多元，除探讨人为因素外，还注重自然因素的作用。

二 民国以来的研究

民国以来，黄河史相关研究成果可谓丰硕，在论及铜瓦厢改道问题时多会分析其发生的原因，只是有的认为自然因素起了主要作用，有的则强调人为因素。

首先是对自然因素的强调。黄河素有"一碗水，半碗泥"之称，泥沙问题非常严重，一些学者认为由此造成的河道淤积是改道发生的主要原因。较早谈及这一问题的是水利史家张含英。他指出："黄河洪水之骤既如彼，而所携泥沙之多又如此，其形成难治之特性，与夫易就改道之趋势，又何怪焉。""以上所论，乃其本身之主因。"[④] 此后，徐福龄[⑤]、颜元亮[⑥]、钱宁[⑦]等人在此基础上做了更为细致深入的探讨。吴祥定、钮仲勋、王守春等人还分析了泥沙问题的成因，认为历史时期人口增加加剧水土流失所造成的中游来水夹沙严重，为河道变迁的决定性因素。[⑧]

与张含英等人的观点相比较，张瑞怡也认为自然因素起着主要作用，

① "Notes and Queries on the Drying up of the Yellow River," *North-China Herald*, Jan. 3, 1857.
② 比如：同治《徐州府志》载，咸丰二年冬，"沛县、宿迁地震"；咸丰三年，"宿迁地震"（卷5《纪事表》，第56页）。再如：民国《沛县志》载，"咸丰五年春，沛县地震"（卷2《沿革纪事表》，第31页）。
③ Ney Elias, "Notes of a Journey to the New Course of the Yellow River in 1868," *Proceedings of the Royal Geographical Society of London*, Vol. 14, No. 1 (1869), pp. 20 – 37.
④ 张含英：《治河论丛》，第94页。
⑤ 徐福龄：《黄河下游明清时代河道和现行河道演变的对比研究》，《人民黄河》1979年第1期。
⑥ 颜元亮：《清代铜瓦厢改道前的黄河下游河道》，《人民黄河》1986年第1期。
⑦ 钱宁：《1855年铜瓦厢决口以后黄河下游历史演变过程中的若干问题》，《人民黄河》1986年第5期。
⑧ 吴祥定、钮仲勋、王守春：《历史时期黄河流域环境变迁与水沙变化》，气象出版社，1994，第151、122页。

只是他从地质学的角度出发认为，地壳的新构造运动起了主要作用。① 水利学家王涌泉还通过更为深入系统的探索提出，咸丰五年黄河铜瓦厢决口改道，是一次百年灾害链形成的巨变，这个灾害链指的是全球范围内的特大地震、大地震、干旱、特大洪水、大洪水。②

其次是对人为因素的强调。历史地理学家侯仁之认为，晚清黄河决溢频繁的主要原因在于，明清以来"河督之设，虽以治河为名，实以保运为主，而河乃终不得治。虽名家如潘季驯、靳辅，工亦鲜施于归德以上，反被迫岌岌以徐淮清口之治导为急务。稍有不济，又辄以妨漕害运而得罪。噫，其功亦难矣。故虽以潘、靳之才，亦不过补偏救弊于数十年，而河之为灾，乃愈演而愈烈矣"。③ 其中虽未直接提及铜瓦厢改道，但是此次改道作为黄河史上的一件大事自然应该包含在内。之后，王京阳撰文直接提出，清代前中期黄河治理治标不治本是铜瓦厢改道发生的主要原因。④ 二者均将问题指向了清代的治河方略，与前述时人魏源所论有暗合之处。

还有研究者认为急剧动荡的政治局势是造成铜瓦厢决口改道的主要原因。岑仲勉明确提出："我们对铜瓦厢的溃决，不要过分重视其决定性；即是说，不要以为黄河到那时已无法使其复行南流的可能。假使当日不是恰遇着太平军起义的风云，清廷还拥有较松裕的财力，那末，黄河的北流恐怕又会再移后若干年。《历代治黄史》六曾说，'铜瓦厢决口若即行杜塞，黄河至今不由山东入海，亦未可知'是不错的。"⑤ 可见，其与《历代治黄史》的编纂者林修竹等人的观点类似，均强调时局因素。此论颇有道理，遗憾的是，二人均点到为止，未做具体论证。

还需关注的是，以上所及仅就各人的主要观点而言，事实上，多数学者在谈及主要原因时并不否认其他因素的作用。比如：张含英在强调泥沙淤积是内因时，认为时局动荡是外因，"清咸丰元年，洪秀全称太平天国，竭全国之力以事征讨，遂于咸丰五年河决铜瓦厢，北流自大清河入海，即为今道。清初河患虽甚，然皆堵塞御防，惟于此次适值太平天国之兴，故

---

① 张瑞怡：《黄河铜瓦厢改道地质背景浅析》，《人民黄河》2001 年第 9 期。

② 王涌泉：《1855 年黄河大改道与百年灾害链》，《地学前缘》2007 年第 6 期。

③ 侯仁之：《续〈天下郡国利病书〉·山东之部》，第 33 页。

④ 王京阳：《清代铜瓦厢改道前的河患及其治理》，《陕西师大学报》（哲学社会科学版）1979 年第 1 期。

⑤ 岑仲勉：《黄河变迁史》，第 574 页。

一决而不可收拾也。……河道迁徙之变，几无不在国家多难之时也。水灾之原因固多，然人事不臧，必其大者"。① 另有自然科学背景的学者指出，虽然"在黄河泛滥问题上，气候是一个基础性的因素"，但是明清时期黄河泛滥愈演愈烈的"根本原因是人类不合自然规律的行为叠加于原本脆弱的生态系统上，人类'超越自然'的行为是黄河下游一系列问题的真正根源"，② 将问题引向了人与自然关系这一宏大课题。有的则没有分别主因、次因，笼而统之地指出：河道淤积、用人不当、墨守成规、贪污浪费等弊端均是导致铜瓦厢决口改道的原因。③

三　岂为天灾？

如前所述，对于一次大规模的黄河改道事件，仅从一个角度探究发生原因恐怕难有说服力，然若追究其中的主因，又似乎不应有多个。综合而言，笔者更为认同林修竹与岑仲勉的观点，鉴于二人未做具体论证，这里姑且做一尝试。

众所周知，泥沙含量过大是黄河的痼疾，水利学界甚至称其为黄河的"癌症"，这在历史时期有非常具体的表现。改道前，由于泥沙淤积于河床，黄河下游已成地上"悬河"。时人曾对因严重淤积而抬高的河道做过非常形象的描述："今之黄流非河也。直是一带高山，蜿蜒绵亘于中原。"④ 改道后，一位西人到旧河道考察时也发现，江苏北部清江浦处河堤高出周边9米。⑤ 据黄河水利委员会研究，道咸之际，兰阳以下河道的纵比降，从上到下只有万分之一点一至万分之零点七，异常平缓。河道滩面一般高出背河地面7~8米，两岸堤防，从临河看虽只一两米高，对背河来说，却已在10米上下了。洪水期间，河水高出堤外地面十几米。⑥ 另据周文浩研究，改道前兰阳铜瓦厢口门处的临背差当在三丈以上。⑦ 不难

① 张含英：《治河论丛》，第86~87页。
② 刘国旭：《试从气候和人类活动看黄河问题》，《地理学与国土研究》2002年第3期。
③ 王质彬、王笑凌：《清嘉道年间黄河决溢及其原因考》，《清史研究通讯》1990年第2期。
④ 左仁：《改河议》，沈粹芬辑《国朝文汇》（五）丙集卷6，宣统石印本，第1~5页。
⑤ William Lockhart, "The Yang-Tse-Keang and Hwang-Ho, or Yellow River," *The Journal of the Royal Geographical Society of London*, Vol. 28（1858）, pp. 288-298.
⑥ 水利部黄河水利委员会《黄河水利史述要》编写组：《黄河水利史述要》，第349页。
⑦ 周文浩：《黄河山东河段几个历史问题的分析》，《人民黄河》1982年第5期。

想见，黄河一旦决溢，河水当势如建瓴。即便如此，对从决口到改道的演变原因还要做具体分析。

清前中期高度重视黄河治理，不但创置制度予以保障，还投入了大量经费，然而随着时间的推移，河务这一场域逐渐成为"利益之渊薮"，各色人等趋之若鹜，贪冒腐败问题非常严重，治河绩效大幅下滑。孙中山先生在谈及清代黄河问题时曾引用一首民谚说明河工贪腐之严重："治河有上计，防洪有绝策，那就是斩了治河官吏的头颅，让黄河自生自灭。"① 此语可谓一针见血，道出了河工贪冒乃河患日趋严重之重要原因。道光以降，由于内乱外患纷至沓来，清廷施政大受影响，河务等一些传统要务逐渐废弛。决口发生后，河督李钧在调查失事原因时发现"只因司库钱粮迫于军饷，筹拨不易"，中河厅大堤"连年均估而未办，统计已三年未修"。② 本来，按照清代河工律例，新修河堤的保固期一般为两年，若"三年未修"，其脆弱程度可以想见。也就是说，在所用物料主要为秸秆、柳枝的时代，长期忽略黄河的日常修守必将造成非常严重的后果，遑论本就为"兰阳第一险工"的铜瓦厢处大堤。

从前述已知，决口发生在当年桃汛期间，铜瓦厢处涨水较快，险情迭现。南河总督庚长对此焦急万分，曾上奏呼吁清廷在军务之外重视一下河务：

> 查下北厅铜瓦厢为连年出险之区，中河厅中牟下汛十堡上年霜后突出奇险，抢护新埽片段过长，多半尚未得底。睢宁厅睢下汛五六堡、曹河厅曹下汛六堡碧霞宫前，上秋塌埽溃堤，不一而足。当因钱粮万分支绌，料物不能应手，新埽尚未补齐，堤身亦未帮培，桃汛水长，复见汇刷，此四处尤为险要，急应镶修……除以防料酌改奏明饬办外，其向于司库春汛例拨防险银内，按照例年酌减之数提银六万两，分拨各厅采办碎石备防，容再察看情形。如果东境冯官屯贼匪早日荡平，南路逆氛松缓，即机宜赴山采运以济工用，倘舟禁未弛，仍以砖代石，务期防河工储两无贻误。③

---

①　《孙中山全集》卷1，中华书局，1981，第90页

②　黄河档案馆藏：清1黄河干流，下游修防·防汛抢险，咸丰朝1~6年。

③　黄河档案馆藏：清1黄河干流，下游修防·防汛抢险，咸丰朝1~6年。

可是当时清廷正为镇压太平天国起义而疲于奔命，对庚长的奏报根本没予理会。此后，铜瓦厢处险情不断恶化，至六月中旬伏汛之时，受汹汹洪水持续冲压，大堤随时都有发生决口的可能。河督蒋启扬连发奏报，但清廷依然没有理会，仅仅批复"知道了"三个字再无下文。① 迨决口发生后，清廷考量政治局势放弃了堵口工程，任凭黄水奔涌下泻改走新河道。也就是说，决口虽与河床淤垫、来水过旺、降雨较大等诸多自然因素有关，但是亦与清廷迫于时局忽略河务关系密切，由决口到改道更因时局而成。

为了进一步印证这一观点，下面把铜瓦厢决口放在清代黄河决口史上进行分析。综合而言，铜瓦厢决口之初口门宽"七八十丈"，并无特别之处，不及此前发生的丰北决口以及鸦片战争期间的三次大规模决口。以道光二十三年中牟决口为例，据载，该年伏汛期间，黄河水势上涨堪称迅猛，"七月十三日巳时，报长水七尺五寸"，"十四日辰时至十五日寅刻，复长水一丈三尺三寸。前水尚未见消，后水踵至。计一日十时之间，长水至二丈八寸之多，浪若排山，历考成案，未有长水如此猛骤"。② 加以三天三夜的暴雨，形成了历史时期千年不遇的特大水灾。③ 至今在陕县还流传着这样一首民谣："道光二十三，洪水涨上天，冲走太阳渡，捎带万锦滩。"在特大洪水的冲刷下，黄河在河南中牟发生了决口，口门很快就塌宽至"三百六十余丈"。④ 明显可见，无论洪水暴发程度还是决口之初的口门宽度，咸丰五年铜瓦厢决口均远不及此。另据水利史家考证，有清一代黄河出现大洪水的年份分别为 1662 年、1761 年、1819 年、1843 年⑤，1855 年并未列于其中。也就是说，1855 年的洪水虽然很大，受洪水冲压也形成了决口，但是还未到不可堵筑的程度，若在时局稳定之时，尚不至于酿成大改道的结局。

---

① 军机处录副奏折，黄河水文灾情类，署东河总督蒋启扬折，03/168/9343/10。
② 《再续行水金鉴》黄河卷《中牟大工奏稿》，第 929 页。
③ 韩曼华、史辅成：《黄河一八四三年洪水重现期的考证》，《人民黄河》1982 年第 4 期。
④ 《再续行水金鉴》黄河卷《中牟大工奏稿》，第 927 页。
⑤ 参见胡思庸《近代开封人民的苦难史篇》（《中州今古》1983 年第 1 期）、《清代黄河决口次数与河南河患纪要表》（《中州今古》1983 年第 3 期），徐福龄《一七六一及一八四三年黄河下游河患纪略》（《黄河史志资料》1984 年第 1 期）、《黄河 1819 年洪水在下游的表现》（《黄河史志资料》1985 年第 2 期），王涌泉《康熙元年（1662 年）黄河特大洪水的气候与水情分析》（《历史地理》第 2 辑）。

总之，发生于咸丰五年的铜瓦厢决口本为一次普通的黄河决口，最终形成历史时期的第六次大规模改道，虽有自然因素，但是更为时局之"祸"。

小　结

总而言之，发生于咸丰五年的铜瓦厢决口，虽然受到了气候、地质、河床淤垫等多重自然因素的影响，但是最终形成改道主要由于当时急剧动荡的政治局势。清廷出台"暂缓堵筑"口门的应对举措以及应灾措施，均烙有很深的时局印痕。另需关注的是，这在晚清已成为一种常态。此后，随着政治局势渐趋稳定，清廷内部围绕河务相关问题争论不已，但是并无重新重视河工事务的迹象，亦无具体有效的举措缓解日趋严重的河患。进一步讲，一代河工大政已失殊荣，直至清末，原有管理规制解体，黄河治理彻底成了地方性事务。

第二章 复故还是走新：
一场牵动朝野的持久论争[*]

尽管自决口之初改道大势就已形成，但是朝野上下对此的普遍认可历时长久。在此过程中，清廷内部围绕复归故道还是改走新道问题展开了激烈论争，所及问题上至国家发展战略，下涉黎民百姓生活，可谓错综复杂。本章拟在厘清这场争论基本史实的基础上，探讨其中所呈现的中央与地方以及地方与地方之间的利益博弈，并尝试揭示晚清国家发展何去何从这一重大战略问题对河工事务的深层影响。

第一节 清中期的改道论

有清以降，虽然清廷给予黄河治理前所未有的重视，并大举河工，加大实践力度，但是由于黄河泥沙问题严重，又与淮河、运河复杂交织，终究无法扭转河床淤垫日甚、两岸堤坝受压越来越大这一趋势。以入海口处的滩地淤出为例，据乾隆间大学士陈世倌奏报，"自关外至二木楼海口，且二百八十余里，夫以七百余年之久，淤滩不过百二十里，靳辅至今仅七十余年，而淤滩乃至二百八十余里"。① 对此问题，清帝高度重视，甚至

---

* 关于这一问题，已有四篇文章进行专门研究，即：韩仲文的《清末黄河改道之议》（《中和》1942 年 10 月），颜元亮的《黄河铜瓦厢决口后改新道与复故道的争论》（《黄河史志资料》1988 年第 3 期），方建春的《铜瓦厢改道后的河政之争》[《固原师专学报》（社科版）1996 年第 4 期]，王林的《黄河铜瓦厢决口与清政府内部的复道与改道之争》[《山东师范大学学报》（人文社科版）2003 年第 4 期]。这些研究成果或重在对基本史实的梳理，或通过梳理史实进而探析深层问题，但总体来看，仍存在以下几点不足：首先资料占有不够，其次因资料占有有限，对基本史实的梳理不够清晰，最后对争论实质的认识失之偏颇或不够深刻。这些将在行文过程中做具体分析。

① 黎世序等纂修《续行水金鉴》卷 13《皇清奏议》，上海商务印书馆，1940，第 310 页。

派人前往密查原因,[①] 但是面对"黄河淤阻,实因河底日渐增高,清水势不敌黄"这一结论,所施举措收效甚微。[②] 黄河之形势大体如《续行水金鉴》所言,"自乾隆中,溃决频闻,河身益垫,于是阙淮不出,无以收刷涤之效,而河日病"。[③] 当如何缓解这一困境,清廷内部议论纷纷,其中人工改道为一重要声音。

早在乾隆十八年(1753)秋,就有朝臣提出这一主张。当时,黄河"决阳武十三堡",后又"决铜山张家马路,冲塌内堤、缕越堤二百余丈,南注灵、虹诸邑,入洪泽湖,夺淮而下"。面对决口以及其中暴露的问题,吏部尚书孙嘉淦认为,应将山东大清河开为减河[④],分水北行,以减轻南河的水流压力,进而缓解南河河床抬高决溢频繁等困境。其理由如下:

> 顺治、康熙年间,河之决塞,有案可稽,大约决北岸者十之九,决南岸者十之一。北岸决后,溃运道半,不溃者半,凡其溃运道者,则皆由大清河以入海者也。盖以大清河之东南,皆泰山之基脚,故其道亘古不坏,亦不迁移。从前南北分流之时,已受黄河之半,嗣后,张秋溃决之日,间受黄河之全。然史但言其由此入海而已,并未闻有冲城郭淹人民之事,则此河之有利而无害,亦百试而足征矣。今铜山决口,不能收功,上下两江二三十州县之积水,不能消涸,故臣言开减河也。……大清河所经之处,不过东阿、济阳、滨州、利津等四五州县,即有漫溢,不过偏灾。忍四五州县之偏灾,而可减两江二三十州县之积水,并解淮扬两府之急难。此其利害之轻重,不待智者而后知也。[⑤]

对此主张,乾隆帝以"形势隔碍"为由予以否决,并命人按照惯例抢堵决口,至于口门堵筑之后月堤之内积水尚深等遗留问题,则命人"再开引河分溜,使新工不受冲激"。[⑥]

---

① 宫中档朱批奏折,直隶总督颜检折,嘉庆九年十月十四日,04/01/35/0198/019。
② 宫中档朱批奏折,奏为遵旨访查黄河淤阻实在情形事,嘉庆九年,04/01/05/0269/030。
③ 黎世序等纂修《续行水金鉴》,序。
④ 所谓减河,指的是为减杀水势,防止洪水漫溢或决口,人工开挖的河道。减河可以直接入海、入湖或在下游再重新汇入干流。
⑤ 军机处录副奏折,都察院左都御史沈兆霖呈乾隆十八年孙嘉淦折,03/4503/021/321/06907。
⑥ 赵尔巽等撰《清史河渠志》卷1《黄河》,第13页,沈云龙主编《中国水利要籍丛编》第2集第18册。

　　乾隆四十六年（1781）伏秋汛期，黄河在睢宁、仪封等多处发生决口，其中仪封青龙岗口门堵筑难度颇大。该年十二月，口门"将塞复蛰塌，大溜全掣"，翌年，"两次堵塞，皆复蛰塌"，直到乾隆四十八年（1783）三月，才得以合龙。① 当如何应对这一局面，具有深厚家学渊源以及丰富治河经验的大学士嵇璜认为，"令黄河仍归山东故道"不失为解决问题的办法。起初，乾隆帝"以为其事势难行，是以迟回久之"，但是当听闻堵口工程进展缓慢举步维艰之时，又命负责堵口事宜的大学士阿桂、河道总督李奉翰等人商议是否可行。对此，众臣"俱称揣时度势，断不能行"。考虑"嵇璜尚为素悉河务之人"，"或阿桂等揣合朕意，故为此奏"，乾隆帝又命"大学士九卿科道等，再行悉心妥协，会议具奏"，不过结果一如以前。综合而言，反对理由大致如下：

> 更翻治河诸书，及博访众论，皆称黄河南徙，自北宋以来，至今已阅数百年，未可轻举更张。即以现在青龙岗漫口情形而论，其泛溢之水，由赵王河归大清河入海者，止有二分，其余由南阳、昭阳等湖汇流南下归入正河者，仍有八分。岂能力挽全河之水，使之北注。此事势之显而易见者也。
>
> 今欲返故道于冰碎瓦裂之余，穿运淤河，不独格于事势，抑尚有进于是者。浊河东流入海，必资清水助黄刷沙，北则藉漳、卫、滹沱、桑干湖淀之水奔流同归，南则赖七十二山河归淮之水汇流涤沙。若归大清河由利津入海，如带之河岂能御随潮之沙？春冬水弱，力难冲荡，夏秋涨发，壅泥灌入，水退自停。宋时之通而复塞者，大端亦由于此。况以久未经行之故道，而轻议开辟，尤有窒碍难行者，未可勉强从事矣。②

不难看出，乾隆帝以及众臣所虑主要包括两个方面：第一，黄河南行已久，"未可轻举更张"；第二，黄河多沙易于淤积，人工改道大清河难以形成束水攻沙之势，何况还有未知之"窒碍难行"之处。改道北行之说再次

---

① 赵尔巽等撰《清史河渠志》卷 1《黄河》，第 16 页，沈云龙主编《中国水利要籍丛编》第 2 集第 18 册。

② "按山东故道，即东汉王景所治引河入千乘之道也。"康基田撰《河渠纪闻》卷 28，第 43～46 页，沈云龙主编《中国水利要籍丛编》第 2 集第 17 册。

遭遇否决，但是这也从一个侧面表明，河患已深，并引起了清廷的高度重视。此后，几乎每遇大的决口，都会出现改道北行的呼声。嘉庆中期，黄淮并涨，宣泄不及，黄营减坝遂决，黄水"由海州六塘河入海，淮涨亦减。于是，群以为机势顺利，并为改道之议"。① 嘉道之际，时贤李祖陶经过一番考察与权衡提出，应对河患之策应为人为改道北行由山东大清河入海，以前"文定之言如此，岂不深切而着明哉！"②

　　道光初年，黄水盛涨，倒灌运河，受此影响，清口至淮扬段"淤为平陆"，"正河以下二百余里流缓沙停，亦更见增淤"。面对这一困局，清廷一面试行海运，一面亟筹治河良法。这时，南河总督张井提出应改河道，不过与此前所论不同，他认为"惟有因地势之高下，顺水势之迅直，导河绕避高淤，以冀挈通河底，早启御坝。勘于安东县东门工以下，北堤改作南堤，另筑北堤，挑河导引，仍由现行海口归海"。对此办法，道光帝大力支持，命张井与两江总督琦善、新任南河副总河潘锡恩等人会勘海口，尽快兴举改道工程。但是正欲实施之时，众臣出现了意见分歧，书函往来筹商数次，终"以改河口门有碎石阻遏，诸多窒碍，莫如开放减坝之较为得力，联衔复奏"。稍后，"张井复以启放减坝，实无把握，改河避淤，实可办理，再行奏请"。道光帝批驳"似此游移无定，岂大臣事君之道！"并强调"此时该督等，惟当遵照前旨办理，减黄出清，俾河湖不致有意外之虞。并使本年回空，全数南下，明年重运，照常北来，方为不负委任。至于改河一事，无论可行与否，总须俟霜降安澜后，该督等再行会同详加履勘，和衷商榷，勿得各存成见，悉心定议具奏"。随着一纸令下，改河之说暂时搁置。对于其中之原委，张井的幕僚范玉锟另有记述。据其言，在张井莅任南河总督前，"南中已定议启减坝"，因此，他"独持前议，孤立岌岌"，且"为众所侧目"；更为严重的是，此后"竟以严核扬河漫工，侵冒中伤休官"。为正张井声名，范玉锟将与此论相关的奏折、信函、上谕等资料辑录成册，命名为《安东改河议》。③ 这也是此处只引该文献

────────────

① 陈文述：《颐道堂文钞》卷2《上李书年观察论黄河不宜改道书》，道光刻本，第13～15页。

② 李祖陶：《迈堂文略》卷1《改河北流议》，道光刻本，第1～4页。文中所及"文定公"，即为较早提出开减大清河主张的大学士孙嘉淦的谥号。

③ 范玉琨：《安东改河议》，清道光刻本，石光明、董光和、杨光辉主编《中华山水志丛刊》下卷第21册，线装书局，2004，第47、92、3页。

的原因。虽然此论仍未得实践，但是无论如何，这都从一个侧面说明，此时南河河病已经极为严重，清廷迫切需要切实可行的救治办法。

及至道光后期，黄河河病更甚，清廷内部甚至就可否改道问题展开了争论。据时贤记载：道光二十二年（1842）八月，河决"桃源之众兴，冲六塘河，直达海州，下注于海，而旧黄河遂成平陆。议者有谓当因其冲决而北行，有谓当复其旧而南行"。① 当如何应对，河督麟庆认为"乘机改道，诚属变通一法"，但又指出"有无滞碍，均难臆断"，遂请"简派大员来工，勘明指示"。② 随后，钦差大臣敬征、廖鸿荃经过一番勘察分析认为，"似难议改，仍宜挽黄归故"。道光帝对各方奏请"详加酌核"，后批复"只可议堵"。③ 不过，争论并未就此停息。御史雷以诚坚持认为"南河漫口，无庸堵筑，请改旧为支，以通运道"，继任河督潘锡恩则表示反对，"前人之屡试不成，岂皆不知变计？诚以事无把握，万不敢轻议更张，以蹈不可胜防之患"，"该御史所请停堵改运之处，应毋庸议"。④ 即便如此，随着口门渐次堵筑，相关论争暂时平息。

透过以上分析不难看出，虽然改道之说的具体内容前后存有差异，但是均因河病深重以及由此造成的治河困境而起，先后遭遇否决则主要由于为维持运道所需，不宜改道北行，以及祖宗成法"不敢轻议更张"这一守成思想。咸丰元年丰北决口发生后，改道北行之说再起。比如：时贤左仁认为"为今之计，奈何？曰堵筑断不可缓矣。夫以数百万之巨帑，假使于上游有他道可图，而费又不过如其数，河工诸君子，未有不乐从者"。⑤ 一句"假使于上游有他道可图"，四年之后即咸丰五年变成了现实。不过，尽管铜瓦厢决口之初就形成了改道之势，但是朝野上下对此的普遍认可历时长久。

第二节　咸同战乱时期的新旧河道之争

铜瓦厢决口发生后，清廷内部出现了两种不同意见。据受命勘河的大

---

① 丁晏：《黄河北徙议》，沈粹芬等辑《国朝文汇》（五）丙集卷1，第13~14页。
② 《再续行水金鉴》黄河卷《云荫堂奏稿》，第888~889页。
③ 《再续行水金鉴》黄河卷《桃北杨工奏稿》，第898~899页。
④ 《再续行水金鉴》黄河卷《桃北杨工奏稿》，第913~914页。
⑤ 左仁：《改河议》，沈粹芬等辑《国朝文汇》（五）丙集卷6，第1~5页。

臣张亮基讲："时上平河策者，或主挽归江苏云梯关故道入海，或主因势利导，使河流北徙由大清河入海。"① 从前述已知，为平衡论争，强化应对决口之策，咸丰帝派李钧勘河，结果明显有利于改道派。

一　改道之初争论旋起旋消

（一）何为"因势利导"？

由于清廷放弃了口门堵筑工程，奔涌而出的黄水肆意漫淹，尤其新河道上游，没有固定河槽，更是任意奔趋支流巷汊。对此，咸丰帝采纳河督李钧的建议，施行"因势利导"之策，并强调"若能因势利导，设法疏消，使横流有所归宿，通畅入海，不至旁趋无定，则附近民田庐舍，尚可保卫"。② 不难看出，这仅是一项原则性意见，实际运作空间很大，也易引起争议。

对于如何"因势利导"，山东巡抚崇恩认为应"寻金时故道，尽废运河诸闸，分河水为三支，一使之由济宁舍泗水达淮徐入海，一使之由东昌临清会卫水归天津入海，一使之由东岸大清、徒骇、马颊三河旁泄，经利、沾等县入海。因势利导，舍此别无良策"。这显然与上谕之意有较大差别，也与趁势改道之说相悖。对此主张，咸丰帝谕命"俟张亮基抵东后，汝再与之熟筹，不可预存成见"。③ 该年八月，张亮基抵达山东后对新河道做了一番勘察，强调因势利导是目前解决问题的最好办法，并在奏折中对改道和复故两种意见都提出了"异议"。

首先，"故道不可复"，原因有四：

> 复故道必先塞决口，塞决口必先挑故道为引河。黄河挟沙带淤，水高而沙淤与之等，故决口一次，则河身垫高一次。兰仪以下之故道，自丰工开已垫，丰工合而复开又垫，至兰仪开则再垫。河身淤垫三次，开掘谈何容易。其不可一也。塞决口以进占为要，而进占必层土层柴，排下木桩，承平时耕种不废，秋秸木料，原不难得，今"逆

---

① 张祖佑原辑，林绍年鉴订《张惠肃公（亮基）年谱》卷4，油印本，第26页。为行文方便，下文将持归复故道论者称为"复故派"，将持改道论者称为"改道派"。
② 《再续行水金鉴》黄河卷《黄运两河修防章程》，第1127页。
③ 张祖佑原辑，林绍年鉴订《张惠肃公（亮基）年谱》卷4，第27页。

匪"肆扰，田者不时，林木戕伐几尽，何处得秸料木桩，成此巨工？其不可二也。丰工决已数年，下游至海口，土石埽工，久为附近居民所侵盗。今复故道，必逐一修固，乃可。否则河水一放，上游合，下游复开。安得如许帑金，修复千余里旧口？其不可三也。大工一举，民夫贩卖之人，动数十万。往时每奏派总兵一员，统大兵镇压，然且不能无事。今南北遍地皆"贼"，人心思乱。兰仪距汴省仅数十里，聚大众于此，突有"奸人"生心，若何处之？其不可四也。此言挽归故道者，未之思也。

其次，"改之一字，实未易言"，理由为：

神禹治水，顺其自然之性，非以人力强改之也。今欲就已决河道，大筑堤以约束之，则埽工石工，必次第兴筑，又必按次多置文武河员，以专责成。无论所费不赀，即或勉力告成，而兰工以上，尚有数厅。倘此数厅工程，再为河水冲决，河又改道，将如之何？此言就势改河者，亦未之思也。

至于当如何应对水患，他认为"河道既改而东，势不能复挽使南。然可以因其自然而治之，不可以强改之也。不强改之，则不甚费，而数年之后，河患息矣"；具体办法为"筑拦河堰""塞支河""切滩"。[1] 明显可以看出，其虽不赞同改道的主张，也不支持复故的意见，但是实际所施就现行河道因势利导的办法仍为顺势改走新河道，这也颇合清廷派其前往勘察之意旨。不过对于张亮基的查勘及其敦促治河之实践，清廷仍强调，这"只为目前缓筑之计，若欲从此徙河北流，事关大局，尚须特派大员详加复勘，非可草率从事"。[2]

从当时的形势来看，既然清廷决定"暂缓堵筑"决口，那么复归故道自然无从谈起。也就是说，清廷所施应对举措明显有利于改走新道的主张，改道大势在决口改道之初就已形成。

（二）改乎？不改乎？

改道后，旧河道所经安徽、江苏等地得以摆脱黄河水患的肆扰，而新

---

① 《再续行水金鉴》黄河卷《张制军年谱》，第 1149 页。
② 民国《山东通志》卷 122《河防·黄河》，民国 7 年铅印本，第 4 页。

河道所经河南、直隶、山东等地的广大地区则变成了黄泛区，陷入了无尽的灾难之中。由此不难理解，各地方疆吏对于新旧河道问题所持意见不一。

安徽巡抚福济早在东河总督任上就提出应变更河务，此时则主张应"顺水势，改由北条入海"，理由为南河并非故道，山东大清河才是故道，具体而言还有"二便""四利"：

> 大清河起东阿迄利津，乃天然归壑之正道。今河既北决，自然入漕，若第就大清河两岸展宽，或间创遥堤为节制，事半功倍。一便也。借至清迅驶之济，涤至浊淤滞之河，力足相敌，非淮泗恒流不足刷黄者比。二便也。河自顺流入海，则岁修可减，抢修可裁，南河自督臣以下，厅汛各官，又大半可撤，每年省费甚多，利一。自兰仪至海口千余里，两岸涸出民田无数，垦荒升科，骤增赋额，利二。洪泽湖畅出入海，高堰可不蓄水，安徽凤泗各境化泽国为良田，利三。五坝不启，下河不灾，淮扬数十万顷膏腴皆为乐土，利四。①

从所陈来看，其对于改道之"便"谈得过于轻松，甚至远远脱离实际。从整个晚清新河道治理情况可知，并非就大清河河漕展宽河岸那么简单，而是事同创始，举步维艰（详后），"事半功倍"实无从谈起。至于改道之"利"，所言趁机改道，裁撤南河厅汛，可以节约大笔河帑银，较为符合此时清廷开源节流筹措军费等情，但是对原有黄泛区涸出地亩可以耕种甚至变为"乐土"的分析，则主要基于辖区立场，因为改道所成此"利"是以给山东、直隶、河南等地造成异常深重的灾难为连带的。

受灾最重的山东一省，巡抚崇恩或许碍于中央政府"暂缓堵筑"决口的"权宜"之策，没有明确提出复归故道的主张，但是屡屡奏陈辖区所遭受的深重灾难，表达以堵筑决口为盼的强烈愿望。比如决口当年八月，他在奏折中讲道："伏查兰阳漫口，虽分注三省，而东省受害独重。水由曹濮归大清河入海，经历五府二十余州县。漫口一日不堵，则民田

---

① 《再续行水金鉴》黄河卷《社会研究所抄档》，第 1134 页。

庐舍，一日不能涸复。"① 再如：驳斥张亮基关于山东民众救灾状况的奏报，批其所言"三省百姓不待劝而自办"不符事实，因为"全河大溜直趋东省，水由平地泛滥横流，几无畔岸可寻，何由□□湾直，已无河形可指，更无濒河筑堰"，即便百姓"在水势浅缓之处"，"有自筑土堰，以卫田庐，并有自浚沟渠，以资分泄"，但是"以千里官堤，岁岁加高培厚，尚不能遏黄流之奔放，而谓三尺浅堤，一隅沟洫，遂能挽狂澜于倾倒，此则非惟臣所不敢深信，亦街巷小民所不敢共信者"；"自张亮基入东，六郡绅民咸知有漫口缓堵之议，群情汹汹，向臣环诉，情词甚为迫切"，如果他们得知朝廷已决定"缓堵"决口，难保"不铤而走险"。② 其明显在以现实困境反对改道的主张。

与东抚崇恩的含蓄表达不同，礼部右侍郎杜翮等人非常明确地提出了复归故道的主张，并对改道论予以驳斥。该年十月，杜翮在奏折中讲道：

> 河工一日不合龙，居民一日无生业，民济无生可谋，而欲保其必不滋生事端，亦万难之势也。惟现在经费支绌，库款既无可筹，民困未苏，捐赀必难多措。今欲计出两全，与其分筹赈筑，势难兼恰，莫若即以各段之民任各段之工，与其筑田为无益之举，莫若亟求合龙为历久不敝之计。

至于堵筑决口所需巨额经费，他认为可以用以工代赈的办法解决：

> 于各地难民，每日计口授粮，无庸另给工价。凡丁壮可出力者，即令防筑，其老弱妇女，亦令炊爨饷馌。该民等既有口粮度日，自乐效捐指臂之劳。且其田园庐墓俱在其间，未有不速求藏事者。约计所用不过米麦麻秸木料等物，捐买并收，计所费不过银百余万两。拟请饬下直隶、河南、山东督抚合筹此款，并三省之力，似尚无难措办。费用少而成功速，将见防河诸臣既不必估工而糜库款，被灾黎庶亦不至游手而滋事端。③

---

① 《再续行水金鉴》黄河卷《黄运两河修防章程》，第 1132 页。

② 军机处录副奏折，黄河水文灾情类，山东巡抚崇恩折，03/168/9345/23。

③ 军机处录副奏折，黄河水文灾情类，礼部右侍郎杜翮折，03/168/9344/26。

该年十一月，山西道监察御史宗稷辰以决口不堵恐有碍漕运为由，奏请河归故道，并驳斥了就新河道修筑遥堤的说法：

> 良以决口之工尚短，而遥堤之工甚长，堵决口则两省之浸立平，而漕挽之途立复。遥堤则狂澜之涨不能御，而漫溢在在堪虞，转运之路不能清，而馕馈骎骎几断。谓暂以遥堤姑试，则所费已觉不赀，倘至于遥堤复伤，而改作又将何术？

至于所需经费问题，他想出了一个"两全其美"的解决办法，"筑遥堤之用不如筹堵口之需，而筹堵口之需不如责成负罪疆圉之辈"，这样既能节省经费，又能给罪臣以戴罪立功的机会。①

杜翮和宗稷辰所虑不是没有道理，但是所提兴堵决口之法也明显存有理想的成分。考诸史实，对于堵筑口门这样的另案大工，清廷有一套程序予以应对，包括经费拨付以及河督为主要责任人等，不大可能单靠以工代赈的办法解决，也毋庸言"责成负罪疆圉之辈"。不过之所以作此言论，除文中所显示的基于时局的考虑外，当还有更为复杂的因素。比如像杜翮这样的朝廷要员，不可能不知以往河工为国之大政这一事实，作此奏陈应当与其籍隶受灾最为深重的山东滨州有关。由于未能查见咸丰帝的批复意见，二人所奏是否引起关注不得而知，不过从上谕一再申明的应对河患之法可以窥知，即"此时惟有遇湾切滩，使河势刷宽取直，并顺河筑堰，堵截支河，为暂救目前之计"，② 此是清廷对复故论之态度。

决口后的第二年，太平军军事上达于鼎盛，第二次鸦片战争爆发，政治局势更加扑朔迷离。在这种形势之下，除了保住大清江山，清帝已无心他顾，遑论河务问题。此后几年之中，改道之势一直延续，新河道治理亦如清廷所谕示，由地方官绅践行着因势利导之策。

二　咸丰十年改道论起及相关筹商

随着内外战事深入推进，军费支出大增，清廷财政陷于困境，不得已开源节流，多管齐下。在这一背景之下，每年耗费巨帑的黄运管理机构受

---

① 军机处录副奏折，黄河水文灾情类，山西道监察御史宗稷辰折，03/168/9344/51。
② 《清代起居注册·咸丰朝》第28册，第16893页。

到了特别关注，而若裁撤还关涉甚重，包括新旧河道问题。

咸丰十年（1860）三月，都察院左都御史沈兆霖上奏请求改道北行，"以期国计民生，两有裨益"。他首先引古论今说明北行入海并非创造，接着指出山东段新河道"自鱼山至利津海口，皆经地方官劝筑民堰，逐年补救，民地均滋沃可耕，灾黎亦渐能复业"，只口门至鱼山段"泛滥平原，汪洋一片"，但可"培筑拦御"，"责成地方官，设法办理"。相较之下，若堵筑铜瓦厢口门使河归故道，则所需之费"数十倍于前。故臣以为宜乘此时，顺水之势，听其由大清河入海"。如此一来，"裁去南河总督及各厅员，可省岁帑数十万金。而归德徐淮一带，地几千里，向之滨海不敢开垦者，均可变成沃壤，逐渐播种升科。民生既裕，国课自增，似亦一举而兼数善者矣"。① 明显可见，其持改道论主要从节约经费的角度出发。的确，如果仅就原有河道而言，裁撤相关机构不仅可以节约大量经费，还可以通过耕种涸出的土地获得一些收入，不过与此前改道论者相类，其对于新河道治理"过于乐观"。由于在当时的情况下，清廷仍无心处理新河道治理问题，对其中之困境也不会有多少考虑，倒是沈兆霖折中所提经费问题颇能引其关注。览毕奏折，咸丰帝立下批示，此请"系为通筹大局起见，着恒福、黄赞汤、文煜、庆廉各就地方情形，悉心酌议，核实勘估"。②

对于沈兆霖所提以及咸丰帝的批示意见，河道总督黄赞汤、直隶总督恒福、山东巡抚文煜各怀心思。身为河督的黄赞汤自上任以来一直在新河道践行因势利导之策，考虑山东民众以复归故道为盼的强烈情绪，还强调"不可明示其意，以启人疑虑"，"所谓民可使由之，不可使知之也"，如此，"不数年间，帑项不縻，而河流顺轨，亦未可知"，意即通过造成既定事实的办法实现黄河改道。③ 因此，他对沈兆霖折中的改道之说没有异议，仅认为靠民力捐办新河道工程，"事关创建"，"必须顺舆情而无窒碍。并应计及久远，方免流弊滋患。且所费较巨，民力能否捐办，尤须绅民乐输，断不可稍有抑勒"。④ 紧随其后，恒福对改道一事表示赞同，并就新河道治理略表意见，"如果修筑堤堰，因势利导，由大清河而达利津入海，

①　《再续行水金鉴》黄河卷《黄运两河修防章程》，第 1189～1190 页。
②　《清文宗实录》卷 312，第 5 册，第 582 页。
③　《再续行水金鉴》黄河卷《绳其武斋自纂年谱》，第 1175～1176 页。
④　《再续行水金鉴》黄河卷《东河奏稿》，第 1193 页。

则洼下悉属膏畦，灾黎渐可乐业。淘于国计民生，大有裨益。惟事关大局，究竟有无窒碍，必须通盘筹计。且所需工费较巨，劝谕绅民捐资，能否确有把握，应即钦遵遴员履勘，相度地势，斟酌商办"。① 明显可见，二人对新河道治理问题的意见均依起初清廷出台的"因势利导"之策。而文煜身为受灾最重的山东一省巡抚，深知减除辖区灾难的根本之策在于河归故道，但是或许由于明悉清廷的意旨，他仅言治理新河道所面临的诸多实际困难，"即使加筑新堤，难保不四散漫溢，且所费较巨。能否集资办理，必须绅民乐输，断不可稍有抑勒"。②

就在三人各陈己见之时，黄赞汤又给咸丰帝上了一道密折，其中称"必须因势利导，不能挽黄再令南趋"③，更为明确地认同改道论。这得到了咸丰帝的认可，也与恒福的意见不谋而合。不久，黄赞汤与恒福两人联合上奏，对沈兆霖的改道论表示支持：

> 自咸丰五年黄流旁趋后，当因军务不靖，需饷浩繁，未能集资兴堵，迄今已历五载之久。若再挽黄南趋，不独堵筑口门，挑挖引河，需费甚巨，其兰阳以东直至江南干河各厅，堤埽俱已残废，补堤还埽，所费亦属不少，何能有此巨款！自不得不因势利导，就黄水现行之路，东流而入。况由大清河入海，本系从前黄河故道，并非改弦更张。④

虽然未能查见咸丰帝对此奏的批示意见，但是从前述命三人筹商沈折时所言"系为通筹大局起见"可以推知。此外，还可从随后发布的裁撤南河机构的上谕中窥见一斑。"自河流改道，旧黄河一带，本无应办之工……"⑤ 这里明确使用了"改道"一词，且将此作为可以裁撤南河机构的理由。也就是说，在清帝看来，改道已为事实。

三　同治三年改道论自起自消

同治三年（1864），侍郎胡家玉奏请应趁势改道，理由为几年前他途

① 《再续行水金鉴》黄河卷《山东河工成案》，第 1193～1194 页。
② 《再续行水金鉴》黄河卷《山东河工成案》，第 1196 页。
③ 《再续行水金鉴》黄河卷《绳其武斋自纂年谱》，第 1208 页。
④ 军机处录副奏折，东河总督黄赞汤、直隶总督恒福折，03/4503/056/321/0794。
⑤ 《再续行水金鉴》黄河卷《清文宗实录》，第 1199 页。

经江苏清江浦时，耳闻目睹"故黄河摆渡处，庐舍俨然，浸成村落"，"今自兰阳汛溃决泛滥于直隶境内已十年矣。昔之河身，今成平地"，因此，"欲循旧道，开新河，挽狂澜而东之，诚万难之势。自不若因势利导，由大清河入海之为便也"。① 同年，湖广道监察御史朱学笃奏请"设法疏浚"新河道，"以弭水灾而拯民命"，并强调"全势趋北，故道绝流，又焉能强挽使南？宜就北流，通盘筹画，次第兴修，先浚下游，以杀水势"。② 从两人所陈来看，主要基于改道后新旧河道形成的客观形势而发，根据此前的争论情况，具有一定的合理性。不过，由于咸丰十年（1860）对沈兆霖折的"商讨"结果为黄河趁势改道，如果没有与之相左的意见出现，不会引起多少关注。

以往研究者在梳理新旧河道之争的基本史实时，或者认为决口之初虽有改道之说，但未形成争论的局面，③ 或者以咸丰十年沈兆霖奏请改道为始。④ 而通过以上明显可见，铜瓦厢决口之初，两种观点就形成了针锋相对的争论局面，且发表意见者上及清帝，下至黎民百姓。

总而言之，清廷内部就新旧河道问题很快就形成了两种截然不同的意见，并且改道论的声音明显强于复故论，穷其原因，主要在于当时的政治局势。也就是说，既然清廷迫于形势"暂缓堵筑"决口，那么在局势和缓之前不可能再顾及河务问题，包括新旧河道之争。或者说，改道论比较复故论更为符合实际情况。从双方所述理由来看，这一点也颇为明显。单就堵筑口门所需经费而言，深陷战事的清廷确实无力承担。当然，复故论所及新河道治理困境以及广大黄泛区可能因灾害而滋生匪患等问题也并非多余，改道后捻军的迅猛发展就是一个明证（详后），只是清廷在存亡绝续

---

① 《再续行水金鉴》黄河卷《葛士浚经世文续编及盛康经世文续编》，第 1278～1279 页。
② 《再续行水金鉴》黄河卷《山东河工成案》，第 1283 页。
③ 韩仲文在《清末黄河改道之议》一文中提到"时虽有疏导河流入海之议"，"然大势所趋，经费所限，亦徒有此议耳"；颜元亮在《黄河铜瓦厢决口后改新道与复故道的争论》一文中认为，决口之初，张亮基主张改道，而恢复故道的主张是"在同治初年提出"的；方建春在《铜瓦厢改道后的河政之争》一文中指出："终咸丰朝至同治初，朝臣督抚几乎众口一词坚持黄河北流。"明显可见，三人仅注意了改道之初的改道论，且据此认为这一时期清廷内部并没有出现争论的局面。
④ 王林在《黄河铜瓦厢决口与清政府内部的复道与改道之争》一文中认为：改道之初，清廷内部对这一问题的态度模糊，"并未下定决心让黄河改道"，对此明确发表看法的是"1861 年，侍郎沈兆霖建议让黄河改道"。

的关头尚无暇考虑此类"隐患"。由此可以说,咸同战乱时期的政治局势左右了争论的结果。此外,还需看到争论双方都存有非常明显的畛域之见。比如:安徽巡抚福济主张改道多从安徽、江苏两省的利益出发,而无视山东、直隶、河南等地所遭受的深重灾难;崇恩作为山东巡抚也基本是站在辖区立场,以所遭受的灾难为由反对改道之说。

第三节　"同治中兴"时期的新旧河道之争

同治年间,随着战争停息,清王朝统治出现了相对稳定的局面,以奕䜣、曾国藩、李鸿章为代表的封建统治者发起了以"求强""求富"为指向的洋务运动。在一片"中兴"的气象之下,河务、漕运等因战乱而遭忽略的传统要务被重新审视,新旧河道之争问题也在一个更深的层面展开,且牵动朝野。

一　恢复河运的努力与复故论起

随着局势渐趋稳定,清廷欲"复河运成规"①,恢复已中断多年的漕粮河运。由于"清江至济宁七百余里,河道久淤",尤其新河道与运河交汇处,"横流无所钤束者数十里,北趋南徙,到处停沙。张秋以北,已经淤垫"②,须先挑浚运河,而挑浚运河恢复河运,又得重及新旧河道问题。

当如何疏通运河,清廷内部议论纷纷,莫衷一是,就在这时,黄河在河南荥泽决口。黄水"下注皖省之颍寿一带。颍郡所属地方,一片汪洋,已成泽国",不仅如此,"势必由洪泽湖下注高宝,淮扬一带,亦虑被灾"。③ 接到奏报后,清廷立即命直隶总督曾国藩、两江总督马新贻、漕运总督张之万、东河总督苏廷魁、江苏抚臣丁日昌、河南巡抚李鹤年、安徽巡抚吴坤修等人抢堵口门,以免淮扬等国家财赋重地遭受重灾。而山东巡抚丁宝桢在受命参与筹商如何疏通运河之际发出了不同声音。他认为应趁势复归故道,以全面恢复河运:

---

① 《再续行水金鉴》运河卷《清穆宗实录》,第989页。
② 《再续行水金鉴》运河卷《清穆宗实录》《山东河工成案》,第995、1071页。
③ 《清穆宗实录》卷241,第6册,第348页。

兰仪决口历年既久，工费浩大，未能即时堵合，所幸军事初平，饷源渐裕，愿蓄数年之力，一图大举，使河复归淮徐故道，无穿运之患。再将张秋以北运河实力疏浚，工归核实，饷不虚縻，庶使南省全漕悉由运河畅行无滞。若黄河仍长由大清河入海，虽竭疏沦之功，仅属敷衍之计。①

然而，这一奏请犹如石沉大海，迟迟没有收到回应。一个月后，胡家玉也就这一问题上呈奏折称，目前"逆匪荡平，东南各省元气渐复，库储亦逐渐增添"，"宜趁此时，将旧河之身淤垫者，浚之使深，疏之使畅。旧河堤之坍塌者，增之使高，培之使厚。令河循故道，由云梯关入海"，如此一来，可以恢复"江广之漕运"，也可以消除"直东之水患"，② 可谓一举两得。与丁宝桢折相较，胡家玉折并无特别之处，但引起了清廷的重视。同治帝将其交与前述被命兴堵决口事宜的曾国藩、马新贻、张之万、苏廷魁、李鹤年、吴坤修以及湖广总督李鸿章、山东巡抚丁宝桢共八人会商。③ 这或许因为复归故道有利漕运的说法，切中了当时清廷内部正在讨论的如何恢复河运这一问题。

从前述已知，受命筹商的八人之中已有六人在兴举决口抢堵工程，既然他们在接受这一任务之初没有表示反对，那么赞同复归故道这一主张的可能性极小。至于其余两人，李鸿章赞成的可能性也不大。该年在给丁宝桢的一封信中，他提到："惟黄流既经北徙，徐州故道断不能复，荥泽决口早迟必须堵塞，否则淮扬财赋之区万不能保。"④ 至于备受关注的漕粮运输问题，他赞同恢复河运，但还有另一番考虑（详后）。剩下的山东巡抚丁宝桢，毫无疑问会支持这一主张，问题是他本人的类似奏请已经石沉大海，支持与否意义不大。种种迹象表明，如果不出意外，趁势复归故道的主张将遭到否决。

两个月后，就在荥泽口门合龙之际，张之万、李鸿章、曾国藩、马新

---

① 罗文彬编《丁文诚公（宝桢）遗集·奏稿》卷6《筹议东省运河并折漕室碍各情折》，光绪二十五年补刊本，第31~38页。

② 《再续行水金鉴》黄河卷《黄运两河修防章程》，第1322页。

③ 《再续行水金鉴》黄河卷《黄运两河修防章程》，第1323页。

④ 《复丁宫保》，顾廷龙、戴逸主编《李鸿章全集》第30册，安徽教育出版社，2008，第705页。

贻、苏廷魁五人合上奏折，一致认为"遽难规复黄河故道"，理由有三：

> 今欲将旧河挑浚深通，堤岸加培高厚，恐非数千万帑金不能藏事。且东河下北、兰仪各厅营，及河南管黄各厅营，久经裁撤，效目兵夫，大半星散，今须一一复设，仍须分储料物，镶办埽坝，并预筹各厅防险之资。虽云仍复旧规，其实无殊开创。通筹并计，又岁须数百万金，当此中原军务初平，库藏空虚，巨款难筹。一也。
>
> 今荥口分溜无多，大溜仍由兰口直注利津牡蛎口入海，奔腾澎湃，势若建瓴。其水面之宽，跌塘之深，施工之难，较之荥工，自增数倍。荥工现已发帑金二百万，堵合尚无定期，今复议兴兰工，则又须五六百万。其能否堵合，更恐毫无把握。原奏所云，决放旧河，掣溜东行一语，似于该处形势，言之太易。且刻下瞬交春令，兴工已难。二也。
>
> 现在直东江豫等省，捻氛甫靖，而土匪游勇在在须防。所留勇营，各有弹压巡防之责，断难尽赴河干，即令就近分段筑堤，帮同堵口，于做法成式皆所未谙，更难责之以保固。且各省酌拨数千，亦断不敷分挑之用，若再添募数十万之丁夫，聚集沿黄数十里间，倘驾驭失宜，滋生事端，尤为可虑。……盖以大役之不可遽兴也。三也。

基于诸多考虑，他们建言"应俟天下修养十余年，国课充盈，再议大举"。该折最后还提到，"理合会同江苏抚臣丁日昌、河南抚臣李鹤年、山东抚臣丁宝桢、安徽巡抚吴坤修恭折复陈"。① 从前述已知，同治帝令八人筹商，这里却只有五人合奏，是意见不合还是另有原因，由于没有材料支撑不得而知，但有一点非常明确，就是最有希望持赞同意见的丁宝桢没有包括在内。随着此奏上达清廷，荥泽口门堵筑完竣。不过河运问题未得解决，复归故道之说也未停息。

同治八年（1869）八月，户部遵旨议复御史徐景钺所奏"请挑浚运河，并每年海运外，仍办理河运若干石"时，还指出"今欲整理运河，兼弭直、东水患，自以导黄南行，复由云梯关入海为上策"，但考虑"事繁

---

① 黄河档案馆藏：清1黄河干流下，铜瓦厢决口改道后对恢复南河的奏议，清1-4-1，同治朝，第26～28页。

费重"，请命两江总督马新贻、河南巡抚李鹤年、山东巡抚丁宝桢、东河总督苏廷魁、漕运总督张之万"准古酌今，集思广益，折衷一是，会折奏陈"。① 三个月后，五位大臣经筹商认为，户部所提"原属追本探源之论"，可是"自该工以下至云梯关，两岸长堤二千余里，堤坝大半残废，河身几至无存"，复归故道需兴举挑河、修堤、塞决三项工程，总计经费"二三千万两"，因此，应"俟口门以下各工办妥"，再"挽黄归故"，"修复运河"。对于其中所及诸多问题，清廷命"户部速议具奏"。② 月余后，户部认为五人"所奏太略，臣部核议，尚无把握"，应命他们将各工具体情形"遴委妥员，详细估计，认真复核，专折奏陈"。③ 如此反反复复，不难想见，当时普遍认为河运"不肯竟废"，"成法不可轻改"④，诸多朝臣及地方疆吏都在为如何恢复漕粮河运考虑，并且相较之下，复归故道似为根本解决之途。而由于复归故道可使山东大部分地区免除黄河水患，山东巡抚丁宝桢颇为期待，"部臣通盘筹画，能定斯议，则东省力所能任，虽竭蹶所不敢辞"。⑤ 不过，事情迟迟没有多大进展。

同治十年（1871）二月，兵部呈奏了学习主事蒋作锦的意见：由于"事关数省，督抚意见，未必尽同。往来函商，空稽时日，未免议论多而成功少。拟请简派大员督理，庶责任攸专，亦可和衷共济，则黄归故道，民害除而运道通矣"。⑥ 对此关系恢复河运的奏呈，同治帝命"张兆栋、苏廷魁、丁宝桢，按照蒋作锦条陈，详勘地势，斟酌机宜，悉心会议具奏。总期次第筹办，力任其难，不得敷衍因循，一奏塞责"。该日还发布上谕，"着该部堂官饬令蒋作锦前往山东一带，随同张兆栋、苏廷魁、丁宝桢察看情形，讲求实际"。⑦ 暂且不论这一建言是否可行，仅从连发两道上谕即可窥知清廷恢复河运的迫切心情。不过稍后，黄河在山东段新河道南岸决口，个中情形发生了变化。

---

① 《再续行水金鉴》运河卷《黄运两河修防章程》，第 1049 页。
② 《再续行水金鉴》运河卷《黄运两河修防章程》，第 1053～1055 页。
③ 《再续行水金鉴》运河卷《黄运两河修防章程》，第 1062 页。
④ 李瀚章编《曾文正公全集·奏稿》卷 30《筹办河运事宜折》，光绪二年校刻本，第 31 册，第 17 页。
⑤ 《再续行水金鉴》运河卷《丁文诚公奏稿》，第 1057 页。
⑥ 《再续行水金鉴》运河卷《黄运两河修防章程》，第 1089 页。
⑦ 《再续行水金鉴》运河卷《黄运两河修防章程》，第 1093 页。

二 侯家林决口后的朝野论争

同治十年八月七日，黄河在山东郓城"东南沮河东岸侯家林，冲缺民堰，漫水下注"，"十一日由南旺湖、西北湖堤缺处灌入湖内，并由各该境之赵王、牛头等河，渐趋东南，下游归入南阳湖"，口门"约宽八九十丈，水深约二丈余"。① 对此决口，山东巡抚丁宝桢与河督苏廷魁均认为"必须急筹堵塞"，以为保护运道计，清廷亦命新任河道总督乔松年与丁宝桢"会商筹办"具体事宜。② 由于此为新河道上的首例另案工程，是否适用以往河政规制存有争议，乔、丁二人发生了不少分歧，不过还是在翌年年初将口门成功堵筑。此后，如何恢复河运以及应对新河道河患重回问题中心，只是与此前不同，朝野发生了激烈争论，事情起于乔松年的一纸奏疏。

翌年八月，乔松年奏称：

> 山东境内，黄水日益泛滥，运河日益淤塞，治之之法不外两策。一则，堵河南之铜瓦厢，俾其复归清江浦故道，仍由云梯关入海；一则，就黄水现行之处，筑堤束之，俾不至于横流，由利津入海。
>
> 此两者皆为正当之策，两者之中，权衡轻重，又以就东境筑堤束黄为优。自汉至唐，河从千乘郡入海，千乘即今利津、乐安县境，正为汉唐故道。且淮徐间，旧日河身，半成平陆，两岸旧堤多已圮废。欲令河归故道，必先挑浚河身，补还堤工，计此费极巨……莫若即就东境筑堤束之，斯为顺水之性，而事半功倍。③

对其"以就东境筑堤束黄为优"且"事半功倍"的说法，同治帝认为"因势利导，不为无见。着丁宝桢、文彬将该河督折内所陈各节，详细酌度，妥议具奏。但求于事有济，不得固执己见"。④ 然而，乔松年所论遭到了丁宝桢的强烈反对。他坚信"以堵合铜瓦厢使河复淮徐故道为正办"，理由有四：

---

① 《再续行水金鉴》黄河卷《丁文诚公奏稿》，第 1349 页。
② 《再续行水金鉴》黄河卷《丁文诚公奏稿》《黄运两河修防章程》，第 1350、1354 页。
③ 《清代黄河流域洪涝档案史料》，第 685 页。
④ 《清穆宗实录》卷 340，第 7 册，第 482 页。

自铜瓦厢至牡蛎嘴计千三百余里，创建南北两堤，相距牵计约须十里，除现在淹没不计外，尚须弃地数千万顷。其中居民不知几亿万，作何安插？是有损于财赋者，一也。东省沿河州县，自二三里至七八里者，不下十余，若齐河、齐东、蒲台、利津皆近在临水，筑堤必须迁避。是有难于建置者，二也。大清河近接泰山麓，山阴水悉北注，除小清溜淤诸河，均可自行入海，余悉以大清河为尾闾。置堤束黄以后，水势抬高，向所泄水之处，留闸则虞倒灌，堵遏则水无所归。是有妨于水利者，三也。东纲盐场，坐落利津、沾化、寿光、乐安等县，滨临大清河两岸，自黄水由大清河入海，盐船重载，溯行于湍流，甚行阻滞。而滩池间被黄水漫溢，产盐日绌，海滩被黄淤远，纳潮甚难。东纲必至隳废，私枭亦因而蜂起。是有碍于醝纲者，四也。①

相较之下，复归故道，计有四便：

就现有之河身，不须弃地累民，其便一。因旧存之堤岸培修，不烦创筑，其便二。厅汛裁撤未久，制度犹可查考，人材尚有遗留，其便三。漕艘灌塘渡黄，不虑阻隔，即船数米数，逐渐扩充，无难徐复旧规，其便四。②

从二人所陈来看，各有合理之处。仅以所论经费为例，乔松年力主改道，指出挑浚故道需费"极巨"，丁宝桢据理力争，予以驳斥，认为新河道修筑大堤"复非千万金所能毕事"。③ 据清末山东巡抚周馥回忆："时山东巡抚丁宝桢请堵铜瓦厢决口，复淮徐故道，河督乔松年请在张秋立闸借黄济运，不必堵铜瓦厢决口，争持甚力。"④

除乔、丁二人公开争锋辩难外，对新旧河道问题发表意见的还有御史游百川、时贤冯桂芬、苏北绅士丁显等人。游百川在奏折中称：

① 赵尔巽等撰《清史河渠志》卷1《黄河》，第30~32页，沈云龙主编《中国水利要籍丛编》第2集第18册。
② 罗文彬：《丁文诚公（宝桢）遗集·奏稿》卷10，《黄河穿运清复淮徐故道折》。
③ 《再续行水金鉴》黄河卷《黄运两河修防章程》，第1398页。
④ 周馥：《秋浦周尚书（玉山）全集·治水述要》卷10，第32页。

欲复淮徐故道，必须先挑河身，难于施功。修筑堤工，设复厅汛，岁修抢修，糜帑无已。黄未北注以前，套塘之法，已不可恃，始用海运，非黄水南行，漕运遂可无虑。至于大清河，面宽不过半里许，今拟作黄河之渎，河面宽留几里，民间田庐，侵占若干，如何移徙安插，应合盘通算。大清河兼受黄河之水，恐难容纳，开支河以分水势，必相度地形。黄水北行，其事为创，万一不善办理，人情骚动。南行北行二说，利害互见。请特派大臣前往，下自利津，上至清口，详细履勘，然后定策。所派之臣，宜由大臣荐举。①

不难看出，其虽未明确表达意见，但是对山东新河道治理所存诸多困难的分析与山东巡抚的奏报类似，也远比改道论者所言契合实际，故"请派大臣前往"勘察当暗含以实际状况反驳改道论之意。

作为李鸿章的得力幕僚，冯桂芬在信中征古论今，多方权衡，非常明确地提出了改道主张。他首先批驳"一复故道即可复河运"的观点，"不知故道即复，河运仍不可复"。继而列举故道不可复的两条理由：第一，从南北河道情形看，"桂芬两经齐河，所见之河居然由地中行之水也。水涨时即有漫滩，亦由地上行之水也。至如淮徐故道，河身高于平地二三丈，两堤架乎其颠，合之高四五丈，是由城上行之水也。无端以由地中行之，水忽欲载诸四五丈高城之上，果何理也？此一浏览而知其不可者也"。第二，从经费角度而言，"南北度支多寡如何？此时估费两下即或相若，而北可分年酌办，南必一气呵成。试问南北需费缓急如何？此一比较而知其不可者也"。改道前南河决口，"堵筑一次，通牵约费七百万，岁修约六百万，合计六十年，河费不下五万万。北流十八年，侯家林工费如干，又无岁修，试问南北度支多寡如何？"基于此，他指出"惟两害相权取其轻"，"非令北流不可。未几而有铜瓦厢之事，固祷祀以求而不可得者，乃竟得之。自非国家洪福，彼苍默佑，何以致此！"至于朝野颇为关注的漕运问题，他认为应因时而易，改变策略，"以局外旁观言之，无论黄河复故不复故，而东境清水绝少，运一二十万石之水犹不足，安所得运二三百万石之水！将来恐不能不出于河自

① 黄河档案馆藏：清1黄河干流下，铜瓦厢决口改道后对恢复南河的奏议，清1-4-1，同治朝，第35~36页。

河，漕自漕，河专主安澜，漕专主海运而后定。海运沙船不敷用，洋船不许用，恐不能不出于津门采买而后定"，何况"移河费岁修一款购米二百万石已足"。① 总之，在这封长长的信中，冯桂芬把他的改道主张表述得颇为详尽，也得到了李鸿章的高度重视。

在朝野围绕如何恢复漕运以及怎样应对新旧河道问题展开争论之时，苏北官绅发出了应复淮河故道之声，淮扬海属在籍湖南试用道裴荫森等129 人曾联名上奏表达这一愿望。② 苏北绅士丁显还撰写了《黄河北徙应复淮水故道有利无害论》《黄淮分合管议》《黄河复由云梯关入海说略》等文，力执黄淮并治才为解决问题之道。在他看来，"黄淮合而数省危，黄淮分而数省安"，"黄与淮分，经费省而功且易成，黄与淮合，经费多而功终难冀"，由此，"转欲河由云梯关入海"，并非"万全之策"。③ 其虽未明确持改道之说，但是欲复淮河故道，必须黄河北徙改走新河道，无形中与改道论相合。

面对朝野论争，同治帝命军机大臣会同六部九卿共同筹议，稍后还谕命将前述胡家玉与曾国藩等人的意见一并讨论。这在一定程度上表明，同治帝欲就此彻底解决这一久悬未决的问题。新旧河道问题牵动朝野，争论进一步升级。然而，事情扩大化之后变得更为复杂，仅仅通过筹商难有结果。以恭亲王奕訢为首的 166 位大臣认为，应派人前往黄河新河道进行实地勘察，以便"从长计议"。其言大致如下：

> 臣等公同商酌，窃以治河本无善策，要不外审地势之高下，识水性之顺逆，酌工程之难易，权利害之轻重，而后可以施工。现在淮徐故道既难规复，自不得不思变通办法。而乔松年筑堤束黄之议，究竟是否可行，有无窒碍，文彬等所虑各节，是否尚可设法补救，非目睹情形，殊难悬断。拟请旨简派大臣，驰赴山东，周历履勘，体察情

---

① 冯桂芬：《显志堂稿》卷5《致李伯相书》，光绪二年刻本，第56~59页。
② 黄河档案馆藏：清1黄河干流下，铜瓦厢决口改道后对恢复南河的奏议，清1-4-1，同治朝，第2~5页。
③ 丁显：《黄河北徙应复淮水故道有利无害论》，《申报》1880年12月31日、1881年1月1日；丁显：《黄淮分合管议》《黄河复由云梯关入海说略》，葛士濬辑《皇朝经世文续编》卷89，第12~13页。

形，将该河臣等所奏，悉心参酌，从长计议，据实奏明办理。①

非常明显，这一处理意见将问题压在了前往勘察的人身上。经过反复磋商，清廷认为李鸿章为最佳人选，原因为他"曾在山东剿办捻匪，于黄运两河情形，阅历既久，自必熟悉"。这一理由不免有些冠冕堂皇。因为从前述同治七年（1868）的争论已知，李鸿章持改道论，命其"将乔松年等所奏，悉心体察，从长计议。应如何妥筹办法，期于漕运民生两有裨益，及办理有无把握之处，据实详细具奏"，② 看似慎重，实则蕴含深意，结果当不查自明。

经过长达五个月的勘察，李鸿章呈上了一份很长的奏折。该折以军机处会同六部九卿商议时提出的基本治河原则开始，即"治河之策，原不外恭亲王等'审地势、识水性、酌工程、权利害'四语，而尤以水势顺逆为要"，随后洋洋洒洒详述了黄河不能归复故道的数条理由。也难怪民国时期韩仲文在论及新旧河道问题时将此称为"巨文"。③ 鉴于该折大意未出冯桂芬之言，不再赘述。同治帝以"所奏颇为详尽"发布上谕，定议黄河改走新河道④，有关争论也随着一纸令下而逐渐平息。

三　李鸿章的海运思想：左右争论的重要力量

综观前述可知，恢复河运为争论双方共同关注的问题，只是实施路径存有根本不同。复故论者认为应令黄河归复故道，以全面恢复河运旧制，而改道论者则认为"今即能复故道，亦不能骤复河运，非河一南行，即可侥幸无事"。若仅就所陈，双方似各有道理，但是实际上改道论者的思量更为符合时局大势，这在其中坚人物李鸿章给友人的信中有颇为清晰透彻的阐述。

在给钱调甫的信中，他讲到由于时势变化，应以海运取代河运：

---

① 黄河档案馆藏：清1 黄河干流下，铜瓦厢决口改道后对恢复南河的奏议，清1-4-1，同治朝，第29~34页。
② 《清穆宗实录》卷349，第7册，第605页。
③ 韩仲文：《清末黄河改道之争议》，《中和》1942年10月。
④ 吴汝纶、章洪钧编《李肃毅公（鸿章）奏议》卷4《筹议黄运两河折》，光绪石印本，第94~105页。

鄙人亦岂欲废六百余年之河运？无如穷其力之所至，不过仅运江北十万石，于事奚裨，且通塞迟速，全听之天。国家经久大政，何得任其苟且侥幸耶？兵事最无把握，欲于无把握中求得二、三分，若河运则茫如捕风矣。咸丰庚申，洋务极为傲扰，是年海运亦能到仓，此后万一败坏，尚不至如庚申之棘。而论者，不揣事势，金以海运不可常恃，毫无依据，并为一谈。书生不知，而当轴亦不记忆，其省费省事更属判若天渊。中国明有大江大海之水，可以设法济运，乃必糜数千万财力与浊河争。前人智力短绌，后人仍乐于沿讹袭谬，不思今昔时事之殊，不其慎乎？盐、漕、河为三大政，盐为大利，漕河则耗大财而无大益，以列圣之经营，未有十年无失事者。不及此变计，恐将成元明末世河患与贼患相终始矣。近更添一外洋，江海各防毫未料理，乃亟治不可得之河，求济不可再复之漕。彼族每诮中国无人，其信然耶？执事明于时局，辄复纵论及之。①

在给王夔石的信中，他还结合时局谈了更深一层的考虑：

天忽令黄河北徙，使数百年积弊扫而空之，此乃国家之福。又欲逞其穿凿之智，于无事后求有事，不知从前办河漕时并无洋务。今洋务繁兴，急而且巨，盖不移办河办漕之财力精力以逐渐经营，为中华延数百年之命脉耶？②

从两封信不难看出，李鸿章认为，当务之急乃兴办洋务，"求强""求富"，传统的河漕事务劳民伤财，理应退出国家事务的中心位置。从当时的国内外大势来看，这一看法颇合实际，也具有较强的可操作性。其本人深度参与的洋务运动所取得的实际成效，比如造船业的发展，也于实际中增加了漕粮海运的可能性。后来铁路运输的兴起、市场的发育更令河运相形见绌。换句话说，河漕事务走向边缘乃大势所趋。但是不能据此把丁宝桢等主张复归故道之人统统归为因循守旧者。且不言复归故道派所论直、东水患之严重确为实情，以及复归故道有利于全面恢复漕运旧制也不乏实

---

① 《复钱调甫中丞》，吴汝纶编《李文忠公（鸿章）全集》卷13，第17~18页。
② 《复王夔石中丞》，吴汝纶编《李文忠公（鸿章）全集》卷13，第17~18页。

际，仅其思维逻辑就与清中期屡屡兴起的改道之说存有诸多相似之处。也就是说，在治河无良法，晚清更陷不治"怪圈"的大环境下，新旧河道争论中的畛域之见甚至以邻为壑，更多地反映出一种无奈以及思维惯性。

总而言之，这一时期有关新旧河道问题的争论牵动朝野，颇为激烈。一位英国人在对新旧河道做了一番考察之后，曾尝试对此发表意见，也从一个侧面反映出这一问题在当时广受关注。① 至于争论产生的原因，主要表现为双方对政局渐趋稳定后当如何恢复，甚至是否需要恢复河漕事务的判定存有歧异。即究竟是如复故论者所言，"东南各省元气渐复，库储亦逐渐增添"，应堵筑铜瓦厢口门恢复故道，还是像改道论者所说，"中原军务初平，库藏空虚，巨款难筹"，不能恢复故道。就当时大势而论，改道论的说法更为符合实际。另据彭泽益研究，太平天国战后，清廷的财政收支规模增大，收入有所增长，但是部库存银空虚的状况并未好转。② 也就是说，从经济的角度来看，改道论比复故论更具有现实基础。即便如此，改道论者所谈的，改走新道修筑两岸大堤"事半功倍"远远脱离实际，复故论者一再强调的新河道治理"事同创始"才为事实。至于是否需要恢复河漕旧制，则关涉晚清发展何去何从这一重大战略问题，李鸿章等人的判断比复故论者更具有现实可行性。

虽然争论得以平息，但是由于新河道治理事同创始，举步维艰，如何应对河患仍是摆在清廷面前的棘手问题。何况地方督抚尤其山东巡抚并不心甘情愿担此重任，仍在伺机推脱。因此，光绪十年（1884）前后，随着河患日重，新旧河道问题再次浮出水面，黄河在郑州发生的大规模决口南流事件又将其发酵升温，形成了新一轮大规模争论。

---

① 1868 年、1869 年两年，即同治七年与同治八年，英国商人内伊·埃利阿斯前往新旧河道进行了实地勘察，并就所见所闻对当时清廷内部的新旧河道之争发表了看法。他认为复归故道可以恢复河运发展商业贸易，但是考虑实际困难，还是改走新河道比较切合现实。参见 Ney Elias, "Notes of a Journey to the New Course of the Yellow River in 1868," *Proceedings of the Royal Geographical Society of London*, Vol. 14, No. 1（1869 – 1870），pp. 20 – 37, 以及 Ney Elias, "Subsequent Visit to the Old Bed of the Yellow River," *The Journal of the Royal Geographical Society of London*, Vol. 40（1870），pp. 21 – 32。

② 参见彭泽益《清代财政管理体制与收支结构》，《中国社会科学院研究生院学报》1990年第 2 期。

第四节　光绪年间应对河患之策与争论再起

光绪年间，由于黄河在新河道行水日久，河床淤垫严重，本就单薄的两岸堤埝愈显卑矮，漫溢决口频繁发生。大洪水之年，问题更为严重，广大黄泛区百姓"或逃山坎，或栖树梢，几于无路求生"①。在这种情况下，清廷不得不正视如何应对河患的问题，于是，分减河策、复归故道等主张纷现，新旧河道问题又起论争。

一　分减河之争

光绪八年（1882），黄河流域遭遇大洪水，由于下游新河道两岸"皆系民埝，本无官堤，遇险即溃"，灾难尤为深重。② 据山东巡抚任道镕奏报："本年黄水之大，实所仅见，凡滨河村落无不荡然，实属非常灾异。"③ 籍隶山东的京畿道监察御史孙纪云也奏陈："山东水患年甚一年。今岁自夏徂秋，水势更大，以致泺口上游屈律店等处连开四口，济南、武定两府，如历城、章丘、济阳、齐东、临邑、乐陵、惠民、阳信、商河、滨州、海丰、蒲台等州县多陷巨浸之中，人口死者不可胜计。"④ 翌年初春凌汛之时，"冰拥如山"，民埝漫决，致灾极为严重：

> 历城县境内之北泺口一带，泛滥二处。又赵家道口、刘家道口各漫溢一处。东纸坊滏沟等庄，亦均被淹。民间土房，间有坍塌，幸无损伤人口。又齐河县之李家岸，于十六日漫溢一处。长清县官庄一带，同时出槽。济阳承上游之水，分为二股，一入徒骇河，一由该县之舒家湾，冲开民埝，合流而至该县西南关厢。当经官民竭力抢护，乃二十、二十一等日，凌水续涨，异常浩瀚，复将东面城垣，冲塌二十六丈。其余西南角等处，亦甚岌岌。⑤

① 游百川：《察看黄河酌议办法疏》，盛康辑《皇朝经世文编续编》卷108，光绪二十三年刊本，第48~52页。
② 《清代黄河流域洪涝档案史料》，第712页。
③ 《清代黄河流域洪涝档案史料》，第717页。
④ 《清代黄河流域洪涝档案史料》，第715页。
⑤ 《再续行水金鉴》黄河卷《山东河工成案》，第1686页。

两岸百姓饱受洪水侵袭之苦，有的为了自保竟盗掘堤埝以邻为壑，这无疑是雪上加霜。比如"章丘县绣江河西岸居民，因公流汇注，积水难以疏消，时思毁齐东赵丰站一带之民堤，以泄水势"；"今因汛涨，章丘民纠众持械，潜赴上流，竟扒开张家林堤岸，水流东趋，一片汪洋。齐东县城身亦坍塌数十丈，城内水深二三丈"；"所决之口，不特齐东城乡多处受水，下游高苑、博兴、乐安等县，亦不无漫溢之灾"。① 面对新河道愈发频繁而严重的灾患，清廷内部议论纷纷，有人主张挑挖减河以分泄水势，也有人提出应分流南河故道等。在各方争论与博弈过程中，新旧河道问题再次浮出水面。

（一）分减马颊、徒骇两河的争论②

为切实采取应对之策，清廷派仓场侍郎游百川前往灾区进行实地勘察。游百川籍隶山东滨州，家乡遭受的深重灾难令其在感伤之余下定决心予以治理。经过实地勘察，他认为缓解水患可以采取"疏、堵、分"三策，其中以"分"为最优，即分减河。具体而言：

> 大清河与徒骇河最近处，莫如惠民县东南白龙湾地方，相距不过十里许，若由此处开通，筑一减水坝，分入徒骇河，其势较便。再设法疏通其间之沙河、支河、宽河、屯民等河，引入马颊、鬲津，分流入海，地道变盈而流谦，当不复虞其涨满。③

另一籍隶山东的官员给事中郑溥元也曾奏陈类似看法："现在淤垫日高，一值伏秋盛涨，每有冲决之患。为今之计，惟有将马颊、徒骇、钩盘、鬲津通海诸河道概行疏通，引水分溜，以泄其势。"④ 此论得到了山东巡抚的大力支持，但是反对之声也颇为强烈，甚至遭到光绪帝的质疑。上谕中这样讲道："徒骇、马颊、鬲津各河，地连畿辅，旧迹渐就湮废，

---

① 《清代黄河流域洪涝档案史料》，第723页。
② 马颊河干流起自河南省濮阳市金堤闸，流经河南清丰、南乐，河北大名、庆云，山东莘县、冠县、东昌府、茌平、临清、高唐、夏津、平原、德州、陵县、临邑、乐陵，跨三省17个县市区，于无棣县入渤海。徒骇河基本在山东境内，流经莘县、阳谷、东昌府、茌平、高唐、禹城、齐河、临邑、济阳、商河、惠民、滨州、沾化等14个县市区，于沾化县暴风站入渤海，成梳状水系。
③ 游百川：《察看黄河酌议办法疏》，盛康辑《皇朝经世文编续编》卷108，第48~52页。
④ 《清德宗实录》卷155，第3册，第190页。

疏通已甚为难，如竟勉力兴办，引入各河，正恐东省未必得其利，而畿疆重地，已先受其害，殊非善策。"① 不过为慎重起见，命户部、工部共同筹商是否可行。就在这时，籍隶山东的御史吴峋上奏表达了不同意见：

> 北岸之徒骇、马颊二河，但可勿开，总宜停辍。如必需开挑，既与庆云等县接壤，亦应由直隶地方官详细查看，方为有备无患。可否请旨饬下直隶总督，派员前往徒骇、马颊上下游，遍行履勘。如开挑后，津南数县，及天津海口，确无妨碍，奏明始可动工。②

给事中邓承修则大加批驳，并请将游百川诏回：

> 游百川自去冬察看黄河，迄今半载有余。其于疏浚之法，毫无把握，惟力持分水之说，欲开徒骇、马颊，导河北行。夫河水所经，赖堤为束，若现行河道已筑长堤，又复分束两河，引之北行，则挖土修堤，劳费必加数倍。国帑几何？民力几何？且游百川籍隶滨州，其执意欲开马颊北入畿辅，由马颊去滨州稍远。是不独一己之私，直欲以邻国为壑也。朝廷若不加察，遽令兴修，糜费劳民，后悔无及。③

光绪帝本就对分减河策存有疑虑，再听闻如此反对意见，当更难以赞同，不过他把问题抛给了直隶总督李鸿章，"马颊一河，距黄流尚远，且经过直隶地方，于民生利害，关系甚重。着李鸿章、游百川、陈士杰会同悉心酌度，妥议具奏"。④ 从清帝以及众臣的反对意见来看，一个重要担心为开减两河可能危及京畿，这也确非危言耸听。因为马颊、徒骇两条河流均在黄河以北，尤其马颊河临近直隶，开减此河如有不慎就可能形成新的黄泛区，甚至危及京畿。徒骇河又因距离新河道非常之近，经常被漫溢而出的黄水灌注，开与不开没有实际意义。由此不难想见，直隶总督李鸿章赞同这一主张的可能几乎没有，何况从前述已知，他认为应因应时势调整发展战略，大力发展洋务运动，不能再把精力用到河

---

① 《清德宗实录》卷161，第3册，第258~259页。
② 《再续行水金鉴》黄河卷《吴侍郎奏稿》，第1700页。
③ 民国《山东通志》卷122《河防·黄河》，第34页。
④ 《清德宗实录》卷168，第3册，第345页。

漕事务之上。不久，受命筹商的三人合上奏折，表示"暂缓开引"马颊一河，不过其中对双方筹商过程的梳理说明曾有不少争议。比如，李鸿章认为"若分黄流入马颊，而趋直境，万一就下势顺，人力难施，大溜北注，而引河不能容纳，恐波及近畿一带，为患更甚，似应斟酌变通，从长计议"；还提到"臣百川、臣士杰复称，东省拟开马颊河，因目睹黄流泛滥，灾黎困苦情形，出于万不得已。今既恐近畿一带，有波及之虞，定议不必开引，自应由直主稿会奏"。①

此后，游百川被调回京，陈士杰则遵照清廷意见着手修筑辖区新河道两岸官堤。不过，家乡的深重灾难以及浓郁的桑梓情怀促使游百川再上奏折，重提分减河的论说。大致如下：

> 今所拟堤工之高厚，远逊上游之堤。且长千有余里，节节防汛，既恐难周，新筑之土，未经垫实，一旦黄流涨发，堤溃水溢，诚难保其必无。此可虑者一也。议筑长堤以去河三四百丈或五百丈为准，斟酌情形，不得不然。然距河四五百丈，其间城郭、村镇、人民、庐舍不可胜计，举而置之堤外，闾阎愁苦，各抱隐忧。当水涨之时，往往风雨晦冥，不及逃避，一经被水，则身家性命，悉付波臣，纵劝之他徙，而扶老携幼，情势万难，且谓抛家舍业，终将流为乞丐。此次历城各属灾民，虽用船拯救，多苦守不肯他离者。此可虑者二也。堤外之民，身陷水中，情急则思掘堤泄水，虽有守者坚防，而掘者益力。民情各顾其私，甚至激成械斗，如章丘、齐东、青城、惠民，皆有戕伤重案，又近事之显然可指者。此可虑者三也。总之，水不侵及堤边，则堤为虚设，水如侵堤，则堤又未必果能抵御。以有用之金钱，置之无用，实觉可惜……从黄河北岸，坚筑滚水坝两座，分减黄水引入徒骇、马颊两河，则水患可息。②

---

① 《再续行水金鉴》黄河卷《李文忠公全书》，第 1722 页。

② 游百川：《河患非开河减水别无良图疏》，盛康辑《皇朝经世文编续编》卷 108，第 61～64 页。就此发表意见的还有另一籍隶山东的官员王懿荣。他认为"马颊一河，首尾皆在山东地面，其中虽经庆云县界，约不过二十里，以下仍由海丰县月河口入海，去直隶五河尚有百余里，或数百里之遥，即使横冲旁溢，所距尚远，且与徒骇均在下流，岂有遽入直沽之理"，遂请速开马颊河以分减黄流。详见刘承翰辑《王文敏公（懿荣）遗集》卷 2《请速开马颊分减黄流以弭东患而卫畿辅疏》，民国 12 年刊本，第 11～16 页。

不难看出，游百川再谈分减河策的原因，除了应对水患，还有对官修大堤所存诸多问题的顾虑。对此主张，清廷命直隶、山东两地督抚派人前往实地勘察，以定议是否可行。后经多方商讨，天津海关道周馥与熟悉河工之候补知府吴士湘成为最佳人选。在这两人之中，周馥的身份尤其值得关注。他籍隶安徽，早年参加淮军，一直追随李鸿章，颇受倚重，在被提拔的为数不多的幕客中，曾任官山东巡抚。如此，派他们前去勘察，结果可以想见。

二人经过实地勘察认为"不可开引黄流入马颊河"，并细述七条理由，大致如下：

> 若欲改河北行，贻害甚广，御之不暇，奈何引之，此不可者一。
>
> 将此九河（徒骇等）东去之路尽行堵塞，挽使北趋，窃恐天生地脉非可以人力乱之，汛涨涌至，依旧冲决，此不可者二。
>
> 今分黄入马颊斜行六百三里，即新增两岸堤工一千二百余里，官守民守均苦无力。是使六百三里向不被水之区，皆无完土，此不可者三。
>
> 若以徒骇、马颊一再分减，而视拦水之遥堤为缓图，则下游必更停淤。下壅上溃，恐长清以上益多漫溢，此不可者四。
>
> 新占民田六万余亩，小民已苦失业，且有五百七十六村，三万九千余户，又坟墓三万一千七百余冢，从何迁徙，此不可者五。
>
> 京畿根本重地，极宜慎重，此不可者六。
>
> 当兹时事艰难，重耗巨款，兴此无益有害之工，殊属非计，此不可者七。
>
> 自开引之说起，直东沿河州县绅民或在臣处，或在委员经过时纷纷递呈吁求免办，情辞迫切。地势既不相宜，民情又复不顺，工费无出，后患难防，自以不开为便。①

从所陈来看，周馥和吴士湘反对开减马颊河主要基于工程本身存有诸多困难，以及京畿重地可能会受到牵连，几乎未涉及这一办法出现的缘由，即

---

① 周馥：《秋浦周尚书（玉山）全集·奏稿》卷5《代李忠公拟议复马颊河不宜开折》，第9～13页。

如何缓解山东水患的问题。李鸿章将此呈奏，光绪帝顺水推舟，既然"地势民情，均属不便，即着毋庸置议"。① 众臣围绕可否开减马颊河的论争就此作罢。

或许通过开减马颊河一事，陈士杰对辖区河患以及分减河策有了更为深刻的认识，他没有像游百川那样据理力争，而是根据受灾情况调整治河减灾策略，包括修筑下游两岸官堤，以及放弃开减徒骇河一事。在奏折中，他讲道："现在马颊河分水，既作罢论，徒骇河一片汪洋，一时亦难以动工。"② 此后，随着两岸大堤修建完工，分减徒骇河之事不了了之。

综观分减马颊、徒骇两河论争的前前后后，虽然异常深重的灾难引起了清廷的关注，并派游百川前往勘察，但是究竟当如何应对并无良策，对于众臣所提分减河策又因其可能危及直隶及京畿重地不容尝试。甚至可以说，在清廷眼中，黄河水患乃山东一隅之灾，无关大计，不必过于担忧。

（二）分流南河故道之争

光绪十年（1884）五月，陈士杰终于将下游两岸大堤修筑完竣，可是受经费短缺、技术不足以及官员贪腐等因素影响，所修堤岸质量远远不及以往南河与东河大堤，如此，缓解灾难的效果也非常有限。据负责督察山东治河工程事宜的漕运总督吴元炳奏报：

> 山东近年屡遭河患，今年水灾倍于寻常。南则小清河、坝河，北则徒骇河支河，凡黄流溃决漫溢所波及者，纵横约各数百里，被水各庄树木屋庐倾倒，衣物粮食淹没。其顶冲当溜之村，值洪流奔腾之候，人口逃救不及，多有随波漂没，全村数十家数百家悉被漂流冲塌，无一存者。臣查勘河工，先赴上游，沿河北岸遥堤西行，自历城、长清、肥城、平阴、东阿至张秋镇遥堤尽处，见野树稀疏，村聚为墟，遍地皆水，惟一堤可通，过缺口处，须坐小舟绕看。随复乘舟转由黄河顺流东下，见河上两岸冲塌民田、民庐不可数计。旋赴下游，仍循河北岸遥堤东行，自历城、济阳、惠民、滨州、利津，直抵铁门关，见遥堤以北水势甚宽。近省百余里之水，向系历城决口所漫入，余水皆齐河县决口之黄流窜入徒骇溢出者，下抵海滩，北至直隶

---

① 《清德宗实录》卷181，第3册，第529页。
② 《再续行水金鉴》黄河卷《陈侍郎奏稿》，第1724页。

交界之沙河而止，弥漫沉沦，渺无际涯。被涝灾民困饿中流，多以小艇捞取什物于巨浸之间，风狂浪涌，倾复可虞。继自铁门关渡黄，转循河南岸利津、蒲台、滨州、青城、齐东、章丘、历城各县遥堤、缕堤，辗转回省。凡两岸遥堤内外，清黄泛溢数百里，小民荡析离居，呼饥号寒，无所栖止，昏垫之惨，不堪触目。所过道中……灾黎呼吁不已，言今岁水来太早，为日久长……①

由于水患并未得到多大程度的缓解，清廷朝野仍比较关注。太仆寺少卿延茂重拾复故论，认为"今河患日深，不得不亟筹变计，与其日掷金钱于洪涛巨浪之中，终无实效，何如挽复淮徐故道，尚有成规也"。② 翰林院编修胡湘林的看法大致相似，也认为"河工关系漕运，惟有规复南河故道，可纾直东水患，并利南省漕行"。③ 御史黄煦与翰林院侍讲学士恽彦彬则持"减水之说"。④ 工部尚书昆冈等人虽然没有明确提出应对之法，但是督促"山东巡抚从长筹议，勿拘一说，总以有益民生为主"。⑤ 当然，众说纷纭之中最感头疼者是山东巡抚。自改道以来，他曾三番五次提出应复归故道，亦曾力持分减马颊、徒骇之策，但是或遭遇否决，或不了了之。即便如此，作为一方疆吏，他仍须面对水患，寻求解决之途，此时他也将目光投向了南河故道，不过主张分流而非全河归复。其法大致为："黄流若从铜瓦厢东南分行，以江南山东向容全黄之河身，各分黄流之半，水不出槽，防守自易，此为上策。""查潘季驯、靳辅治河诸书云，非遥堤无以障其狂，非减水不能平其怒。且云若无减水坝涵洞，虽有遥堤，水从民埝灌入，洼下之处，受水必猛，仍不足恃。是分水与大堤，相辅而行，缺一不可。"⑥ 面对众声喧哗，光绪帝也意识到"东省黄河，频年为患，民不聊生，亟须筹一经久之策，以卫闾阎"，⑦ 遂派广西巡抚张曜前往山东，进行实地勘察。

---

① 《清代黄河流域洪涝档案史料》，第730页。
② 廷茂：《筹挽黄河分流故道疏》，盛康辑《皇朝经世文编续编》卷108，第72~73页。
③ 《清德宗实录》卷220，第3册，第1084页。
④ 《再续行水金鉴》黄河卷《谕折汇存》，第1937页。
⑤ 沈桐生辑《光绪政要》卷12《工部尚书昆冈等奏复黄河办法》，宣统元年石印本，第11~14页。
⑥ 《再续行水金鉴》黄河卷《陈侍郎奏稿》，第1909页。
⑦ 《再续行水金鉴》黄河卷《清德宗实录》，第1938页。

　　到达山东之后，张曜对南北新旧河道进行了一番勘察并提出，"开通黄河故道，引河南行，诚足救山东河患之急"，具体而言，"全河挽归故道，势实难行，减水分入南河，事尚可办"，"综计南河上下游形势，若分流十分之三足以容纳"。① 毫无疑问，这一对策须挑挖黄河故道，牵涉尤多。因此，光绪帝命张曜与两江总督曾国荃、江苏巡抚崧骏、东河总督成孚、河南巡抚边宝泉、山东巡抚陈士杰等人"悉心妥议"，"其中有无窒碍"，"俾得有利无害，以重河务而卫民生"。② 即《申报》所报道："分新黄河之水，由兰仪泄归旧黄河故道，以杀其流，则交江督、漕督、豫抚、东抚、河督等妥议，以定行止。"③ 可是各方筹议迟迟没有结果。迨游百川上奏力请"仍将该抚所奏，分黄流十分之三入南河故道，命各督抚查明原折，细加体察实在情形"之时，光绪帝再发谕旨强调"东省数十州县，民不聊生，宵旰焦劳，殷忧倍切。该督抚等，皆国家倚任大臣，当为朝廷分忧，为斯民捍患，不分畛域，力任其艰，断不准因目前受害仅在山东，遂任听属员等卸责之词，置之度外"，并敦促"曾国荃等迅速会商，限于一月内复奏"。④ 由此不难想见，筹商各方围绕可否分流南河故道的问题发生了纷争。

　　先是东河总督成孚与河南巡抚边宝泉联名上奏，反对张曜所提分流南河故道的主张。其言大致如下：

　　　　查黄河北徙，已历三十余年，今以数十丈之分河，而欲导之分流南行，恐喷水之性未必即受约束。黄河挟沙而行，溜缓则淤，急则亦淤，假使引河挖成，万一掣动全溜，建瓴而下，则下游之受害，又何堪设想！黄河两岸靠堤筑坝，仅就上游尚且溃塌，往往无所底止。今拦河建立闸坝，即使土性坚凝，修筑稳固，而河流奔腾，无坚弗破，一经撞击，难免塌陷。水中既无从施工，而石质横梗于中，河势愈激愈怒，又不知作何变态。豫省沿河一带，本属土性沙松，而干河口门，旧日河溜经行之处，或系层淤层沙，挑挖深至数丈。以下既系沙

---

① 沈桐生辑《光绪政要》卷12《广西巡抚调补山东巡抚张曜奏查勘黄河情形并酌议办法事宜》，第8～11页。
② 《清德宗实录》卷227，第4册，第61页。
③ 《申报》1886年6月14日，第9版。
④ 《再续行水金鉴》黄河卷《山东河工成案》，第1969页。

水相间，人夫不能站立，建筑闸坝，即无可凭之基，事难规始，何以
图终。下游堤岸残缺卑薄，应修段落过多，河道淤浅沙积，应挑堤段
甚长，滩内民田庐舍，地近河身，必须设法迁移……万一全河奔腾下
注，区区闸坝，势难抵御狂澜，未有不溃决而塌陷者。是名为三分，
实不可不作十分准备。①

两江总督曾国荃则联合江苏巡抚崧骏、漕运总督卢士杰一同上奏表示
反对。所述理由大致如下：

> 查江北淮徐海三府州，旧河共长九百余里，黄流北徙三十余
> 年，杨庄以上，沙积淤填，高低不一，除屯田而外，间有穷民耕
> 植，间有积潦之区，旧设志桩无存，难以考证。然淤垫已久，无复
> 河形，众论佥同，一望可见。杨庄以下，虽有疏浚小河，既狭且
> 浅，且为大汛分泄，中运河沂泗来源，冬春水涸既成平陆。云梯关
> 以下至海口之外，沙淤愈远，且被海潮顶冲，沙性坚结，此旧河湮
> 废之大概情形也。南岸旧堤，共长十六万六百余丈，北岸旧堤，共
> 长十四万四千二百余丈，失修三十余年，溃塌单薄，残缺不堪，间
> 有外虽可观，而獾鼠窟穴，根脚空虚。加以军兴之时，僧格林沁饬
> 将丰县、砀山境内切去坦坡，以御捻匪，以及民间堤防，就堤筑
> 圩，锯断堤身，所在多有，兵夫堡房，偶存基址，土牛护柳毁折
> 殆尽。
>
> 然使铜瓦厢果能分流，豫省旧河果能顺流南下，江北属在下游，
> 无论如何为难，自当预为查估。今豫省既已难行，江北自无须议
> 办……黄河以十分之水注于东省，漕船犹须候汛以渡，今以三分入南
> 河，窃恐伏秋为灾则有余，春令济漕则不足矣。②。

面对来自各方的反对，时已调任山东巡抚的张曜——进行了驳斥，真
可谓针锋相对、锋芒毕露：

---

① 成孚：《复陈黄河分流诸多窒碍疏》，王延熙、王树敏辑《皇朝道咸同光奏议》卷60下，
　光绪二十八年石印本，第4～5页。
② 萧荣爵辑《曾忠襄公奏议》卷26《查勘江北旧黄河情形》，光绪二十九年刊本，第46～
　49页。

　　该督臣原咨内称，干河老滩以上居民，迁移非易，是该司道委员未见山东沿河居民被灾之情形也。……原咨称江南杨庄以下，小河浅狭难容，云梯关入海之处，淤沙坚结，是该司道委员未悉山东近年海口之浅阻也。……原咨内称堤身多已残缺铲断，各处地是人非，不能责民修补，普律增培，工程太费，是该司道委员未见山东堤埝之卑薄也。……原咨内称兰仪干河口，沙滩高至二三丈，挑挖引河，诚难逆料等语。查干河积沙，高处计有十里，以下皆平洼河滩，并非全河如此。原咨内称兰仪河口地方，建造带闸石坝，七八尺以下水沙相间，恐难立坝基等语。尝见长江地方，多有傍岸水中，排立桩木，上造层楼者，今干河口建造闸坝，自应排钉桩木，筑立基址。该处地近山东，此项闸坝工程，即归于东省办理。原咨内称分流缓则停淤，急则掣溜，且恐不止三分等语。查河口既有闸坝，启闭在人多寡有数，断无掣溜之患。……臣恐东省河淤日高，水势就下，非北趋直隶，则南循故道，为害何可胜言。修理南河一事，不但为山东计，兼为江豫计，尤为畿辅计也。①

接连几个"原咨内称"把张曜急迫愤懑的心情表达得可谓淋漓尽致。

　　从各方所陈来看，就像前述分减马颊、徒骇两河遇到的问题一样，反对者主要从挑挖黄河故道可能面临的诸多困难出发，几未涉及分流南河故道之法出现的根由，即如何应对山东水患以及新河道治理问题。面对争锋辩难之局面，光绪帝命军机大臣会同户部及醇亲王奕譞等人筹商，这也是继同治十二年（1873）以来清廷内部又一次较大规模的讨论。但不同的是，通过讨论，诸位王公大臣认为双方均有失公允，"查该抚分流之议，盖急求纾难，而于建闸之窒碍，不暇详审。曾国荃等又但就本地工程立说，而于东省河患之如何救全，未经筹及，皆未免偏而不举"，应"饬下各该督抚，互就原折疏漏之处，再加详审。务合全局通筹，勿为有病无药之谈，亟求穷变通久之策"。② 综观前述各方所陈，确实如是分析，只是命各方重新商讨等于把问题踢了回去，可否分流南河故道，山东河患当如何应对等问题的解决仍遥遥无期。

---

① 《再续行水金鉴》黄河卷《谕折汇存》，第 1981～1982 页。
② 《再续行水金鉴》黄河卷《山东河工成案》，第 1987 页。

或许清廷各打五十大板的处理意见让争论双方各有思量，随后他们的态度均发生了微妙变化。翌年二月，成孚与边宝泉二人上奏表示，"将三省勘估情形，审地势之高下，察水性之顺逆，度工程之难易，核经费之多寡，彼此两两相衡，权其利害轻重，从长定议"。① 据张曜奏报，其与成孚、卢士杰等人的筹商也大致有了结果："所有黄河故道各项工程，已经成孚、卢士杰督同江南、河南各委员逐一勘估。其工程有可分年办理者，有须一气呵成者，各项办法，连日筹商，意见相同。尚须与两江督臣曾国荃、江苏抚臣崧骏、河南抚臣边宝泉再加筹计，即可会衔详细具奏。"② 与此同时，成孚与卢士杰二人也上奏表示，"工程艰巨，经费浩繁，深恐难期速效，第事关大局，总当勉力图维"。③ 明显可见，本来持反对意见的成孚、卢士杰、边宝泉等人态度和缓了许多，没有再明确表示反对。这似乎预示着分流南河故道以缓解山东河患的办法具有了实践的可能，可是就在这时，黄河在铜瓦厢以上之郑州发生了更大规模的决口。由于决口后全河南流，事态随之发生了逆转，刚刚缓和下来的争论骤然升温。

二　郑州决口：新旧河道之争的最后事机

光绪十三年（1887）八月十三日，河南郑州段黄河水"漫过堤顶"，时"值西北风大作，水乘风势，湍悍更甚，遂致大溜全掣，口门现宽三百余丈，迤下河身渐见消涸"。④ 此为铜瓦厢改道以来最为严重的一次决口，致灾极为深重。由于郑州位处铜瓦厢之上，决口又发生在南岸，所以铜瓦厢口门以下河南、直隶、山东段河道断流。

如此大规模的黄河决口事件引起了朝野上下的广泛关注。江苏布政使朱之臻回忆："河决汴之郑州，夺涡夺淮骎骎入江，议者纷起，其说不一。"⑤ 该年九月的一份上谕对此纷争情形也有描述如下：

> 一月以来，纷纷建议。翁同龢、潘祖荫奏称，今之决口，由贾鲁河入淮，直注洪泽湖，北高南下，断不能入黄河故道，山东之患，仍

---

① 中国第一历史档案馆编《光绪朝朱批奏折》第98辑，中华书局，1995，第314页。
② 《光绪朝朱批奏折》第98辑，第355页。
③ 《光绪朝朱批奏折》第98辑，第362页。
④ 《清代黄河流域洪涝档案史料》，第759页。
⑤ 朱之臻：《常惺惺斋文集》卷上《大河改道南趋议》，民国9年刊本，第6~10页。

不能弭。是以故道为必不可复。御史赵增荣折则称，仍复山东故道，
应在牡蛎口建筑长堤，逼水攻沙，庶海口不浚自辟。是亦以南流为不
可行。阎敬铭奏称，曾国荃等现已开挖成子河、碎石河，引黄水出杨
庄故道，应再将虞城至徐州五六百里旧河身，一律挑浚。其说以复故
道为主。御史刘恩溥折，大意略同。①

　　就笔者查阅所及，对此发表看法的还有工部尚书昆冈②，御史黄焌③，
翰林院侍讲学士龙湛霖④，甘肃总兵罗辅臣⑤，都察院左都御史臣宗室松
森⑥，河南道监察御史臣刘纶襄⑦，时贤朱采⑧、童宝善⑨、王懿荣⑩、朱
之臻⑪、郭嵩焘⑫等。不仅如此，西人也给予密切关注。比如：决口发生
的消息传到英国后，《利兹信使周刊》⑬《电讯晚报》⑭《迪斯快报》⑮等各
大报刊纷纷报道，内容涉及决口造成的灾难、清廷的赈济以及堵口工程等
情况。再如：基于对决口形势的了解，西人发表评论，认为"由于水流很
强，采取人工堵口的措施几乎没有实际意义，如果一直这样下去，整个工
程将持续很长时间"；⑯由高粱、秸秆混合泥土制成的埽坝坚韧度太差；⑰

①　《清德宗实录》卷 247，第 4 册，第 327 页。
②　沈桐生辑《光绪政要》卷 12《工部尚书昆冈等奏复黄河办法》，第 11～14 页。
③　《再续行水金鉴》黄河卷《谕折汇存》，第 1937 页。
④　《再续行水金鉴》黄河卷《山东河工成案》，第 2077 页。
⑤　黄河档案馆藏：清 1 黄河干流下，铜瓦厢决口改道后对恢复南河的奏议，光绪朝。
⑥　黄河档案馆藏：清 1 黄河干流下，铜瓦厢决口改道后对恢复南河的奏议，光绪朝。
⑦　《再续行水金鉴》黄河卷《谕折汇存》，第 2145 页。
⑧　朱采：《清芬阁集》卷 2，第 8～19 页。
⑨　童宝善：《治河议上》，葛士濬辑《皇朝经世文续编》卷 91，第 11～14 页。
⑩　王懿荣：《王文敏公遗集》卷 2，第 12～15 页。
⑪　朱之臻：《常慊慊斋文集》卷上，第 6～10 页。
⑫　郭嵩焘：《养知书屋诗文集》文集卷 28，第 3～6 页。
⑬　"The Yellow River Inundations," *The Leeds Mercury*, Jan. 13, 1888.
⑭　"The Yellow River Inundations in China," *The Evening Telegraph*, Mar. 7, 1888.
⑮　"Appalling Disaster in China," *The Diss Express and Norfolk and Suffolk Journal*, Dec. 30, 1887.
⑯　"A Letter from China," *The Bath Chronicle*, Aug. 22, 1889.
⑰　"Extract of the Accounts of Captain P. G. Van Schermbeek and Mr. A. Visser, Relating Their Travels in China and the Results of Their Inquiry into the State of the Yellow River," *Memorandum Relative to the Improvement of the Hwang-ho or Yellow River in North-China*, The Hague Martinus Nijhoff, 1891, pp. 68－103.

甚至尝试介入治河，以渗透技术与资本，扩大殖民权益。① 真可谓牵动朝野中外，轰动一时。

毫无疑问，黄河决口全河南流对于山东巡抚等原持分减南河故道之说者来说可谓天赐良机。因此，在众声喧哗中，张曜一改之前的分流说，转而请求"乘此机会，赶将铜瓦厢口门堵合，约费不过十余万金，合挑滩修堤工程计之，所省经费不下一千余万。是引河南行，当在此时筹计者也"。② 原持反对意见的成孚等人也意识到这次决口意义非常，遂一改与张曜筹议时的和缓态度，转而主张"暂行缓议挽归故道"。③ 新旧河道之争在一个更大的范围内展开，决口堵还是不堵成为双方争论的焦点。

决口发生后，清廷既顾虑江皖受灾，财赋之区受损，也担心"黄河经流颖亳等处"，"游勇土匪勾结为患"，④ 因此，"明旨电谕，三令五申"，⑤ "目前无论情形如何，总以速筹堵口为要策"。⑥ 对于决口后迅即出现的纷争局面，以及铜瓦厢口门以下河道如何处理等问题，另连发谕旨如下：

> 黄流或南或北，关系均极重大。若必挽归南行故道，曾国荃等前已筹议至再，深恐事艰工巨，糜帑无成。若仍听其北流，近年积淤日高，将来害及畿辅，其患亦不可不防。着李鸿藻于查办决口之便，黄水现在情形，究竟宜南宜北，会同众说，权其利害轻重，详晰具奏。⑦
>
> 河南郑州决口，全溜南注，直东两省河患，可以暂纾。然故道一时难复，将来该口堵合之后，河流依旧北趋。除已谕张曜将应修各工及时赶办外，着李鸿章督饬河工员弁，趁此湍流骤减，易于施工，将东明、长垣、开州一带河身及时挑浚，并将两岸堤埝，加筑坚厚，以防后患。⑧

综合清廷前前后后发布的旨令不难看出，虽然命李鸿藻利用查办决口之便，对黄河"宜南宜北"发表意见，但是堵筑郑州口门之意比较坚决，如

---

① "The Floods of China," *The Banbury Advertiser*, Apr. 5, 1888.
② 《光绪朝朱批奏折》第 98 辑，第 426 页。
③ 《再续行水金鉴》黄河卷《清德宗实录》，第 2034 页。
④ 《清德宗实录》卷 246，第 4 册，第 310 页。
⑤ 朱寿朋编《光绪朝东华录》，中华书局，1958，总第 2476 页。
⑥ 《清德宗实录》卷 246，第 4 册，第 312 页。
⑦ 《清德宗实录》卷 247，第 4 册，第 327～328 页。
⑧ 《清德宗实录》卷 247，第 4 册，第 320～321 页。

此则趁机复归故道没有可能。此后事态的发展也证明了这一点。

经过实地勘察，李鸿藻、李鹤年二人认为黄河宜趁机归复故道，然而此言一出，光绪帝反应颇为强烈，对二李严加批驳：

> （归复故道）费巨工繁，又当郑州决口，部库骤去数百万之现款，此后筹拨，甚形竭蹶，断难于漫口未堵之先，同时并举，克期集事。该尚书等此奏，于故道之宜复，但止空论其理，语简意疏。其一切利害之重轻，地势之高下，工用之浩大，时日之迫促，并未全局通筹，缕晰奏复。如此大事，朝廷安能据此寥寥数语，定计决疑。此时万分吃紧，惟在郑工之速求堵合，故道一议，只可暂作缓图。

接着又派曾国荃、卢士杰、崧骏等人重新勘估"南河旧道，现在如何情形，工程能否速办，经费能否立筹，有无窒碍"，"迅速估定复奏，候旨遵行"。①二李本受皇命前往勘察河道，对其结论，光绪帝理应有思想准备，可是不但没有采纳二李的意见，还大加批驳，更为出人意料的是，又迅速派出一直持改道论的曾国荃、卢士杰等人复勘故道。这当在很大程度上意味着，清帝根本不同意黄河趁此复归故道的主张，曾、卢等人的复勘结果也当不言自明。

决口之初，两江总督曾国荃曾积极挑挖引河以分泄水溜，这或多或少给人以迷惑，阎敬铭甚至据此认为"其说以复故道为主"。②对于此举，他本人则称纯粹是为了减轻辖区灾难，实际上"惟冀郑州早日合龙，则里下河百万生灵，仰托圣天子洪福如天，免昏垫而登衽席，则大局幸甚"。③因此，当得知二李的勘察结论遭遇否决，自己又被委重新勘察故道的消息时，他喜出望外，立即停下手中事务，前往故道河干。经过一番勘察，曾国荃呈上了一份很长的奏折。该折开头看似模棱两可，"安徽、江苏之民，与直隶、山东之民，皆是朝廷赤子，深宫俱切疴瘝之念，臣等何敢稍存畛域之心，但求于民有益，趋北可，趋南亦可"，但是接着笔锋一转，道出了内心真意，"就国计而论，趋南与趋北，不能等量齐观"，"山东修治河工，已著成效，来年黄溜仍前由大清河入海，东省可不致受灾。即使积雨

---

① 《再续行水金鉴》黄河卷《清德宗实录》，第 2076 页。
② 《再续行水金鉴》黄河卷《清德宗实录》，第 2042 页。
③ 萧荣爵辑《曾忠襄公奏议》卷 28《开浚下河情形疏》，第 26~28 页。

成潦，受患亦当轻减，于国计无甚大损。若东南则不然，皖北各属，皆产米之区，姑勿具论，劫后江苏只存里下河一隅，尚称完善，盐米两大宗，岁入课厘不下三四百万两，其供于官者如斯，其入于民者，何啻倍蓰"。除此之外，规复南河需费甚巨，"豫省约估规复故道工程，以堵筑铜瓦厢合龙大工为巨，修堤挖河次之，约共估需银二千二百万余两。今铜瓦厢情形，与前迥乎不同，删除堵口巨款，专就修堤挖河计之，亦需银七百余万两，加以江苏约估工需银七百余万两，通共需银一千四百余万两。当此经费支绌，一时何能筹此巨万款银？""况山东已蒙特拨巨帑，筑堤浚河。臣等接山东抚臣张曜抄奏咨会，王家圈口门业已堵合，堤堰工程，按照上年奏定丈尺，修培完竣。"① 不难看出，曾国荃虽然措辞委婉，没有明确反对复归故道之说，但是他花大量笔墨论述山东与江苏不能等量齐观，复归故道所需经费难以筹措等问题，已将意见表达得非常明确。由于查阅所及，未能得知这份奏折上呈之后光绪帝的态度以及当时来自各方的反应，但从最初改派曾国荃复勘河以及此后事态的发展可以推知，此说当顺应当时的争论形势。

就在朝野上下议论纷纷之时，清廷谕命全力以赴筹集堵筑决口之需，各省捐输，挪借洋务款项，举借外债，截留厘金税，等等，可谓下了血本。这也在很大程度上预示着，决口堵筑之日，亦是争论平息之时。虽然郑州决口的堵筑工程颇费周折，② 一位西人在灾区考察时听百姓讲述的相关故事也令人毛骨悚然，③ 但是口门最终得以堵筑完竣。随着黄河移归山东河道，牵动朝野的新旧河道之争逐渐平息。

---

① 萧荣爵辑《曾忠襄公奏议》卷28《筹议黄河故道要工疏》，第32~38页。

② 参见申学锋的《光绪十三至十四年黄河郑州决口堵筑工程述略》（《历史档案》2003年第1期）、张徐乐的《晚清郑工借款考论》（《史学月刊》2003年第12期）、朱浒的《地方社会与国家的跨地方互补——光绪十三年黄河郑州决口与晚清义赈的新发展》（《史学月刊》2007年第2期）。

③ 据说，一天夜里，一块巨大的浮冰沿河而下，恰好卡在口门处，负责堵口工程的官员得知这一消息，立即采取行动，许诺给予身在河干的50万夫役高报酬，以激励他们倾尽所能往浮冰上堆放物料，直到口门被堵上为止。令人恐怖的是，那天晚上死了很多人！由于根据堆向口门的物料数量来计算报酬，很多夫役不顾一切地将运货车、动物、芦苇、泥土以及木棍等所有能够抓到的东西统统扔向口门处，甚至连活人也被当作物料扔了过去。不过当地人认为，这是天意，也就是说如果没有那块巨大的浮冰，或许口门现在还未堵合。"A Letter From China," *The Bath Chronicle*, Aug. 22, 1889.

　　总而言之，这一时期的争论起自山东新河道日趋严重的河患，又在郑州决口后大幅升级。以山东巡抚以及仓场侍郎游百川为首的复故派，从亟治山东河患出发，先后提出了分减河、复归故道等主张，但是遭到了直隶总督、两江总督、东河总督等人的强烈反对。观其列出的一揽子反对理由，比如京畿重地不容危及，江皖乃国家财赋之区非山东能及等，虽然不乏全局意识，但均不容辩驳地将山东一省置于牺牲者的位置，畛域之见也非常明显。综合清廷前前后后的举措来看，虽为缓解水患派张曜前往山东勘察以求"经久之策"，但是所言"经久之策"应指永久地治理山东新河道的措施，至于新旧河道问题，根本不在考虑范围之内。从同治后期的争论情况已知，随着时局变化，李鸿章等人"求强、求富"发展洋务的思想越来越在事实上成为晚清时期的发展导向，他们也为此不断地做着各种努力。也就是说，这一时期清廷仍不可能在河务问题上花费多少心思，包括无暇思量诸多官吏在奏报中所强调的，山东河患日甚一日的原因在于"多年不遇的大洪水"这样显见的问题。与以前的几轮争论类似，政治局势左右了争论的结果。

小　结

　　综观清廷内部围绕新旧河道问题展开的长期争论，表面为改道论与复故论两种观点的交锋，实际上夹杂着中央与地方、地方与地方以及地方内部的各种矛盾与利益纷争，具体讨论的问题也颇为繁杂。至于争论的结果，看似每每都是改道派取得胜利，实则并非两派力量孰强孰弱，而是为清廷考量国内外大势调整的发展战略所左右。何况在一些具体问题上，改道论比复故论更为符合现实。改道之初，考量时局动荡，清廷放弃了口门堵筑工程，也无暇顾及新旧河道问题，如此，黄河只会行走新河道。此后同治年间的大规模论争，由于与朝野颇为关注的河运问题关涉甚深，就像一位西人所说，这场争论"无论在政治层面还是在经济层面都关涉甚重"，[1] 最终平息的原因主要在于，李鸿章等洋务派人士对晚清国家发展

---

①　Ney Elias, "Subsequent Visit to the Old Bed of the Yellow River," *The Journal of the Royal Geographical Society of London*, Vol. 40（1870）, pp. 21 – 32.

何去何从所做的考虑。及至光绪年间，虽然山东新河道水患异常严重，引起了清廷的关注，也引发了有关新旧河道问题的新一轮争论，但是当郑州决口危及江南财赋之区时，清廷的态度异常坚决，升温发酵的论争终究未能左右事情的发展。

　　对于晚清河务之命运，夏明方曾有论及，"近代以来内外交困的社会危机破坏了清前期相对稳定的社会环境，更直接地威胁着清王朝的政治统治。两害相权取其轻，从维护统治者的根本利益出发，'筹防为先'便成为清政府政治决策过程中压倒一切的最高准则。一代大政——河工，因此失去了昔日的殊荣而退居次要地位"。彭慕兰也有言，"经世方略中这种根本性的变化"使得"维持黄运的基本事务变得无关紧要了"。[1] 也就是说，在晚清"三千年未有之大变局"下，河漕事务无可辩驳地游离出了国家事务的中心位置，走向了边缘。在这同时，由于黄河频繁决溢泛滥，河务成了一块"烫手的山芋"，新旧河道沿河地方督抚以及河道总督都不愿意接手，均想方设法推脱。或者说，各方争论起自利益纠葛，结果则与晚清河务的命运密切相关，其中折射的官场百态又为晚清大势某个侧面的缩影。这在接下来探讨的原有管理制度解体、地方性治河规制确立问题上有更为深刻的体现。

---

① 参见夏明方《铜瓦厢改道后清政府对黄河的治理》，《清史研究》1995 年第 4 期；彭慕兰《腹地的构建：华北内地的国家、社会和经济（1853～1937）》，导言，第 4 页。虽然两人对于新旧河道之争鲜少论及，但是所言晚清发展取向的变化对黄河事务产生了深刻影响，对笔者多有启发。

第三章　从中央到地方：改道后黄河
管理规制的演替

铜瓦厢改道后，旧河道原有管理机构有相当部分闲置，而新河道治理一时责无归属，这一状况在很大程度上意味着，昔日的河工大政将面临何去何从的历史选择。本章主要以原有黄河管理机构的裁撤为线索，辅以新河道地方性治河规制的设置，探讨晚清黄河管理规制从中央到地方的演替过程，进而揭示河务边缘化的轨迹及其背后的动力机制。

第一节　清前中期黄河管理制度概况

作为一个古老的农业大国，中国历朝历代均非常重视水利工程建设，其中黄河治理为重中之重。综合而言，整个历史时期可以元朝为界分为两段，元以前黄河治理的目的主要在于满足发展国家基本经济区的需要，[①]而元以后，由于国都北迁，国家的政治中心与经济中心分离，沟通南北的大运河地位凸显，漕运还成为关涉甚重的政治问题，由此，东西向的黄河因与大运河交叉极易影响漕运而令相关治理显得特别重要。换句话说，保障漕运畅通成为其重要使命。也正是因为这个原因，元明清三代对黄河治理的重视程度大幅提升。元朝曾"命贾鲁以工部尚书为总治河防使"，[②]

---

① 参见冀朝鼎《中国历史上的基本经济区与水利事业的发展》，朱诗鳌译，中国社会科学出版社，1981。
② 纪昀等：《历代职官表》，上海古籍出版社，1989，第1120页。

专责河务，明代亦曾设置官员负责或者兼理。① 至清代，力度更大，不仅投入了大量的人力、物力，设置起品级较高的河督专门负责，还创置了一套系统完善的制度予以保障。

一　制度创置

顺治元年（1644）袭明制，任命杨方兴为河道总督，② "驻扎济宁州，综理黄运两河事务"，其下设置 "通惠河分司一人，驻扎通州，北河分司一人，驻扎张秋，南旺分司一人，驻扎济宁州，夏镇分司一人，驻扎夏镇，中河分司一人，驻扎吕梁洪，南河分司一人，驻扎高邮州，卫河分司一人，驻扎辉县，分管岁修、抢修等事"。③ 不仅如此，为了保证堤岸修筑质量，还制定了考成保固、苇柳种植等管理规定。从河督职责与其下建置来看，既有对前朝的继承，也有伴随时势所做的调整。其中最为明显的变化为，河督由原来临时差遣，"事竟还朝"，④ 改为常设职官，驻扎黄运沿线地方，专责河务。因此，可以将之视为清代黄河管理制度之肇始。

康熙帝亲政之后，"即为河道忧虑"，⑤ 并亲笔将 "三藩、河务、漕运" 六个大字书写于宫中柱上，以夙夜轸念。其中将河务与三藩、漕运并列在很大程度上意味着，河务成为关系国家稳定与发展的首要问题之一，在清前中期治国方略中具有非常重要的地位。与此同时，康熙帝还

---

① 《大明会典》有如下记载："总理河道兼提督军务一员，永乐九年，遣尚书治河，自后，间遣侍郎，或都御史。成化、弘治间，始称总督河道。正德四年，始定设都御史提督，驻济宁，凡漕、河事，悉听区处。嘉靖二十年，以都御史加工部职衔，提督河南、山东、直隶三省河患。隆庆四年，加提督军务。万历五年，改总理河漕，兼提督军务。"（申时行等修，赵用贤等纂《大明会典》卷 209，明万历内府刻本，《续修四库全书》第 792 册）《明会要》中也有相关记载："嘉靖四十四年，朱衡以右副都御史总理河漕，议开新河，与河道都御史潘季驯议不合。未几，季驯以忧去，诏衡兼理其事。万历五年，命吴桂芳为工部尚书兼理河漕，而裁总河都御史官。十六年，复起季驯右副都御史，总督河道。自桂芳后，河漕皆总理，至是复设专官。"（龙文彬撰《明会要》卷 34，光绪十三年永怀堂刻本，《续修四库全书》第 793 册）
② 汪胡桢、吴慰祖编《清代河臣传》卷 1，第 11 页，沈云龙主编《中国水利要籍丛编》第 2 集第 19 册。
③ 《清会典事例》第 10 册，中华书局，1991，第 403 页。
④ 傅泽洪辑《行水金鉴》卷 165《南河全考》，第 2398 页。
⑤ 《清圣祖实录》卷 165，第 2 册，第 799 页。

多管齐下多措并举加强制度建设。首先重视治河人才，将河督的选拔标准由注重操守调整为注重治水技能与实践经验。经多方考选，简拔安徽巡抚靳辅为河道总督，并成就了一代治河名臣。① 其次采纳靳辅的建议，将河督驻地从山东济宁迁到江苏北部黄运交汇处清江浦，以便更好地治理河患，再次加强基层管理机构建置，裁撤分司，改置道、汛等机构。最后改革河夫招募办法，制定报汛制度等。总之，通过一系列改革措施，康熙帝在制度层面对黄河治理加强了管控，一套系统完善的管理规制初步形成。

雍正帝继位之后，吸取前朝重江苏段而轻河南段的经验教训，着手加强对河南、山东段黄河的管理。雍正二年（1724），暂授嵇曾筠"以副总河之衔，专管豫省河务"②，驻扎在"怀庆府属之武陟县"，并"就近拨河南抚标守备一员，千总一员，把总二员，马步兵一百名，按季更替，听副总河差遣"。③ 雍正七年，又正式将两河分隶，"授总河为总督江南河道提督军务，授副总河为总督河南、山东河道提督军务，分管南北两河"。④ 其时"以副总河嵇曾筠为河东河道总督，将山东境内运河一并兼管""南河总督驻清江浦，东河总督驻济宁"。⑤ 借此，雍正帝将河南、山东段黄河真正纳入了中央直接统辖范围之内，黄河管理制度中的上层机构建置基本定型。不仅如此，雍正帝还改革料物制度，规范河工钱粮管理，完善河标营制与堡夫驻工制度等。比如雍正三年，允准河督齐苏勒所呈的苇柳栽种方案，大力推行苇柳种植；⑥ 雍正七年，"将江南

---

① 汪胡桢、吴慰祖编《清代河臣传》卷1，第22页，沈云龙主编《中国水利要籍丛编》第2集第19册。

② 《兵部左侍郎嵇曾筠奏谢授副总河职衔折》，中国第一历史档案馆编《雍正朝汉文朱批奏折汇编》，江苏古籍出版社，1991，第2册，第765页。

③ 《清世宗实录》卷18，第1册，第297页。

④ 《清会典事例》第10册，第406~407页。"时称北河即指河南、山东，对江南言之也。"翌年，"设直隶河道水利总督，后人别于东河、南河，称直隶为北河，始有三河"；乾隆十四年（1749），将北河河督裁撤，"以直隶总督兼管总河事"。（黎世序等纂修《续行水金鉴》卷8，编者按，第181页）另据《嘉庆会典》记载："北河，工之最巨者为永定。""北河"改由地方政府负责，因其治理难度远小于黄河。（嘉庆二十三年奉敕撰《钦定大清会典》卷47《工部三》，中国第一历史档案馆编《大清五朝会典》，线装书局，2006，第557页）

⑤ 黎世序等纂修《续行水金鉴》卷8《河渠纪闻》，第181页。

⑥ 黎世序等纂修《续行水金鉴》卷6《朱批谕旨》，第147~149页。

河工钱粮，照旧复设管理河库道一员，以司收支出纳"；① 雍正八年，采纳南河总督嵇曾筠的意见，每年于秋末冬初筹办岁防料，以保障河工所需。②

至乾隆年间，乾隆帝效法其祖高度重视河务之精神，承继雍正帝加强管理之余温，继续在河务问题上施展抱负，黄河管理制度在这一时期走向完善。在机构建置方面，主要着眼于基层建置，在原来的基础上进行调整，或增置机构，增设河员，或明确权责。比如乾隆元年，"改兖沂曹道为分巡兖沂曹三府，专管黄河事宜"；③ 乾隆二年，"增设丰萧砀通判一人"；乾隆九年议定，"江南省淮徐、淮扬二道，原系分巡，兼管河务，但河工关系紧要，该二道有管辖厅汛之责，嗣后应令其专管河道"。④ 此外，还鉴于制度运转中出现的机构臃肿、人浮于事等问题，采取了额定河员人数以及办工经费、加强河工钱粮管理、整顿料物制度等项措施。比如：乾隆元年，"议定两河效力文员，南河一百五十员，东河六十员，停止武职投效"；⑤ 该年还规定河银"自乾隆二年始，悉归道库，一切收支解放兵饷修船之费，俱由河库道经管，随时报明查核"；⑥ 乾隆十八年又规定，于各分库道衙门，"添设库大使一员"，专司河工钱粮；⑦ 为保障料物供应，鼓励广植苇柳，不仅谕令"黄河越格等堤内外，宜广为栽种"，而且"南岸滩地支河，宜劝民栽种"，"年远废堤，宜劝栽杨株"。⑧

透过上述不难看出，清廷对黄河治理的干预力度一步步增强，相关管理规制也不断调整完善，可谓远远超越了以往朝代。对此当如何解释？以

① 黎世序等纂修《续行水金鉴》卷8《河渠纪闻》，第188页。
② 黎世序等纂修《续行水金鉴》卷8《朱批谕旨》，第193页。
③ 黎世序等纂修《续行水金鉴》卷11《河渠纪闻》，第245页。
④ 《清会典事例》第10册，第411页。
⑤ 黎世序等纂修《续行水金鉴》卷11《河渠纪闻》，第245页。
⑥ 黎世序等纂修《续行水金鉴》卷10《高斌传稿》，第226页。
⑦ 黎世序等纂修《续行水金鉴》卷13《南河成案》，第299页。
⑧ 黎世序等纂修《续行水金鉴》卷14《续河南通志》，第330页。

往研究多依据相关史料认为"治河即所以保漕",[①] 而若将清代的黄河治理放在特定的时代背景中进行考察则发现,不仅关涉漕粮运输,还关系清朝作为异族政权的统治。因为无论解决疆域边界的拓展与底定,还是应对政权合法性建构这一极具挑战性的问题,黄河治理都发挥了重要作用。也就是说,清代的黄河治理与国家政治关系极为密切,相关管理制度创置背后隐藏着深厚的政治意涵。

二　制度膨胀及其弊病

即便有制度保障,由于清代治河在"防"不在"治",[②] 所以终究无法改变黄河自身"善淤、善决、善徙"的特性。及至清中期,河道淤垫,决溢频繁,治理难度大增。清廷延续惯性,拓展机构,增补人力,调整规定,追加河帑,而结果不仅未能扭转颓势,反而造成了机构膨胀,人浮于事,各种形式的贪冒丛生等弊病。黄河管理制度的运转逐渐陷于困境。

(一)机构膨胀

面对日趋严重的河患,清廷试图通过增置厅、汛、堡等基层机构,增加文武河员人数,以及加大财政投入等办法进行应对。比如:乾隆五十三年(1877),于"山东省曹、单二县临河大堤,添建兵堡房五十座";[③] 嘉

---

① 相关史料如:首任河督杨方兴曾言,"黄河古今同患,而治河古今异宜,宋以前治河,但令入海,有路可南,亦可北,元明以迄我朝,东南漕运由清口至董口二百余里,必借黄为转输,是治河即所以治漕"。(赵尔巽等撰《清史河渠志》卷1《黄河》,第2页,沈云龙主编《中国水利要籍丛编》第2集第19册)相关研究表述如:民国年间侯仁之指出:"河督之设,虽以治河为名,实以保运为主,而河乃终不得治。"(侯仁之:《续〈天下郡国利病书〉·山东之部》,第33页)再如:胡昌度在研究中提出,"如果说治理黄河是为了保障漕运,那么可以毫不夸张地说,黄河管理体系是漕运的副产品"。[Ch'ang-Tu Hu, "The Yellow River Administration in the Ch'ing Dynasty," *The Far Eastern Quarterly*, Vol. 14, No. 4, Special Number on Chinese History and Society (1955), pp. 505 – 513] 此外,持此观点的还有张家驹的《论康熙之治河》(《光明日报》1962年8月1日)、李鸿彬的《康熙治河》(《人民黄河》1980年第6期),以及查尔斯·格里尔的《中国黄河流域的水治理》(Charles Greer, *Water Management in the Yellow River Basin of China*, Austin: the University of Texas Press, 1979)、兰道尔·道金的《降服巨龙:中华帝国晚期的儒学专家与黄河》(Randalla Dodgen, *Controlling the Dragon: Confucian Engineers and the Yellow River in Late Imperial China*, Honolulu: University of Hawai'i Press, 2001, p. 23)等相关著述。

② 据吴君勉分析,"治河与防河有别。治河者,统筹全局,一劳永逸之谓也。防河者,头痛医头,补苴一时之谓也"。参见吴君勉《古今治河图说》,第4页。

③ 《清会典事例》第10册,第425页。

庆十六年（1811），鉴于"江南淮扬海道分巡三府州，管理十厅河务，不能兼顾，添设淮海道一缺，驻扎中河，专管桃北、中河、山安、海防及新设两厅河务"。[①] 再以厅级机构的数量增长为例，本来康熙初年，东河4厅，南河6厅，共10厅，至道光时，东河已增至15厅，南河增至22厅，总数达37厅。机构增设，管河人员数量势必增加，甚至"文武数百员，河兵万数千，皆数倍其旧"。[②]

在拓展管河机构的同时，清廷还不断追加财政投入。据魏源考察：康熙年间，全河不过数十万金；至乾隆时，岁修、抢修、另案三者相加，两河尚不过二百万两，但已经"数倍于国初"；嘉庆时期，河费"又大倍于乾隆"，所增之费可以三百万两计之；道光时的河费"浮于嘉庆，远在宗禄、名粮、民欠之上"，增为每年六七百万两。[③] 另据《清史稿》记载，另案大工投入增速也非常明显。康熙"十六年大修之工，用银二百五十万两，原估六百万两。迨萧家渡之工，用银一百二十万两。自乾隆十八年，以南河高邮、邵伯、车逻坝之决，拨银二百万两。四十四年，仪封决河之塞，拨银五百六十万两。四十七年，兰阳决河之塞，自例需工料外，加价至九百四十五万三千两"；"嘉庆中，如衡工加价至七百三十万两。十年至十五年，南河年例岁修、抢修及另案专案各工，共享银四千有九十九万两，而马家港大工不与。二十年，睢工之成，加价至三百余万两。道光中，东河、南河于年例岁修外，另案工程，东河率拨一百五十余万两，南河率拨二百七十余万两，逾十年则四千余万。六年，拨南河王营开坝及堰、盱大堤银，合为五百一十七万两。二十一年，东河祥工拨银五百五十万两。二十二年，南河扬工拨六百万两。二十三年，东河牟工拨五百十八万两，后又有加"。[④] 治河经费的绝对数目攀升若此，在国家财政支出中所占比重也明显上升。据时人金安清估算："嘉、道年河患最盛，而水衡之钱亦最糜。东、南、北三河岁用七八百万，居度支十分之二。"其中"南河年需四五百万，东河二百数十万，北河数十万"。[⑤] 巨额河帑投入，

---

① 《清会典事例》第10册，第418页。

② 魏源：《筹河篇》，中华书局编辑部编《魏源集》，第367页。

③ 魏源：《筹河篇》，中华书局编辑部编《魏源集》，第365~366页。

④ 赵尔巽等撰《清史稿》卷131《食货六》，第23~24页。

⑤ 《金穴》，欧阳兆熊、金安清：《水窗春呓》，中华书局，1984，第34页。

不仅成为清廷财政的沉重负担，还促生了河务这一场域的普遍性腐败。

"利之所在，众必所趋。"在清廷高度重视黄河治理并投入巨资的情况下，相关管理机构成为"金穴"，① 官员士卒各色人等竞相跻身其中。比如：南河定额本为120员，实际却远远超出这个数字。② 另据兰道尔·道金研究，19世纪初期，也就是嘉庆年间，南河大约有官员140名，东河有125名，河兵人数尤多，南河有15666名，东河也有4241名，这还不包括那些负责招募民工、采购工料、散放救济、指导具体工程的人。③ 再者，管河机构里还依附有大量编外人员，比如河官自行招募的幕友，"河工独曰库储"，④ 亦称"外工"。不难想见，大批冗员充斥其中，必然造成机构膨胀、人浮于事等弊病。

（二）河工弊政

权力为滋生腐败的温床。乾隆以后，随着黄河管理机构日趋膨胀以及经费投入增加，河工贪冒问题凸显，且呈愈来愈重之趋势。对此，乾隆帝曾大发感慨，"今之外省官员公然贪黩者实少，惟尚有工程一途耳"，"外省工程无不浮冒，而河工为尤甚"。⑤ 时人陈康祺曾对清代河工经费增长及相关贪冒情况做过考察：

> 考河工经费，自乾隆末年而日巨，河工风气，亦自此而日靡。当靳文襄时，各省额解仅六十余万，及乾隆中叶，裁汰民料、民夫诸事，皆由官给值，费帑已不赀矣，然犹曰恤民力也。嘉庆中，戴可亭相国督河，请加料价两倍，于是南河岁需四五百万，东河二百余万，北河数十万，而另案工程，或另请续拨，尚不在其内。一遇溃决，更视帑项如泥沙，冗滥浮冒，上下相蒙，饮食起居，穷奢极欲。盖自大庚以后，历任河臣，黎襄勤、栗恭勤二公外，均不得谓之无咎云。⑥

另据包世臣记述：嘉庆初年的丰工工程，河官预算需要120万两，河

---

① 《金穴》，欧阳兆熊、金安清：《水窗春呓》，第34页。
② 《清仁宗实录》卷255，第4册，第451页。
③ Randalla Dodgen, *Controlling the Dragon: Confucian Engineers and the Yellow River in Late Imperial China*, p. 21.
④ 《清史列传》卷59《许振祎》，王锺翰点校，中华书局，1987，第4675页。
⑤ 《清高宗实录》卷211，第3册，第719页；卷236，第4册，第40页。
⑥ 陈康祺：《郎潜纪闻四笔》，中华书局，1990，第114页。

督吴嗣爵减去一半至60万两，后与幕僚郭大昌商议，大昌认为应该再减一半，"河督有难色"，大昌解释道，"以十五万办工，十五万与众员工共之，尚以为少乎?"而"河督怫然"，大昌"自此遂绝意不复与南河事"。①

还有人揭露河官之腐化生活如下：

> 某河帅尝宴客，进豚肉一篚，众宾无不叹赏，但觉其精美迥非凡品而已。宴罢，一客起入厕，见死豚数十藉院中，惊询其故，乃知顷所食之一篚，即此数十豚背肉集腋而成者也。其法闭豚于室，屠者数人，各持一竿追而抶之，豚负痛，必叫号奔走，走愈急，抶愈甚，待其力竭而毙，亟刲背肉一脔，复及他豚，计死五十余豚始足供一席之用。盖豚背受抶，以全力获痛，则全体精华皆萃于背脊一处，甘腴无比，而余肉则皆腥恶失味，不堪复充烹饪，尽委而弃之矣。客闻之，不觉惨，然宰夫夷然笑曰："穷措大，眼光何小至是?"②

事实上，这一时期河工弊政几乎存在于治河工程的每一个环节，并且上至河督下到河员几乎无不利用职务之便伺机中饱私囊。整个河务场域可谓弊窦丛生，乌烟瘴气。

三　体制内外之关系

（一）河督与地方督抚

《清会典事例》明确规定：河督专责河务，沿河地方督抚负协办之责，黄河一旦冲决，地方官亦连带受罚。③ 这看似责权清晰，实则非常复杂。二者时而基于共同利益进行一定程度的合作，以达到双赢的目的，时而又因所处立场不同以及自身利益所关而发生矛盾，乃至激烈冲突。

两河分隶之前，河南河段因距离总河驻地较远，常由河南巡抚就近负责。比如：康熙二十二年（1683），兰家渡口门堵筑完竣之后，总河的职责履行完毕，后续工作如加固"河南堤岸工程，令河南巡抚暂行料理，如有应会总河事务，仍移文商榷毋误"。后因河南巡抚驻开封，总河驻清江

---

① 包世臣：《安吴四种》卷2，同治十一年刻本，第106页。
② 《道光时南河官吏之侈汰》，李岳瑞：《春冰室野乘》卷上，第52~54页。
③ 《清会典事例》第10册，第551~562页。

浦，二者相隔甚远，沟通起来颇为不便，尤其发生重大险情之时，如果按照规定行文总河筹商，难免贻误。康熙三十二年又做出调整，"河南工程，不必行总河往勘，照该抚所请修筑"。这实际上等于将河南段黄河的修守重任交予了河南巡抚。康熙四十四年还补充规定："直隶、山东河道，与总河相距甚远，应照河南例令各该巡抚就近料理。"① 由此不难推知，在河务问题上，尽管河督与河南巡抚存有一定的责权关系，但是基本相安无事。雍正年间，增设东河总督负责河南、山东段河务后，河南巡抚重回协办的位置。

至于南河河段，由于黄运交汇，关涉漕运，又处国家财赋重地，清廷极为重视，相应地，河督与沿河地方督抚的关系也远较东河河段复杂。清前期，或许由于河督多加兵部尚书衔，与两江总督平级，抑或因为皇帝常亲自讲求河务，指授治河方略，选拔治河人才，两江总督虽有兼理河务之责，却很少真正涉手，与河督的关系也大致融洽。而自乾隆以降，两者开始显露出不和之迹象，南河总督与两江总督、江苏巡抚在共同应对河工事务时，往往不是和衷共济商讨治河之策，而是经常发生矛盾与冲突，有时甚至相互参劾，争斗得不可开交。正如武同举先生所言："乾隆以前，江南督抚兼管河务，大权仍归总河主持，及至乾隆朝，江督大权浸驾总河之上，巡抚无权。嗣是演以为例。"② 对于二者之矛盾，清帝曾颇费心思予以调节，但是由于南河淤积愈来愈重，治理难度加大，河务由原来的"肥差"变得有些"烫手"，结果不但没有减轻矛盾，反而令其愈发复杂。其中较为典型的事例为，发生在嘉庆十六年（1811）的"礼坝要工参劾案"。③

嘉庆十六年六月，南河王营减坝决口。尽管河督陈凤翔征引乾隆帝定下的"云梯关外勿与水争地"为自己开脱，"王营减坝旁注，实由海口逼

---

① 《清会典事例》第 10 册，第 405 页。

② 武同举：《淮系年表全编》表 12，两轩存稿，1928，第 37 页，转引自王英华、谭徐明《清代江南河道总督与相关官员间的关系演变》，《淮阴工学院学报》2006 年第 6 期。刘凤云在《两江总督与江南河务——兼论 18 世纪行政官僚向技术官僚的转变》一文中对两江总督在河务问题上参与力度由浅入深的变化过程进行了较为详细的梳理，并指出在这一过程中，两江总督提升了自身价值，实现了由行政官僚向技术官僚的过渡，但这一过渡是被动的，"18 世纪所面临的政治与社会环境将他们逐步推到了一种多能的复合型官员的位置上"。（《清史研究》2010 年第 4 期）

③ 这一名称取自曹志敏的《〈清史列传〉与〈清史稿〉所记"礼坝要工参劾案"考异》一文（《清史研究》2008 年第 2 期）。

紧，水无他路可行，故有漫溢之患。将来秋深水落，止须修筑王营减坝，其海口新堤请但保南岸，以为居民田庐之卫，其北岸竟毋庸修筑，以免逼水之虞"，但是嘉庆帝不以为然，"从前云梯关外尽系濒海沙滩，并无居民村落，此时马港口外现有大广庄、小尖集、响水口、曹家圩、张家庄等各村落，已非从前之尽为沙滩可比。至引禹贡同为逆河之说，尤属荒远难稽"，在将陈凤翔等所绘海口图与嘉庆十三年吴璥、托津等人所呈相较后发现，河形曲直明显不同，遂认为陈凤翔意存蒙混，恃才妄作。① 不过考虑"河务紧要，一时简用乏人，陈凤翔着加恩改为革职留任"，② 并命两江总督百龄与南河总督陈凤翔等人"通盘筹划，酌量情形，分别先后，迅速奏明"。③

该年十二月，口门堵筑完竣，嘉庆帝欣慰之余对二人进行了奖赏。然而翌年六月，口门复决，并形成巨口，河务这一场域的气氛顿然紧张起来。面对这一局面，百龄上奏参此由陈凤翔失职造成，并"请旨将陈凤翔交部严加议处"。④ 闻此，嘉庆帝怒不可遏，于奏折中多处朱批，批陈凤翔"轻车自用，任性妄为"，"因循怠玩"，"实堪切齿痛恨，上致君忧，下贻民祸，即正法亦不为枉"，⑤ 并将陈凤翔枷号河干，期满"发往乌鲁木齐效力赎罪"。⑥ 对此，陈凤翔大呼冤枉，还遣家人进京控诉百龄所言纯属诬陷。为弄清事实，嘉庆帝命吏部尚书松筠与吏部侍郎初彭龄前往河干进行实地调查，结果显示，百龄亦有失职之处，"应请旨将两江总督百龄交部严加议处"。⑦ 百龄遂被处以"降摘翎顶，革去宫衔""八年无过方准开复"。⑧ 此事在当时备受关注，也从一个侧面揭示了清中期河道总督与沿河地方督抚之间错综复杂的矛盾关系。

鸦片战争之后，由于清王朝被强行纳入世界体系，夷务成为一项新生

① 中国第一历史档案馆编《嘉庆朝上谕档》第16册，广西师范大学出版社，2008，第357页。
② 上谕档，《清代灾赈档案专题史料》第78盘，第601页。
③ 《嘉庆朝上谕档》第16册，第481页。
④ 宫中档朱批奏折，两江总督百龄折，04/01/05/0276/007。
⑤ 宫中档朱批奏折，为前南河总督陈凤翔失误机宜有碍河工贻害生民着再加枷号两月等事字寄谕旨，04/01/05/0133/030。
⑥ 《清仁宗实录》卷260，第4册，第523页。
⑦ 宫中档朱批奏折，吏部尚书松筠、吏部侍郎初彭龄折，04/01/05/0132/022。
⑧ 《清仁宗实录》卷264，第4册，第588页。

事务，并随着时间的推移愈发重要。相较之下，两江地方夷务较多，而河务又呈积重难返之势，因此，两江总督时思借夷务繁多之名推掉兼理河务之计。对于南河河督而言，如果两江总督抽身而出，那么他将独自担负起治理已经病入膏肓的南河重任。二人围绕河务发生的纷争，可从道光二十七年（1847）两江总督李星沅的奏报中窥见一斑。

> 两江自办理夷务，经前督臣奏奉谕旨，暂不兼河，河臣亦一律遵守。兹据河臣咨送折稿，声明旧例，请旨敕臣兼河。钦奉恩谕，臣何敢稍存推卸？惟向来督臣兼辖，于河工三汛，及粮船重空两运，均至清江筹催。现当上海通商，江防紧要，计清江相距，水程一千余里，中间江湖修阻，邮递每至稽延，若仍远驻防河，甚虑鞭长莫及。且臣于河务，夙未讲求谙习，焉敢强不知以为知？似应量为变通，随时兼顾，无须驻工日久。一切宣塞机宜，勘验款项，河臣自有专责，非臣力所能堪。①

尽管李星沅的一番陈词较为符合时势变化，可是在道光帝看来，重视河务乃祖宗遗训，不容稍存疏忽，仍令其继续兼理。② 而李星沅却迟迟不肯接受这一谕令，"臣职本兼辖，重以奉命兼署，责无可辞。谨当竭力维持，节慎筹办，务除积习，勉效愚诚。惟灾赈亟宜究心，巡洋方资策造，炮堤泖湖各路，尚须亲历详查。清江远处一隅，诚恐顾此失彼"，"新任河臣杨以增，计日入都陛见，合无吁恳，饬速赴任，俾得各专职守"。③ 明显可见，晚清政局变化已经影响到河工事务。这也在一定程度上预示着，昔日的河工大政以及延续了二百多年的黄河管理制度将面临严峻挑战。

（二）河督裁撤论

道咸之际，内乱外患纷至沓来，军费、赔款等项支出骤增，并逐渐取代河务等传统要务成为清廷财政支出之大宗。尤其咸丰元年太平天国起义爆发后，清廷不惜一切代价，开源节流，筹集军费，受此影响，每年耗费巨帑的河务受到了关注。

---

① 《再续行水金鉴》黄河卷《李文恭公奏议》，第 1052 页。
② 《清会典事例》第 10 册，第 420 页。
③ 《再续行水金鉴》黄河卷《李文恭公奏议》，第 1056 页。

咸丰三年初，东河总督福济奏请"将东河归并地方巡抚管理，裁撤河督，并裁汰厅员"，[①] 以"撙节钱粮，删繁就简"。[②] 稍后，户部左侍郎王庆云也上呈类似奏请，不过他不仅主张变更河工大政，将东河总督"援案裁并两巡抚管理"，"南河河库道宜径行裁汰"，"东南两河冗缺应遵旨裁撤，并请将修守事宜归营经理"，还建议将漕运总督"裁并江南河道总督管理"，以"为筹节经费"。在其看来，"耗蠹最甚，亟宜分别裁并者，莫如河工漕运两衙门。河工耗国，漕运耗民"，考虑"事体重大，相应请旨饬下廷臣将臣所议各条，体察经费支出情形，悉心核议"。[③] 对此奏请，咸丰帝颇为重视，命朝臣筹商。而大学士裕诚等人否决了福济所奏，理由为"惟丰工甫经合龙，粤匪分窜未靖，俟军务告蒇，再行酌核具奏"，后惠亲王载铨、恭亲王奕訢以及军机大臣等人也认为王庆云所论不可行，原因主要在于"现在东河总督正值黄河两岸巡防吃紧之际，河南、山东两巡抚各办理防堵事宜，势难兼顾河防，南河地方尚未一律肃清"，"漕粮为天庾正供，专督尚恐迟逾，兼管更虞贻误"。变革之说就此作罢。即便如此，这是自清初康熙帝定位河漕事务以来，朝廷内部第一次较大范围地讨论其存废问题，所以或多或少昭示着，包括黄河管理体制在内的河漕大政将在晚清急剧动荡的政治局势中面临何去何从的严峻考验。另外明显可见，众臣予以否决主要基于当时的政治形势，所谓"变通固所以尽利，兴革尤贵乎因时"，[④] 无论福济还是王庆云就河务变革所论也均未及南河总督，可是几年之后，在军费孔亟形势更为严峻的情况下，南河总督及相关机构首先进入了清廷的视野，遭遇裁撤。

第二节 咸同战乱时期干河机构的裁撤

咸同战乱期间，由于内外战争以及赔款等项支出剧增，清廷财政陷于严重困境。受此影响，河工经费被大幅缩减，旧河道已行闲置的管理机构

---

① 《咸丰同治两朝上谕档》第 3 册，第 58 页。

② 《咸丰同治两朝上谕档》第 3 册，第 379~380 页。

③ 王延熙、王树敏辑《皇朝道咸同光奏议》卷 23，第 1 页。

④ 《咸丰同治两朝上谕档》第 3 册，第 379~380 页。另"河工耗国"在当时几已成共识，比如时贤魏源论及河工，曾深刻剖析并质疑清廷"竭天下之财赋以事河"的做法。参见《筹河篇》，中华书局编辑部编《魏源集》，第 365 页。

的运转经费也受到了关注。诸多迹象表明，延续了二百多年的黄河管理制度将面临解体的命运。

一　南河机构的裁撤

（一）清廷的财政困境

铜瓦厢改道后，政治局势更加错综复杂。太平天国起义以摧枯拉朽之势横扫清朝南方地区，活跃在安徽北部的捻军也趁势发展壮大，成为清廷另一心腹大患。不仅如此，外来侵略势力逼近北京，烧杀劫掠，极力谋求侵略权益。不难想见，清廷军费等项支出剧增，银库空虚至极。据彭泽益研究统计，从咸丰三年到同治三年（1853～1864）的12年间，银库实银收入不过232万两，支出为229万两。[1] 另据其统计，咸同时期镇压太平天国起义花去了清政府170604104两白银，镇压捻军起义花费了31730767两，两者相加达两亿多两，这其中还不包括奏销的缺漏部分和不入奏销的各种开支。[2] 为了筹措经费，应对危机，清廷推广捐例，举借外债，增加赋税，滥铸铜铁大钱，滥发银票、宝钞，等等，还将目光投向了已行闲置的南河管理机构的运营经费。

（二）旧河道的变迁

改道发生后，铜瓦厢口门以下至云梯关入海口河段逐渐干涸，其中东河二百余里，南河七百余里。咸丰七年（1857），一位在华传教士到旧河道实地考察时，站在高达9米的河堤上放眼望去，旧河床上涸出的河滩宽达1600米，仅中间下陷部分还有水流，但这不是黄河水，而是由周边地区的小水流汇聚而成。另外，在宽阔的河滩上，男女老少穿行其上，有步行的，有推车的，有赶着骡子或驴的，俨然一条繁华的街道。[3] 旧河道变迁若此，也让深陷财政困境的清政府有了一些"生财"之道。

由于黄河在此行水七百余年，大量泥沙沉积，已行干涸的河床既有沙土飞扬之区，也有土壤肥美利于垦殖之地。为就地筹饷计，南河总督庚长

---

① 《咸丰朝银库收支剖析》，彭泽益《十九世纪后半期的中国财政与经济》，人民出版社，1983，第77页。

② 《清代咸同年间军需奏销统计》，彭泽益《十九世纪后半期的中国财政与经济》，第136页。

③ William Lockhart, "The Yang-Tse-Keang and Hwang-Ho, or Yellow River," *The Journal of the Royal Geographical Society of London*, Vol. 28 (1858), pp. 288 - 298.

奏请开垦南河洪湖滩地，并得到了清廷大力支持。咸丰六年十一月，咸丰帝连发两道上谕，一道对庚长开垦南河干地的成绩给予肯定，认为"南河洪湖滩地，经庚长派委各员督同绅董周历查勘，并招垦追租，劝捐济饷，尚属着有微劳"。① 另一道则鼓励他在现有基础上继续努力，"黄河海口两岸淤滩均系旷土，可资耕种，该河督请设法招垦以裕经费，尚属可行。着遴派妥员前往查勘，所有该处附近民田荡地，务须分清界址，毋许侵占，以杜流弊，俟试办有效，再行酌议章程具奏。其丰北、萧南二厅以下河滩隙地，亦着委员清查，一体酌办"。② 咸丰九年，御史赵元模奏请在清江浦以东黄河滩地上办理屯田，亦得允准。"据称，清江浦以东三里许，旧系河身，今黄河北徙，淤出平地，纵约百余里，广约十里，按方里三顷七十五亩计之，可得地三四千顷，可屯三四千家，得兵三四千人。或分授兵丁，或招集良民，应由漕河两督，就近体察情形，悉心筹画。"③ 明显可见，在清廷看来，这些涸出的土地可以用来垦种，以增加收入，补战事之需。除官方组织，沿河居民还有自发开垦之举，对此，清政府亦予以鼓励。据《徐州府志》记载，咸丰五年，铜瓦厢决口后，山东鲁西南黄泛区广大百姓流徙至此，"是时向所称巨浸，盖已半涸为淤地矣。无聊之民，结棚其间，垦淤为田，立团长，持器械自卫。有司亦以居民亡而地无主也，且虞游民之无生计也，遂许招垦缴价输租以裕饷"。对于官民垦殖滩地取得的成效，该府志亦有记载："咸丰七年，河督庚公长委勘南自铜山境荣家沟起，北至鱼台界止，东至湖边，西至丰界止，计地二千余顷，分上中下三则。上则地价每顷三十千，年租每亩钱八十；中则地价每顷二十七千，年租每亩七十；下则地价每顷二十四千，年租每亩六十。"④

与南河干河滩地类似，东河涸出的二百多里河道滩地在东河总督黄赞汤的主持下也得到了开垦。对于此举，清廷同样给予赞可，鼓励其"认真查丈滩地，毋任稍有虚捏，一俟丈量完竣，即行按年征收钱漕。一面将开垦地亩若干，每年可升科若干，汇册报部，以裕度支"。⑤ 既于国计民生

---

① 《咸丰同治两朝上谕档》第6册，第318页。

② 《清代起居注册·咸丰朝》第32册，第19501页。

③ 《再续行水金鉴》黄河卷《清文宗实录》，第1169页。

④ 同治《徐州府志》卷12《田赋考》，第57~58页。

⑤ 军机处录副奏折，东河总督黄赞汤折，03/4955/031/369/0096。

均有裨益，又得清廷的肯定与支持，滩地开垦自然取得了一定成效。据《曹县志》记载，"咸丰五年，黄河改道北迁，至八年，黄水漫溢，水退皆为沃壤，桑麻遍野，尽成富庶之区"。①

总而言之，在改道后的短短几年时间里，口门以下旧河道已经发生了沧海桑田般的变化。负责日常修守的大批在河官员，有的一变成为开发干河滩地的主力，有的则被拉向战场，补充到镇压农民起义的队伍之中。显然，这与设置初衷相去甚远。或者说，在时势变迁以及严酷的政治局势下，干河机构将面临调整。

（三）漕运的变化

太平军兴之后，清廷的漕粮运输大受影响，不得已将浙江、江苏两地漕粮改为海运，"其余各省帮船"，"衔尾遄行，不准片刻停留"。② 咸丰三年（1853），太平天国起义军攻陷南京后掐断了大运河运输线，以致漕运受阻省份越来越多，加以丰北决口以及口门堵而复决造成"河道梗塞"，整个漕运系统陷于混乱。"江宁所属及安徽、江西应运新漕"，"未能运京"，③"江苏海运漕粮向于上海设立总局，现在该县尚未收复，有漕各属，曾否开征运米，沙船曾否封雇，该处总局应行移设何处，未据该督抚豫筹奏报。至浙江漕米前经部咨，令由乍浦海口兑装上船，放洋北上，亦未据黄宗汉咨复到部"。面对这一局面，咸丰帝备感焦虑，一再发布谕令强调"漕粮为天庾正供，关系紧要，此时上海尚未收复，明年海运事宜，必应及早筹划，设法转运"。④

此后，由于铜瓦厢决口发生，形势更为严峻，江北漕粮也无法正常供应，运输甚至中断了数年。据《山东通志》记载："咸丰五年，河决河南铜瓦厢，冲山东运堤。由张秋东至安山运河阻滞，值军务未平，改由海运。于是，河运废弛十有余年。"⑤ 河运停止后，大运河的日常修守废弛更甚，尽管"黄河北徙夺济后，山东运河修防工程，仍归河东河道总督兼管"。⑥ 至于具体情形，河督黄赞汤曾在奏报中提到，"自咸丰三年以后，

---

① 光绪《曹县志》卷7《河防》，第36页。
② 《咸丰同治两朝上谕档》第2册，第378～379页。
③ 《咸丰同治两朝上谕档》第3册，第430页。
④ 《咸丰同治两朝上谕档》第3册，第356页。
⑤ 民国《山东通志》卷126《河防·运河》，第17页。
⑥ 《再续行水金鉴》运河卷《黄运两河修防章程》，第904页。

因南粮改由海运，司库钱粮复迫于军饷，筹款不易，以致估而未挑者，迄今已将七载。河身愈垫愈高，间有淤成平陆之处。按现在情形，势必须大加挑挖，以便漕艘及差贡商民船只往来行走。但南漕并无河运之信，而目前司库，异常支绌，何能筹此挑河巨款？"① 河运中断，大运河废弃，在某种程度上意味着，黄河管理机构以及相关制度的存在基础大为削弱。

（四）南河机构的裁撤

从前面章节已知，咸丰十年（1860）前后，改道论起，经多方筹商，最终定议改走新河道。毫无疑问，改道意味着铜瓦厢口门以下干河管理机构将无所事事，必然面临调整。实际上，黄赞汤与沈兆霖提出改道说的一个重要原因，就是认为可以趁机裁撤干河机构，以节约经费。黄赞汤于咸丰九年补授河督一职，赴任前得谕示，"现在经费支绌，河务应随时督饬节省办理"，赴任途中，目睹"时因兰阳漫口，兰仪、仪睢、睢宁、商虞、曹考、曹河、曹单等厅所辖，皆成枯渎。有河务者，惟北岸黄沁、卫粮、祥河、下北四厅，南岸上南、中河、下南三厅"。② 此后又听闻"黄流经由豫、直、东三省各州县地方"，"近年渐渐刷有河槽，从前漫淹各处，间多涸出田亩，可以播种"，遂生"无工厅员，可否裁减"的想法。③ 由于受资料限制，咸丰帝对此奏请持何态度不得而知，不过此后主张裁撤者增多，呼声日渐高涨。

除了前述吏部侍郎署户部尚书沈兆霖提出趁势改道，"就此裁去南河总督及各厅员，可省岁帑数十万金"，还可垦种滩地"播种升科"，④ 上奏请求裁撤南河机构的还有湖广道监察御史薛书堂、工部左侍郎宋晋⑤、御史福宽⑥等人。比如薛书堂谈道："南河总督原为治河而设，自黄河改道以来，下游已成平陆，无工可修，即滨临淮运各厅，亦以河运未复，闸坝堤身久不葺治，此则南河大小各员皆可裁撤，以节经费也。"从节约经费的角度出发讨论这一问题，引起了咸丰帝的重视，但是欲变更这"祖宗之法"，还须格外慎重。咸丰帝谕命御前大臣、军机大臣会同工部共同筹议，

---

① 《再续行水金鉴》运河卷《东河奏稿》，第 935 页。
② 《再续行水金鉴》黄河卷《绳其武斋自纂年谱》，第 1163 页。
③ 《再续行水金鉴》黄河卷《黄赞汤东河奏稿》，第 1164 页。
④ 《再续行水金鉴》黄河卷《黄运两河修防章程》，第 1190 页。
⑤ 军机处录副奏折，工部左侍郎宋晋折，03/4081/019/275/0077。
⑥ 《清文宗实录》卷 322，第 5 册，第 774 页。

并强调"务须统筹全局，不可畏难，尤不可恐为怨府。该河督数载经营，所办何事？不过屡吁帑饷，縻此无用之辈而已"。① 明显可见，裁撤之意已比较明确。

经过一段时间的筹议，以载垣为首的29位大臣合上奏折，表示赞同裁撤南河机构以节约经费的主张，并制定了具体的裁撤方案，大体如下：

> 江南河道总督，统辖三道二十厅文武员弁数百员，操防修防各兵数千名，原以防河险而利漕行，自河流改道，旧黄河一带，本无应办之工，官多阘冗，兵皆疲惰，虚费饷需，莫此为甚。所有江南河道总督一缺，着即裁撤。其淮扬、淮海道两缺，亦即裁撤。淮徐道着改为淮徐扬海兵备道，仍驻徐州。所有淮扬、淮海两道应管地方河工各事宜，统归该道管辖。厅官二十员内，丰北、萧南、铜沛、宿南、宿北、桃南、桃北、外南、外北、海防、海阜、海安、山安十三厅，均系管理黄河，现在无工。又管理洪湖之中河、里河、运河、高堰、山盱、扬河、江运七厅，现在工程较少，均着一并裁撤。惟中河等七厅，有分司潴蓄宣泄事宜，所有裁撤之运河、中河二厅事务，着改设徐州府同知一员兼管。裁撤之高堰、山盱二厅，着改设淮安府同知一员兼管。裁撤之里河厅，着改归淮安府督捕通判兼管。裁撤之扬河、江运二厅，着改归扬州府清军总捕同知兼管。至裁撤黄河无工十三厅，原辖各工段汛地，即着落各该管州县官管辖，不得互相推诿。各厅所属之管河佐杂人员，除扬庄等闸官十员，专司启闭，毋庸裁撤外，其宿州等管河州同五缺，高邮州等管河州判三缺，东台等管河县丞十九缺，高良涧等管河主簿二十一缺，阜宁等管河巡检十六缺，均着一并裁撤。清江地方紧要，着添设总兵一员，作为淮扬镇总兵，驻扎该处，俟军务平静，再行改驻扬州。原设河标中营副将一员，着即裁撤，改为镇标中军游击，驻扎蒋坝。其淮徐游击一员，驻扎宿迁。所有镇标中军员弁，并右营、庙湾、洪湖、佃湖等五营，游击以下官五十四员，马步守兵共二千五百余名，原属操防，悉仍其旧。至萧砀等营所属修防兵六千九百余名，着一律改为操防。将二十四营改设蒋

---

① 军机处录副奏折，湖广道监察御史薛书堂折，03/4081/016/275/0067。

坝、宿迁、萧睢、丰沛、桃源、安东、山阜、高邮、苇荡左右等十营，除酌留游击以下八十一员外，其余六十七员，悉行裁撤。以上各营官兵，均归新设淮扬镇总兵统辖，着即裁汰老弱，简选精壮，认真操练，以资战守。现在江南军务未竣，该省督抚，势难兼顾，所有江北镇道以下各员，均着归漕运总督暂行节制。①

从所呈方案来看，众臣赞同裁撤南河机构的理由除前述可以节约经费外，还有趁此将河兵改为士兵以加强战备的考虑。毫无疑问，这也非常合乎当时清廷面临的内外战局。览毕此奏，咸丰帝发布裁撤谕旨，相关善后事宜遵照众臣所定方案进行。至此，延续了二百多年的南河机构退出了历史舞台，原有管理机构体系顿然缩减了大半，仅剩下东河部分。

二　东河干河机构的裁撤

其实，咸丰九年（1859）东河总督黄赞汤提出裁撤干河机构，主要指裁撤东河机构，只是因南河关涉较重，相关管理机构的裁撤问题随着清廷内部的新旧河道之争先被列入了日程。不过，黄赞汤从中看到了希望，稍后再次奏请，"当此库帑空虚之时，自应力求撙节"，东河干河机构"仍请一律裁撤，以节糜帑"。② 但此请未得清廷回应。

同治初年，黄赞汤调任广东巡抚，东河总督一职暂由山东巡抚谭廷襄兼理。由于当时山东境内形势颇为严峻，不仅广大黄泛区灾难深重亟待救治，而且捻军深入后基层社会秩序陷入混乱，谭廷襄仍然驻在山东，难免于东河事务鞭长莫及。何况以往黄河仅经过山东西南一隅，山东巡抚鲜少深入参与河工事务。在这种情况下，河南巡抚被委以兼河重任，这又给裁撤东河干河管理机构提供了事机。御史刘其年认为，应把东河有工处所交给河南巡抚就近办理，裁撤东河总督以及干河河段管理机构，以节约经费。为增强说服力，他还多方引证。首先，从近年河工经费的拨付谈起，指出"比年因军需浩繁，库储罄竭，河工之费，欠发渐多，咸丰十年尚发三十余万，去年则不及十万"。紧接着，又援引前河南巡抚严树森与河督黄赞汤的说法，指出河工经费"每年若有实银十余万两，分之各厅，便可

---

① 《清文宗实录》卷 322，第 5 册，第 774～775 页。
② 军机处录副奏折，东河总督黄赞汤折，03/4159/071/282/2645。

公私兼济"。因为"十余万两"虽与正常年份拨付的 150 万两相比较有了
较大幅度缩减,但是正常年份所拨款项真正用于工程者不过"十之一二"。
考虑"由俭入奢易,由奢入俭难"这一惯常现象,以及河工经费缩减后在
河官员仍然贪冒如常等弊病,比如"每厅有十余万之工,而所领仅十分之
一",再如"或遇藩司私人,或与幕友勾结,或竞升任,身管利权,皆可
随时暗中支领"。刘其年认为,与其任其挥霍靡费,不如干脆将河道管理
机构裁撤,相关事务交予河南巡抚"就近以资督率。况办工仅有七厅,事
务已较前减倍,若再裁减经费,则钩稽之任,亦可稍轻。南北两岸,既有
道厅各员以专其任,复有河南巡抚以董其成,似其事不至于难举,而其势
亦较为甚便",如此一来,"即养廉一项,每岁已省万余金,而各属之陋
规,标兵之名额,所费尚不与焉"。①

　　上奏表达此意的还有僧格林沁。在镇压捻军的过程中,他曾耳闻目睹
东河以及新河道的修守情况,并据此认为东河总督已经没有存在的必要:

　　　　黄流道自兰阳决口,□□迤东已成干涸,惟兰阳汛迤西,黄沁两
　　岸有□□堤工者,仅存二百五十余里,□□□□□,巡抚即可就近督
　　饬。□□□□□□,严饬地方劝筑民堰,以资拦护。其北岸黄沁等厅
　　及南岸上南等厅有工处所,应设官修守,仅此寥寥数厅,以总督大员
　　督率办理,似属赘设。况南河总督一缺,早经议撤,所有东河总督员
　　缺,亦可以一并议裁……惟思现在豫西□□尚未藏事,虽该抚一时不
　　能兼顾,但河道不甚绵长,即有开归、河北两道就近分巡经理,并有
　　该抚督催防范,足资保固。拟请旨将东河总督员缺裁撤,一切豫省工
　　程责成河南抚臣,督同河北、开归两道办理。②

不难看出,僧格林沁奏请裁撤东河机构的理由与刘其年大体相同,即认为
东河有工河段大幅缩减,修守任务大为减轻,河南巡抚足可兼理,如此裁
撤河督,还可节约经费。

　　对此主张,同治帝谕令新任河南巡抚张之万"妥议具奏"。从此前南

---

①　军机处录副奏折,水利河工类,御史刘其年折,03/168/9574/61。
②　军机处录副奏折,钦差大臣僧格林沁折,03/4967/026/377/1348。奏折中字迹不清难以
　　辨认的用□表示。

河机构裁撤情况已知，清帝非常谨慎，谕命诸多大臣共同商筹，此次却交给此说涉及的关键人物之一河南巡抚，不免令人心生疑窦。因为当时河务已非昔日的"利益之渊薮"而成为一块"烫手的山芋"，鲜有人愿意接手，张之万当也不例外，而这一点同治帝在下发谕旨之前应该早已料到。

经过一番深思熟虑，张之万提出"南岸所属四厅，北岸所属三厅，河道均已干涸，各厅员一无所事，均可裁撤"，① 但是对于整个东河机构，由于河东河道总督一缺，"兼辖两省黄运河工，关系非轻，未敢率行拟议，容臣详咨博访，体察情形，如果可裁，再为奏请裁撤"。② 不难看出，这一应对办法既符合裁撤东河管理机构以节约经费之舆情，以及以往河务规制，又将自身"开脱"出来。据此，同治帝发布谕旨："东河南岸所属四厅，北岸所属三厅，河道干涸，厅员无事。所有山东之曹河、曹单二厅，着山东巡抚酌量办理。河南之兰仪、仪睢、睢宁、商虞、曹考五厅，着即裁撤。"③ 对此谕令，山东巡抚阎敬铭很快做出回应："河道既已干涸，各员无事修防，自应一律裁撤，以归节省。所有东省曹河同知并所属之县丞、主簿各一缺，曹单通判并所属之县丞、主簿各一缺，又曹考通判所属之曹县巡检一缺，以上七员均系专管河工，并无地方之责，应请一并裁汰。"④ 至此，东河干河部分管理机构亦退出了历史舞台，剩下二百多里有工河段仍由东河总督负责。不过从前述已知，刘其年与僧格林沁均主张裁撤整个东河机构包括东河总督，同治帝让张之万考虑的也是可否全裁的问题，而结果仅裁撤了干河部分，东河总督亦得以保留，何以如此？按照张之万所言，由于东河总督兼理黄运河工不能裁撤。其中原因，此后也有人述及。同治七年（1868），胡家玉在奏请河归故道时提到，"比因发捻未平，内地未靖，饷项未充，又因亲王僧格林沁有请裁河督之奏，故为此因陋就简之议，以见河督之不可裁耳"。⑤ 光绪九年（1883），御史吴寿龄在奏请裁撤河督时也谈道，"同治初年，御史刘其年、亲王僧格林沁先后请裁总河之奏，彼时论者，或犹目为局外发议"。⑥ 从二人所述大体可以

---

① 《清穆宗实录》卷 55，第 2 册，第 20 页。
② 宫中档朱批奏折，水利类，河南巡抚张之万折，04/01/05/0172/040。
③ 《清会典事例》第 10 册，第 421 页。
④ 《再续行水金鉴》黄河卷《山东河工成案》，第 1272 页。
⑤ 《再续行水金鉴》黄河卷《黄运两河修防章程》，第 1322 页。
⑥ 《再续行水金鉴》黄河卷《京报》，第 1758 页。

推知，东河机构裁撤之议以及未能全裁的原因在于清廷对当时局势的宏观考虑。事实也大体如此。尽管改道后漕粮河运停止数年，但是清廷并未决定彻底放弃，同治年间曾国藩等人甚至为挑挖运河恢复河运进行过一番努力，即便山东巡抚也曾力主恢复河运。由此，正如张之万所言，只要河运不废弃，负有兼理运河修守之责的东河总督即有存在的必要。

透过南河总督以及旧河道干河部分河段管理机构的裁撤过程可以看出，变革的动力主要来自急剧动荡的政治局势给清政府统治带来的生死危局，铜瓦厢改道后形成的干河机构闲置仅为最终裁撤提供了更多可能。经此变革，原有37厅汛堡称庞大的管理机构仅剩下东河一小部分尚存，东河总督所辖河段也缩减至二百余里。而这无形中又与长达一千多里新河道责无归属形成了鲜明对比，并引发了新的论争。

第三节　同光时期地方性治河规制的设置

铜瓦厢改道之初，直隶、河南、山东三地督抚不得已"暂时"担负起辖区新河道的治理重任，不过由于新河道治理事同创始，加以诸多因素制约，治河实践举步维艰。迨政局稍显稳定，他们即极力请求卸掉重担，将河务仍归河督专门负责。尤其山东一省巡抚，甚至与河督及内政大臣展开了辩论，结果不但未能达成夙愿，反而仿照旧制在辖区内设置了地方性治河机构，且治河实践还被视作河南段黄河改制的"蓝本"。

一　同治年间围绕新河道责任归属的论争

同治年间，随着战事逐渐平息，山东巡抚愈发认为卸掉治河重担的时机已到，清廷应重新考虑新河道的责任归属问题，遂屡屡在奏折中提及"以后修防之事，责成何省，尚未定议，现仍由东省防护，日久照办，每虞兼顾不及"。[①] 与其含蓄表达不同，直隶总督上呈奏折直接提出应该"将直隶境内堤工，并归河督管辖，作为河、直、东三省河督之处"。对此奏陈，同治帝谕令河南、直隶、山东三省督抚共同商议，并抄送河督。[②]

① 《再续行水金鉴》黄河卷《山东河工成案》，第1557页。
② 《清穆宗实录》卷191，第5册，第419页。

这一处理办法有些令人费解。因为三人中已有两人提出过类似请求，且态度比较明确，剩下的河南巡抚，虽然未见奏陈，但是由于新河道在其辖区仅有七十余里，东河总督又驻扎河南，变更河督的职责范围与他似乎并无多大关涉。由于资料所限，无法确知三人的筹商结果，但是从后续来看，这一奏请无果而终。

随着时间的推移，清朝经过恭亲王奕訢等人的一番努力呈现一片"中兴"气象，这让山东巡抚看到了重新处理新河道责任归属问题的希望。其曾利用荥泽决口南流之机奏请河归故道，诚然，此举的目的主要在于减除辖区河患，但是亦不排除借此推掉治河责任的嫌疑，只是他的奏请犹如石沉大海，未收到任何回应。此后，虽然屡屡有人提及由山东巡抚负责治理长达九百余里的新河道的确负担过重，但是并未提出切实可行的应对措施。比如曾国藩在尝试恢复河运时曾提到，"责山东以全力治河治运，未免独为其难"。①再如陈锦也曾称，"今之黄河，直境十一，东境十九，若归地方办工，则东省未免偏重。若归东河办理，或以兼涉运道，责成漕院，均属地段辽远，势难兼顾"。②就在众臣议论纷纷之时，黄河在山东郓城侯家林决口，这是新河道上出现的首次另案大工。按照以往治河规制，由于另案工程时间紧，任务重，河督需亲临现场指挥抢堵，地方督抚则给予紧密配合，有时清廷还派钦差大臣前往助战。因此，此次另案大工由谁负责可谓意味深长。如果由河督负责，则不仅符合惯例，还预示着新河道治理尚存归由河督负责的可能，而如果仍由沿河地方督抚负责，则说明新河道的责属问题毋庸再论，清廷已无心河务问题。或许因为这个原因，在侯工应对问题上，山东巡抚与东河总督不仅围绕可否趁机归复故道争论不已，还就该工程的责属问题展开了角逐。

起初，同治帝谕令河督乔松年与山东巡抚丁宝桢一同勘办口门堵筑工程，只是当时丁宝桢正告病在家休养，代理巡抚文彬鉴于辖区灾难深重，未待同治帝下令就已先行着手。出其意料的是，这给乔松年推脱责任提供了口实，"现在文彬已委候补州府薛总司其事，应即由文彬督饬兖、沂、漕道及薛遴派委员分投赶办。臣已咨明该署抚，一切工作悉请该署抚督饬

---

① 曾国藩：《陈明河运艰难疏》，陈弢辑《同治中兴京外奏议约编》卷4，光绪元年刊本，第15~18页。

② 陈锦：《勤馀文牍》卷2，光绪四年刻本，第13~15页。

办理，所调河员如有不能出力者，听其参劾，以专责成，而免推诿"。①
也就是说，河督乔松年仅派部分河员前往，自己则以"以专责成"为由置
身事外。对此，文彬不知该如何应对，遂与尚在病中的丁宝桢商量。丁宝
桢闻之勃然大怒，抱病回任，并上奏怒斥乔松年，"河臣职司河道，疆臣
身任地方，均责无旁贷，乃松年一概诿之地方，不知用意所在！"可是一
如此前，这也未收到多少回应。面对辖区受灾愈来愈重之形势，丁宝桢只
好独自承担起此次另案工程。此中之无奈在其奏折中有明显体现：

> 现在已过立春，若再候其的信以定行止，恐误要工。且此口不
> 堵，必漫淹曹、兖、济十余州县，若再向南奔注，则清、淮、里下河
> 更形吃重。松年既立意诿卸，臣若避越俎之嫌，展转迁延，实有万赶
> 不及之势。惟有力疾销假，亲赴工次，择日开工。俟松年所遣员弁到
> 工，即责成该工员等一手经理，克期完工，保全大局。②

对此"保全大局"之举，同治帝"嘉其勇于任事"，对乔松年"请由山东
抚臣督办，以一事权"的说辞，仅表示"所陈自是实在情形。惟事关运道
民生，该河督仍当与丁宝桢、文彬通力合筹，以期事有实济，费不虚
糜"。③ 这等于认可了河督只派河员参与兴堵工程的做法。

在此重要关节点上，丁宝桢不但未能把治河一责推脱出去，反而将另
案工程事务也独自承担了下来，这在一定程度上意味着，此后辖区新河道
的治理重担将全部落在他一个人身上。不过，他心有不甘，仍在努力推
脱，决口堵筑之后与乔松年围绕新旧河道问题展开激烈争论就是一个明
证。因为虽然争论的焦点为黄河河道走南还是走北的问题，但实际上此次
争论亦为两人围绕新河道职责归属问题展开的论争，毕竟对于山东巡抚而
言，河归故道才是摆脱重担的一劳永逸之计。通过前述章节已知，这次争
论牵动朝野，轰动一时，终以维持现有局面结束，山东巡抚卸掉重任的努
力随之化为泡影。

或许经过与丁宝桢的一番较量，乔松年对眼前的河务形势有了更为深

---

① 军机处录副奏折，东河总督乔松年折，03/4970/028/378/0786。
② 赵尔巽等撰《清史河渠志》卷 1《黄河》，第 30 页，沈云龙主编《中国水利要籍丛编》
　第 2 集第 18 册。
③ 《清穆宗实录》卷 327，第 7 册，第 325 页。

刻的认识，在李鸿章的一纸奏书将新旧河道之争"平息"之后，他呈上了一份奏折，请求裁去河督一职，将自己管辖的东河河段交由河南巡抚就近管理。其理由大致如下。

首先，就当时的漕运形势而言，运河之事已"大减于昔年矣。河运之米，不过十万石，视从前只三十分之一。船小而人亦无多，无复有匪徒藏匿其内，则弹压亦不须大员矣"。

其次，命沿河督抚兼理河务于情于理均属妥当。"河臣常驻开封，诚以黄河工为重也。然黄河即在开封城外，距城只二十余里，河南抚臣极可兼顾。且抚臣本有兼理河务之责，若将河南河工交河南抚臣兼办，山东河工交山东抚臣兼办，于事理极为允协，不致有鞭长莫及之虑。"

最后，就河务形势来看，河督也失去了存在的必要。"因东省方有治河之议，果其兴工，则事关两省，诚须有大员督办，是以未敢遽即请裁此缺。今既未举大工，再三揣度，总河实非必不可少之官，莫如裁汰，以期省费省事。"另外，"山东巡抚丁宝桢、署抚臣文彬，皆在山东多年，于河工极为熟悉。河南抚臣钱鼎铭讲求河务利弊已及三年，与臣同心并力克奏安澜，以之兼办运河黄河，皆绰有余裕，断不至于贻误"。

综合考虑这几个方面，"总可暂裁，但关防不必销毁，封存藩库，如果数十年之后，情形又复不同，仍设总河亦甚易也"。与此前裁撤南河总督以及干河部分管理机构不同，此次裁撤河督之请由河督本人提出。按理说，乔松年作为东河总督对东河事务应最为熟悉，在是否应裁撤河督改归河南巡抚负责一事上具有较大的发言权，但事与愿违。

对于乔松年的奏请，同治帝谕令"吏部、工部会同妥议具奏"。[①] 因缺乏资料支撑，商筹结果不得而知，但是此后河督一职继续存在的事实表明，这一请求遭遇了否决。对于此事，《申报》有过关注："不意部臣尚未议妥，而黄河又仍南流入海，岂非天意尚未节省此靡费欤？""不但东河总督不能裁，而且南河总督又将设。"[②] 其中所及从一个侧面说明，黄河水患异常严重也是河督继续存在的理由。光绪二十七年（1901），东河总督锡良在部署东河机构全行裁撤事宜时提到，当时两部认为东河总督"未

---

① 乔松年：《请裁河道总督疏》，陈弢辑《同治中兴京外奏议约编》卷2，第34～36页。
② 《申报》1875年1月5日，第1版。

便裁撤"的原因可能在于"彼时河运未废，河臣兼有黄运两河之责，关系紧要故也"。①明显可见，这与此前未将东河管理机构全行裁撤而是保留有工河段的理由类似，均为顾及河运，东河总督尚有存在的必要。

　　总而言之，尽管政治局势渐趋稳定，沿河地方督抚也在努力卸掉战乱期间担负的新河道治理重任，但是清廷无意重新思量这一问题。如此，山东巡抚未能趁侯家林决口南流之机把治河重担卸掉，东河总督的裁撤河督之请也被否决。不过问题并未就此定论，而是随着时间的推移重新出现在众臣的视野之中。及至光绪中期，由于黄河新河道决溢泛滥更为严重，山东巡抚着实难堪重负，同时中法、中日战争爆发，山东作为沿海大省海防也异常紧张。诸多实际问题促使新河道的责任归属问题再次浮出水面，各种应对之策纷现。

二　光绪年间的职责推诿及地方性管理机构的设置

（一）河患日重与河督可否统辖全河的论争

　　光绪十年（1884）前后，由于黄河新河道"奇险百出，灾患频仍"，清廷内部各种应对之策纷现，除了已述分减河策以及分流南河故道的主张外，还有变更河督职责范围的建言，即命河督统辖全河，或者移驻山东。这均属纷争已久的新河道责权归属问题。

　　光绪九年，山西道监察御史吴寿龄上呈奏折提出两个缓解灾难的办法，均关涉新旧河道的规制问题。其一，裁撤东河总督，把所辖河段改归河南巡抚负责，以将节约下来的经费用于救治山东灾患。理由为"河督所辖七厅，南三厅尚需筹工积料，北四厅则直一无所事。是河东总督一缺，徒以设有厅汛。故岁销六七十万金，指为办工，实则徒有其名"。既然"直隶、山东既专归督抚办理，则河南黄河即在开封城外，纵有工程，交河南巡抚兼办，亦不至有鞭长莫及之虑"，如此一来，可以把东河"岁销六七十万金"节约下来，"移办山东险要工程"。其二，变更河督的职责范围，"饬令河东总督统治全河，总理上下游修防事宜。其厅汛如何移置，并恳饬下部臣会议，斟酌妥善，俾各有专责，不致贻误。全河事务庶循名

---

　　①　《再续行水金鉴》黄河卷《豫河志》，第 2686 页。

责实，河督岁修之帑项，不患虚糜矣"。① 与吴寿龄不同，山东道监察御史庆祥主张裁撤东河总督，所辖东河改归河南巡抚兼理，理由大致为"夫河患，山东为重，河督并不与闻。此河南无多之工，即由河南巡抚督率各道及沿河州县通力合作，则事权既一，呼应亦灵，洵于国计民生两有裨益"。② 不难看出，两人的具体措施虽有不同，但是均认为改道后东河事务变少，河督的担子较轻，而新河道事同创始，需加强管控。不过，就像分减河策以及分流南河故道的主张遭遇反对一样，通过变更河督职责范围来应对灾难的办法也遭到了各方质疑。

先是河督成孚本人强烈反对河督统辖全河，理由有二：第一，河段太长，难以兼顾，"河臣总司考核，每届伏水，周历稽查，驻工防守，一遇河水盛涨，或上下同时出险，或南北先后生工，往来躬督抢护，已觉鞭长莫及，策应不遑，若再兼以东河工程，则相去千有余里，工遥境隔，必致兼顾难周，有误机要"。第二，经费问题难以解决，"东堤甫经修筑，河势变迁靡常，若遽令移置厅汛，则堤坝之增修，员弁之添设，种种繁费，非另筹巨款不办。值此库项奇绌，恐亦不易取盈。况帑项骤增，于河防果否有益，尚无把握。此臣辗转筹□，有不能不预为计虑者也"。基于这两点，他坚持认为"以东工近在济南，仍由抚臣兼办，不惟事权统一，呼应较灵，且修守巡防，诸可随时稽核，帑料庶不多糜，要工良有裨益"。③

工部则批驳两人根本就没把东河有工河段的问题搞清楚。一来，尽管北岸险工较少，但是正由于"北岸险要减于南岸，是以历年动用钱粮，北岸只居三分之一，而南岸实居其二。溯查数十年中，决祥符，决中牟开封，决荥泽，历次大工，多在大河南岸"。南岸决口影响较大，黄水往往顺势"灌入洪湖，湖底淤高，遂为淮扬巨患"。因此，南岸虽然仅剩三厅汛，但是"不特为豫省要工，且关系江淮全局"。二来，东河有工河段之形势与山东新河道差别较大，"黄河之在山东者，水由地中，只因河身逼窄，不免漫溢为患。黄河之在河南者，河在地上，全恃堤工为保障，一有疏失，势若建瓴。自同治七年，河决荥泽后，屡出险工"，"若以岁销六七十万金，移办山东河务，恐山东之水患未除，而河南之水患又起。此不可

① 军机处录副奏折，水利河工类，山西道监察御史吴寿龄折，03/168/9595/74。

② 军机处录副奏折，山东道监察御史庆祥折，03/7076/037/529/1071。

③ 《再续行水金鉴》黄河卷《山东河工成案》，第1781页。

轻为更张者也"。缘此种种，东河河务不能仿照山东、直隶交给河南巡抚就近办理。至于"所称责令河督统治全河，并议移置厅汛一节"，工部认为"河南至山东海口，辖境较远，该河督能否兼顾，应请饬下河东河道总督、山东巡抚会同妥议具奏"，同时又强调"现在山东重堤甫经兴办，其可恃与否，尚难预定，将来大工告竣，或仿照东明贾庄防守之处，应俟山东抚臣斟酌布置，奏明办理"。① 明显可见，工部所虑主要为保全江南财赋重地这一"大局"，至于亟待救治的山东河患问题，实为抚臣分内之事，应就地解决。因此，工部虽然建议河督与山东巡抚商议可否变更河督的职责范围，但是不可能有什么实际结果，何况二者也不可能商量出什么结果。

通过同治七年荥泽决口的情况已知，东河河段发生决口确如河督与工部所虑，会危及淮扬财赋重地，不过两位御史所言河督所辖河段较短、责任较轻也非全无道理，尤其比较新河道治理而言。只是既然东河总督屡议不裁，清廷比较看重其兼负治理运河一责，河务又早于铜瓦厢改道之时淡出清廷视野，那么减轻新河道灾患的相关主张遭遇否决也就没有了意外。

（二） 中法战争期间地方性管理机构的设立

就在朝野上下为如何缓解新河道水患议论纷纷，无计可施之时，中法战争爆发，山东作为沿海大省海防顿行紧张，本就因河患日重而焦灼不堪的山东巡抚负担更重。在这种形势下，有人再提可否变更河督职责范围的问题，但结果一如此前。万般无奈之下，山东巡抚于辖区设立了地方性治河机构。

御史徐致祥提出，应将东河"责河南巡抚暂行兼管，而移河道总督于山东，专督厥事，俾责无旁贷"。理由大体有三。其一，山东河患异常严重，"非并力疏导，集款济用，专员责成，得人办理，无以成一劳永逸之计，而纾九重东顾之忧"。其二，为朝政大局计，黄河水灾造成的"数十万灾民，羸者毙于沟壑，强者肆其劫夺，加以各省伏莽，根株未绝，转相扶煽，祸乱滋生。臣所虑者，不在外侮，而尤在内患也"。"方今朝廷筹办海防，整饬武备，诚发愤为雄之善策，先事预防之深谋。顾防海以御外侮，治河以靖内患，均为国家当今急务。闻海防每岁所需不下五六百万

---

① 《再续行水金鉴》黄河卷《黄运两河修防章程》，第 1765 页。

两，河工大治，计非千万两不可，然一治之后，费即可省，不必岁岁巨款也。"其三，从山东一省的实际情况来看，"巡抚管理吏治、盐务、海防，政事殷繁，日不暇给，即才倍于陈士杰者，亦难兼顾，虽严予惩处，究无补于丝毫"。不过为慎重起见，需先"特简一公正廉明干济宏远之重臣，寄以总河巨任，隆其倚畀，假以便宜，并请先命其周历遍视，审度地势，访察舆情，毋避怨言"。由于此时河患异常深重，慈禧太后与光绪帝甚至一度"停止北海工程，拨银赈济"，清廷"着京外各大员，据实保举"可以前往新河道勘察之人。① 此前，工部对裁撤河督以及命河督统辖全河的主张均持反对态度，但是在这个时候，没有反对徐致祥所言命河督"暂时"移驻山东这一"权宜"之策，并且也奏请"特简大臣，前往山东，躬亲履勘，统筹上下游形势，宜如何大加疏导"。② 也就是说，为缓解山东河患，减轻山东巡抚的负担，众臣再次将目光投向了河督的职责范围。

不过这时还有另外一种声音，即都察院代递分发贵州蓝翎尽先补用知府何湘植提出应在山东设置河官，专门负责新河道治理。其言大致为：

> 现河患中（重）于东省，创办之始，责成巡抚，取呼应较灵，易于蒇工，实为至计，但臣愚以为暂办则可，久办似有窒碍。盖山东巡抚臣地方辽阔，兼有海防军政，事繁任重，而河堤既成，必当上下奔驰，寝馈讲求，方可得其要领。故虽有明敏之才，恐亦不免丛脞之虞。似宜添设河道一员，专心河务，日事巡防。抚臣惟综其大纲，随时考核督察，庶免顾此失彼之弊，于河工地方，两有裨益。③

与此前众臣所提应对之策比较，何湘植所论既不需要变更河督的职责范围，触动相关利益方，又可使山东巡抚从繁重的河工事务中抽身而出，可谓一全新的解决思路，也具有较强的现实可操作性。作为这一方案的关键人物之一，山东巡抚陈士杰也认为，山东境内"堤长至千余里，工大事繁，河督既称未能兼防，添设厅汛，亦多糜费。拟照曹属贾庄办法，委员经理，即于省城设立总局，派道府一员，总核银钱出入，并随时察看沿河

① 朱寿朋编《光绪朝东华录》，总第 2024～2025 页。
② 《再续行水金鉴》黄河卷《山东河工成案》，第 1922 页。
③ 《再续行水金鉴》黄河卷《山东河工成案》，第 1737 页。

险要，督同文武，妥为防守。所有一切事宜，仍详请抚臣定夺"。① 由于资料限制，未能确知清廷对此论的态度，不过此后事态的发展证明，这一主张具有可行性。

接续徐致祥以及工部主张。在一片呼声中，广西巡抚张曜被确定为合适人选，前往山东新河道进行实地查勘。② 不过，事态的发展并未遵循此前各方建议的逻辑。奉命到达山东之后，张曜查勘河道，督导河工，颇有成效，不久即调任山东巡抚一职，而河督却没有移驻山东督导河务，这明显与徐致祥的建言以及清廷令其仅在山东暂时署理河务的说法相悖。或许张曜备感不爽，在调任山东巡抚一职后，想尽办法推掉治河重担。

首先，接续陈士杰于辖区设立河防总局的奏请，张曜再上奏折，请求"在省城设立河防总局，委前臬司潘骏文会同司道核实经理"。③ 此奏得到允准后，他又奏请"可否将头品顶戴前山东按察使潘骏文赏加京衔，以崇体制"。给潘骏文加京衔意味深刻，这等于把山东河防总局提升到了原有黄河管理机构的级别。对此，光绪帝毫不犹豫地予以否决，并以略带批评的口吻讲道："黄河工程紧要，张曜责无旁贷，着即督同潘骏文妥慎办理，所请赏加京衔之处，应毋庸议。"④ 张曜的金蝉脱壳之计化为泡影，但他并未就此罢休，只是碍于光绪帝的"坚定"态度，他退而求其次。

从前述已知，铜瓦厢改道前，东河总督管辖河段长五百多里，其中山东西南部的二百余里，虽然此时已经干涸，但是在该区域内又出现了长度大体相当的新河道。由此，张曜认为当将这二百余里新河道划拨给河督统辖，以与旧制相符。在奏折中，他力陈山东治河之艰辛以及此法可行之"依据"，大致如下：

> 从前南河总督管理河工九百余里，东河总督管理河道有工之处五百余里，自因河务重大，设立专官。自河决铜瓦厢，黄流入山东省，兰仪厅以下直至山阳县千余里，河流干涸，咸丰十年始裁南河总督，而东河总督所管有工河道仅二百余里。今山东河道绵长九百里，从前

① 《再续行水金鉴》黄河卷《陈侍郎奏稿》，第 1798 页。
② 朱寿朋编《光绪朝东华录》，总第 2042 页。
③ 《光绪朝朱批奏折》第 98 辑，第 317 页。
④ 《光绪朝朱批奏折》第 98 辑，第 353～354 页。

东阿以下系大清河，其时岸高河深，水行于河历三十余年，日淤日高，水行于地，遂成为河工要区，全恃堤防为保卫。本年臣驻工二百余日，督率修防，日不暇给。伏思南河旧道，规复无时，亟应为久长之计。拟请将曹州所属濮州、菏泽起至运河口止河道二百余里，拨归东河总督管理，与从前东河原管之河道里数相等。①

对此，工部提出了反对意见，"此段工程，向由巡抚督率地方官兼管，自与从前设有厅汛专员情形不同。今如拨归东河管理，若仍循其旧，呼应既恐不灵，若量为变通更张，殊多窒碍。况工程可分诸河臣，而经费仍筹于本身。是分管之后，该抚仍不能遽卸其肩"，不过也表示此论"于工程究竟有无裨益，臣等尤难臆断。拟请饬下河东河道总督，将此段工程可否拨归管理，无庸另议修守章程，及防汛经费并将来工程，能否确有把握之处，审慎详筹，通盘计划。务期有裨大局，妥筹具奏"。② 从前述已知，东河总督一直极力反对变更其职责范围，因此将张曜之请交给河督筹议，看似慎重其事，实则为否决之意。就在此时，光绪帝发布上谕勉励张曜，"受此重任，务当不避嫌怨，力任其难"，③ 当也为反对之意。

在这种情况下，河督真正需要做的，恐怕不是如何筹议，而是怎样找些冠冕堂皇的理由否决这一主张。经过一番堪称"缜密"的思考，河督许振祎上了一份很长的奏折。他首先赞扬"抚臣张曜，尤为终岁勤勉，心力交尽，其规划之密，才智之优，可谓突过前人"。随后，又对张曜的治河处境表示理解与同情，认为他"此次请将曹州所属河防，拨归河督管辖一议，或因地段之太长，或虑帑项之难继，劳臣况瘁，亦可想见一斑"。但是接着笔锋一转，道出了自己的真实想法：

> 以黄河情形而论，守成章则易为力，当佗傺则难见功。目下河防自以山东为极难，假令如豫省上游有两岸坚堤可资防御，有各厅营汛可专责成，河势不甚变迁，用款均有着落，则专管、分管无所不可。今之山东堤埝参差，险工时出，朝廷岂不深悉其难……至于

---

① 宫中档朱批奏折，山东巡抚张曜折，04/01/01/0968/005。
② 《再续行水金鉴》黄河卷《山东河工成案》，第2209页。
③ 《再续行水金鉴》黄河卷《东华续录》，第2213页。

河臣所处，除筹防督工外，究属浮寄孤悬，用项资之地方，必先奏请，而后咨提，不能朝闻警而暮发款也。地近可即临工，若远道亦必待禀报，不能朝河南而暮山东也。呼应之不灵，更张之窒碍，部臣议之当矣。①

据此，清廷发布上谕："河工关系綦要，必须地方大吏就近督办，庶可随时抢护，迅赴事机。所有濮州等处上游河防，应仍由山东巡抚管理，以免纷更。"② 山东巡抚减轻自身负担的计策落空。

有趣的是，综观诸多反对意见明显可见，在众臣眼中，新河道治理由地方督抚负责久而久之已成"定章"！地方督抚无论以何理由试图脱身都没有用处。面对河督的陈说以及清廷的批示，张曜大发感慨："今日抚臣之办河工，实与河臣无异！"③ 一语道出了心中的几多无奈。即便如此，他仍然没有放弃努力。在他看来，既然河督不能统辖全河，也不能扩展统辖范围，那么还可以在山东内部做一下调整。或许吸取了此前的经验教训，这次他非常谨慎，没有直言其意，而先投石问路，将一直兼管河务的兖沂曹济道推出，陈明该道"向系兼管河务，该道员中衡才具明干，年力精强，由工部司员，简授斯缺，莅任以来，诸事均能实力整顿，应令就近管理辖境河务，请求修防，以资练习"。对此既不涉及河督，也不惊扰大局的奏请，清廷很快批复"着照所请"。④ 以此为契机，张曜又将事先准备好的一揽子改革计划奏了上去，亦均得到允准。大致如下：

　　曹州距豫省三百里，而距山东省城实有五百八十里之遥，前经奏明委派兖沂曹济道中衡管理曹属二百里河防，自应划清界限以重修守。计北岸自濮州起至寿张县张秋镇止，南岸自菏泽县起至寿张县十里铺止，均系该道所属地方，应归该道管理。自东阿西下北岸至历城县境止，南岸至章邱县止，派由道员张上达管理。北岸自济阳以至利津陈家庄止，南岸自齐东以至利津新庄止，派归道员李希杰管理，并

---

① 《光绪朝朱批奏折》第 98 辑，第 833～834 页。
② 《清德宗实录》卷 284，第 4 册，第 790 页。
③ 《光绪朝朱批奏折》第 98 辑，第 815 页。
④ 《再续行水金鉴》黄河卷《山东河工成案》，第 2229 页。

派候补道沈廷杞会同修防。其新筑韩家垣以下近海两堤，并拦河大坝，虽地段不长，而近海地方潮汐所至，防守尤关紧要，即派道员魏纶先管理。至提调各官，上游委派候补知府仓尔英、候补同知叶润含、直隶州知州李恩祥、候补知州王佑修，下游提调委派候补知府焦宗良，并派候补知县王钟俊、杨建烈帮同办理。所有往来稽核工料，向系吏部员外郎多培、工部主事梁廷栋，遇有紧要险工，随时随地会同抢护，又派候补道员李翼清严查沿河修防勇夫，以杜缺额之弊。其承修监修委员，以及河防各营将弁，造册送部备查。事有专管，责无旁贷，遇有不力之员，臣当随时撤参，以示惩儆。[1]

随后，他又以"山东命盗案多，刑名关系极重，势不能常川驻工，且河长一千余里，亦非一人力能兼顾"为由，将辖区河道的修守任务交予上、中、下游总办，自己仅时而"赴工查勘"。[2] 至此，山东巡抚的急迫心情或许得到了稍许平复，但是这明显与其极力主张的黄河宜复归故道，以及河督宜统辖全河等应对办法相去甚远。几年之后中日甲午海战爆发，他趁势再度奋起抗争。

（三）甲午战争期间的职责推诿

光绪二十一年（1895），中日甲午海战爆发，山东一省海防异常紧张。河南道监察御史胡景桂提出应由河督统辖全河，以减轻山东巡抚的负担。所奏大体如下：

> 近来海防吃重，兼之地方吏治、盐务、漕运，在在皆须抚臣督办，何暇分身治河？查河南七厅自河督许振祎任事以来，创设河防局，镶埽大工，仿前人成法，以砖石代秫秸，明效业已大著，若令移驻山东督工，不特驾轻就熟，名实相符，而东省百万生灵亦不致久罹昏垫之灾……河南每年派委河工人员皆有定数，薪水亦有定则，山东则随意可以添派，甚有委员子弟并未到工，冒功请奖者，不一而足。由此言之，经费万不减省，而流弊反增数倍，且每年决口请帑动辄百余万数十万不等。耗公家之帑藏，贻民间之巨患，良可叹也。诚将黄

① 朱寿朋编《光绪朝东华录》，总第2758~2759页。
② 宫中档朱批奏折，水利类，山东巡抚张曜折，04/01/05/0203/039。

河下游统归河督一手经理，管河道员即照河南，用本身实任道员兼管，厅汛各官即照直隶，由濒河之实任内同知、州判、县承等官兼管。是官不加增，而费可核减，帑不虚糜，而工可核实，责成既专，名实相称。不独河防民生大有裨益，而山东吏治、海防，该抚亦可专意经营矣。①

山东巡抚李秉衡则上奏力陈自身所处困境，自"去秋履任，即值海防事起，驻登莱者将近一年，举凡练兵、筹饷、察吏、安民以及盐务、漕运诸大端，罔敢偏废。兼以黄河险工日出，自维力小任重，深惧陨越贻羞。部臣体察两省情形，折中定议，仰荷圣慈俯允，俾臣仔肩稍卸，得以专意吏治军防，谨当勉竭愚忱，以报高厚"。② 对此奏陈，清廷命工部筹议，但在结果出来之前，"仍着责成该抚，将应行修培之处，赶紧兴修，务臻稳固，以重河防"。③ 可是，对此久悬未决充满争议的问题，工部并未直接做出决断，而是将问题抛给了河督任道镕。议复意见中讲道：

> 山东黄河一切事宜，巡抚兼辖已久，现在李秉衡业经拨款购料，妥为修筑。至河南七厅修守工程，现在春汛届临，正关紧要，任道镕仍着驰赴河南，将现在应办工程，认真经理。河督移扎济宁，有无窒碍，究竟两省河工，应否酌量变通之处，并着任道镕体察情形，通筹全局，奏明办理。④

对此看似慎重实则轻率的处理办法，御史熙麟提出了反对意见："河督必辖全河，河南、山东不宜歧视，请饬另行妥议。"⑤ 不过，事情未见反复，所涉关键人物即河督任道镕的态度也与此前河督许振祎没有根本不同。

经过一番思量，河督任道镕呈上了一道很长的奏折，力陈河督不能统辖全河。理由大致如下：

① 胡景桂：《山东河工宜责成河督总督经理疏》，王延熙、王树敏辑《皇朝道咸同光奏议》卷60下，第10页。
② 《光绪朝朱批奏折》第99辑，第641~642页。
③ 《再续行水金鉴》黄河卷《清德宗实录》，第2472页。
④ 《清德宗实录》卷383，第6册，第10页。
⑤ 《清德宗实录》卷384，第6册，第16页。

查南岸各工，上南、中河临黄埽段绵长，最为吃重，下南次之，历年大工皆由此出，攸关东南数省之安危。北岸各工……大汛将临，河督驻工，督率道厅员弁来往稽查防守，不容一日稍松。诚如该御史熙麟所奏，河南之河不决则已，决则其患必数十倍于山东。是通工之夷险，不在道路之长短也。……此十余年间，筑堤浚河堵口建坝，除奏拨官款不计外，闻已费帑一千一百余万，迄今并无成效，犹然溃决频闻。此非谋事之不忠，实亦人力所难至，惟历年为患不至如东河之甚耳！……无如桃、伏、秋三汛，正河工紧急之时，河督驻工修河，此数月间，即专管河南两岸四百数十余里河工，已有日夜不遑之势，今议统辖全河，无论东境五属创始，势所难行，即使照东河成法，规划井然，事事应手，而济宁离河南工次约五百余里，离山东济南、武定中下游最要工次约七百余里，伏秋大汛，河势顷刻变迁，顾此则失彼，断非一人所能兼筹，亦非一人所能遥制。……河督移驻济宁，固属窒碍难行，统辖全河，亦系鞭长莫及，臣实未敢迁就，贻误将来。且黄河自入东境已四十余年，皆由历任抚臣应机筹策，缓急可恃，呼应较灵，臣实身当其境，非敢为遥度之辞……东境河工之治与不治，不系乎河督之设与不设，应仍归巡抚兼管，以一事权而免纷歧。

从所陈来看，他仍强调东河工繁事重，关系匪浅，并非众人所言，至于山东新河道状况，则轻描淡写，以"巡抚兼辖，以一事权"且为"惯例"敷衍带过。对此陈奏，清廷认为"自系实在情形，河南、山东两省河工，应仍照历年办法，署河道总督、山东巡抚各专责成，认真经理，以一事权而免贻误"。①

（四）清末设置新河道层级管理机构的构想

光绪二十四年（1898）前后，由于遭遇洪水，山东新河道"漫口之多，工程之难，为近年所未有"。②对此情形，清廷不得不予以重视，并派李鸿章前往"周历河干，履勘情形，通筹全局，拟定切实办法，必须确有把握，实在可行"。经过实地调查，李鸿章提出了十项治河办法，其中包括在新河道设置厅汛及堡夫以加强管控等措施。大致为：

① 朱寿朋编《光绪朝东华录》，总第3774～3776页。
② 《光绪朝朱批奏折》第100辑，第179页。

　　两岸堤成应设厅汛，并按厅设立武职额缺，以专责成也。河工本系专门之学，非细心讲求，躬亲阅历不能得其奥窍，故河员例无选缺，无论截取候补人员到班应补，必须试署一年，期满安澜方请实授。……计山东两岸工长一千四百余里，又将来下口添堤一百余里，应设厅官十员，汛官四五十员，方足以资分守。官缺似可由山东及各省同通拨补，俸廉不必另筹，惟须酌给津贴，以资办公。厅汛既设，上游归兖沂道管辖，中游归济东道管辖，下游归武定府管辖。但须有熟悉河务之人为之统率。查雍正二年曾设副总河，七年改为河南、山东河道总督。将来应否复设总河，抑专派大员督办之处，俟大工告竣请旨办理。至河工武营本系专管埽坝，查东南河定章每一厅设守备或协备一员，亦有设都司者，督率兵弁工作乃其专责。都守以下复设千把外委等缺，以出力兵弁拔补，终其身在修防之中。故诸事谙练，常为厅汛所取资。今查山东河防各营犹沿操防营制。弁兵出力无额缺可补，不足以资鼓励，营哨官年久资深，欲酬其劳勤，势必补署地方之缺，转令熟手离工，非所以重河务而练人才。拟请奏设厅汛之时，一并援案办理。……

　　设立堡夫以期永远保护堤工也。……应按每里设堡夫一名。山东黄河新旧堤工将来合长一千六百里，共设堡夫一千六百名。应选沿堤朴实农民有家室者各给堡房一座，终年居住堤上。凡栽草栽柳、搜捕獾洞鼠穴、填补水沟道口、看守料物、传送水签公文诸事，皆惟堡夫是任。其堤脚内外十丈种柳隙地，照章准其种植度活，不另给口粮。如系险工地段，大堤内外皆水，无地可种者，应酌给口粮，由岁修款内核发。①

明显可以看出，其法以原有治河规制为蓝本，欲在山东新河道已设三道之下设置厅、汛、堡三级管理机构。不过，清廷认为此大治办法"繁琐委曲，断难克期告成"，"为今之计，惟有择要加修两岸堤埝，疏通海口尾闾，既为目前救急善策，亦即治标以待治本之要图"。②

---

① 《勘筹山东黄河会议大治办法折》，顾廷龙、戴逸主编《李鸿章全集》第16册，第115～116页。

② 朱寿朋编《光绪朝东华录》，总第4326页。

李鸿章的构想虽未获清廷支持，但是此后山东巡抚周馥仍在模仿原有治河规制，加强河防建置。光绪三十年，他请将黄河两岸菏泽、濮州、郓城、范县、东平、寿张、东阿、阳谷、平阴、肥城、齐河、长清、历城、济阳、章丘、齐东、青城、滨州、蒲台、惠民、利津21州县，"无论原缺繁简，改为兼河之缺，归三游总办节制调度"，[①]"以专责成。其沿河州县原设同通佐贰等官，请酌量移驻河干，责令经理河务，以辅助州县所不及"，得到批准实施。[②] 光绪三十二年，经署山东巡抚杨士骧奏请，沾化县也"改为兼河之缺，遇有险工，帮同营委抢护"等。[③] 也就是说，随着时间的推移，新河道上逐步设置了地方性治河规制。

总而言之，沿河地方督抚尤其山东巡抚与东河总督几经推诿争论，仍未能改变自铜瓦厢改道之始即形成的新河道责任归属的事实，万般无奈之下，仿照原有治河规制在辖区设置了地方性治河规制。透过这一过程明显可见，山东巡抚虽然极不情愿承担治河重担，屡屡抗争试图推给河督，但是其实际治河实践还是成了诸多大臣眼中的"定章"，无可更改。再者，双方矛盾的焦点看似在东河以及江苏财赋之区与山东相比较孰重孰轻这一不争自明的问题，实则由当时的政治局势决定。也就是说，在急剧动荡的晚清政局中，尽管山东河患尤重，甚至危及京畿，清廷并无意于此，及至清末更"无暇议及河防事"。不过，山东巡抚抗争的无果而终以及地方性治河规制的设立在某种程度上意味着，原有治河规制已失去存在的必要，其中蕴含的政治意义也逐渐丧失。清王朝已日薄西山，时日无多。

第四节 清末黄河管理制度的终结

甲午战争之后，古老的中国陷入了瓜分豆剖的危局，清朝大厦将倾。受此影响，在论争中屡屡"胜出"的河督命运多舛，伏起不定，终被裁撤，延续了二百多年的黄河管理制度随之彻底退出了历史舞台。

---

① 《山东巡抚周拟请将黄河两岸各州县改为兼河之缺折》，《东方杂志》1904年第5期。
② 《清德宗实录》卷529，第8册，第54页。
③ 《清德宗实录》卷562，第8册，第436页。

一　"百日维新"期间河督旋撤旋复

众所周知，光绪二十四年（1898）六月，戊戌维新运动几经酝酿达于高潮，光绪帝接连发布谕旨，试图从政治、经济、文化等各个方面进行改良，而以慈禧太后为首的顽固派虎视眈眈，伺机发动政变予以扼杀。戊戌维新如昙花一现，历时仅103天。就在这一百余天时间里，河督命运大落又起，先是在维新浪潮中遭裁撤，旋即又于政变之后恢复。

光绪帝发布的政治方面的改良谕令，如裁汰冗员，取消闲散重叠之机构等，包括裁撤东河总督及其所在管河机构。七月十四日发布的裁撤上谕中讲道："现在东河在山东境内者，已隶山东巡抚管辖，只河南河工由河督专办，今昔情形，确有不同。着将东河总督裁撤，东河总督应办事宜，即归并河南巡抚兼办。"① 两天之后，又电谕河南巡抚刘树堂："河南河工已归并巡抚兼办，刘树堂责无旁贷。着督率道厅各员，将防汛事宜，认真筹办，毋稍疏虞。仍将接办情形，先行电奏。"② 考虑东河总督不仅负责河南段黄河的日常修守，还兼负山东段运河，续又谕令"河东河道总督一缺，前经降旨裁撤，所有旧管之山东运河，着归山东巡抚就近兼管，以专责成"。③

对此"突如其来"的变革，刘树堂似乎并未做好思想准备，不过还是表示体念时艰接手河务。在奏折中，他一番慷慨陈词：

> 窃维时艰方急，强敌满前，非亟变新法，无以靖四邻窥伺之阴谋，非亟改旧章，无以示天下更新之气象。圣主锐意及此，诚天下万世之福。微臣深受国恩，忝膺疆寄，虽在一隅僻处，每以天下为忧。凡近日颁行新法，莫不竭力奉行，次第举办，以期仰赞维新之政。凤夜兢兢，常怀祗惧，今复承命兼办河工，任巨责重，报称愈难。臣惟治河从无上策，任事贵有实心，但能工归实用，必无意外之虞。④

① 《再续行水金鉴》黄河卷《东华续录》，第2579页。
② 宫中档朱批奏折，内政-职官，东河总督任道镕折，04/01/12/0585/078。
③ 中国第一历史档案馆编《光绪宣统两朝上谕档》第24册，广西师范大学出版社，1996，第362页。
④ 宫中档朱批奏折，内政-职官，河南巡抚刘树堂折，04/01/13/0390/040。

不仅如此，鉴于裁撤谕令中仅言裁撤河督之事，没有涉及善后事宜，刘树堂再上奏折，详陈具体裁撤计划，以顺利接手河工事务。内容主要包括：东河机构裁撤后文卷如何保存，济宁原东河总督驻地的文卷如何处理，河员如何安置，河督关防如何封存，以及此后应该把山东段黄河称为东河，而将河南段改称豫河等。对此一揽子改革计划是否可行，光绪帝命工部筹商。① 稍后，刘树堂又奏请改铸巡抚关防，"增入兼理河务字样"，以符兼办之实际情形，得旨允准，"着改铸兼理河务字样"。② 七月二十七日，光绪帝再发上谕，督促裁撤事宜，"现在东河在山东境内者，已隶山东巡抚管理，只河南河工由河督专办。今昔情形确有不同，所有督抚同城之湖北、广东、云南三省巡抚，并东河总督着一并裁撤。其湖北、广东、云南三省，均着以总督兼管巡抚事，东河总督应办事宜，即归并河南巡抚兼办"。③ 总之，在短短十几天时间里，随着接连几道变法上谕的下达，存在了二百多年的河督即结束了生命，不过如同百日维新旋起旋灭那样，不久就得以恢复，被裁河督也重新回到了任上。

戊戌维新运动遭到以慈禧太后为首的顽固派扼杀后，诸多改良措施也被否认或者颠覆，河督即在此形势下得以"还魂"。八月二十八日，慈禧太后发布懿旨，"河东河道总督是否可裁，着军机大臣、吏部归入议复裁缺巡抚案内，一并议奏"。以亲王世铎为首的诸多官员深谙懿旨之意，于九月十八日联名上奏力陈河督不可裁。所述大体如下：

> 伏查河东河道总督一缺，雍正七年，由副总河改为山东河南河道总督，分管南北两河。自黄河北徙，山东境内黄河，由东抚督办修守，其运河工程，并河南境内黄河，仍由河道总督管理，所有黄运两河厅汛，大小各员，及河标营弁，统归河道总督节制。现在河督缺虽议裁，而沿河文武，俱有修守之责，未便一概裁汰。仅裁去河督一缺，所省俸银养廉等项，实属有限，且河南巡抚身任地方，公事繁重，河督须终岁巡历河干，亲筹修浚，实非巡抚所能兼顾。所有河东河道总督，应否复设之处，谨附片会奏，请旨。

---

① 《光绪朝朱批奏折》第 100 辑，第 126～128 页。
② 《再续行水金鉴》黄河卷《清德宗实录》，第 2584 页。
③ 《光绪宣统两朝上谕档》第 24 册，第 331～332 页。

从前述已知，河南巡抚刘树堂曾就具体裁撤事宜上奏光绪帝并得到允可，并非世铎等人所言"仅裁去河督一缺"。当然，他们有意回避此事以为颠覆这项改革提供证据。对此奏陈，慈禧太后颇为满意，随即发布懿旨，"河道总督一缺，专司防汛修守事宜，非河南巡抚所能兼顾，着照旧设立"。① 卸任不久的任道镕遂重新回到东河总督任上。可是此后，八国联军侵华，政治局势急转直下，清王朝面临着更为严峻的危局，河督将再次面临生死考验。

二　庚子事变后黄河管理制度的解体

光绪二十六年（1900），八国联军攻陷北京，清政府被迫签订了赔款金额空前的《辛丑条约》。按照条约规定，各项赔款总额达 4.5 亿两白银，分 39 年还清，利息四厘，本息共计约 9.8 亿两。对此数目惊人的赔款，亲王奕劻与李鸿章虽然签了字，但随即发出慨叹，"当此财源匮竭，仰屋兴嗟，何从筹此巨款？"② 由此也不难想见，清廷为偿还赔款背负了多么沉重的财政包袱。筹措上谕中这样讲道：

> 此次偿款为数过巨，自应分饬各督抚合力通筹。各省库款支绌，朝廷固所深知，然当事处万难，必得竭力筹措，确有指抵之款，庶不致各国借口侵我自主之利权。着各省通盘核计，将一切可省之费，极力裁节。至地丁、漕折、盐课、厘金等项，更当剔除中饱，涓滴归公。此外，应如何设法之处，亦须悉心筹度，不遗余力，以期凑集抵偿。该督抚等受恩深重，其各激发天良，力维大局，不得以无款可筹，稍存诿卸。现在款议渐将就绪，为期甚迫，着即将筹定情形迅速电奏。③

言辞中明显可见清廷为巨额赔款所累的沉闷之气。在"将一切可省之费，极力裁节"思想的主导下，漕粮改折，河督被撤，延续了二百多年的黄河管理制度走到了尽头。

---

① 《再续行水金鉴》黄河卷《东华续录》，第 2589～2590 页。
② 朱寿朋编《光绪朝东华录》，总第 4678 页。
③ 沈桐生辑《光绪政要》卷 27《谕各省督抚通筹偿款》，第 15～16 页。

其实漕粮改折早在太平军兴以及铜瓦厢决口改道之时就已部分实行，只是此后受诸多因素的影响，漕粮时海运，时河运，或者部分改折，及至此时，在筹措赔款的压力之下，才全部改折。光绪二十七年七月二日，清廷发布谕令：

> 漕政日久弊生，层层剥蚀，上耗国帑，下朘民生，当此时势艰难，财用匮乏，亟宜力除糜费，核实整顿。着自本年为始，各直省河运、海运，一律改征折色。责成该督抚等认真清厘，将节省局费、运费等项悉数提存，听候户部指拨。并查明各州县向来征收浮费，责令和盘托出，全数归公，以期集成巨款，仍由该督抚将提存归公各数目先行具奏。①

其中一句"时势艰难，财用匮乏，亟宜力除糜费，核实整顿"，道出了此时清廷筹措赔款之迫切心情与不择手段。实际上，停止漕运，漕粮改折，除了可以节省"局费""运费""浮费"等，还在很大程度上意味着，大运河的日常修守也不必再花费帑金维持。如此一来，自铜瓦厢改道起东河总督屡议不撤的根由也就不复存在，黄运两河相关管理机构随之裁撤势所必然。何况其运转经费早就受到关注。

漕粮改折令下达不久，东河总督锡良意识到"至风会变迁，自当因时损益，所谓甚者，必改弦而更张之也"，既然漕粮已经全部改折，河督及东河机构也就失去了存在的必要，"自河督以至所属文武员弁兵丁，有宜裁者，有宜酌裁者，有宜分限陆续裁汰者，有宜仍旧者"。具体情形如下：

> 今既漕米改折，运河从此无事，河臣所司，仅止豫省两岸堤工，事甚简易。虽有桃、伏、秋、凌四汛，惟伏、秋两汛为重，余皆次之，如能料石筹积有素，自可有备无虞。故奴才到任以来，专以购备石方为急。然此区区之擘画，畀之抚臣，足可兼顾。拟请将河东河道总督一缺，即予裁撤，仿照山东成案，改归河南巡抚兼办。抚臣本有兼理河道之责，无可诿卸，且事权归一，办理尤觉裕如，非仅为节省廉俸起见也。此河道总督之宜裁者，一也。

> 河运既停，山东运河道一员，同知二员，通判四员，佐贰杂职五

十二员，额夫二千七百余名，几成虚设，似应酌量裁汰。惟该处闸坝甚多，专司蓄泄，以通商运，而卫民田，拟请将兖沂曹济道移驻济宁，兼办运河事务。其岁修河工，改归地方会办，随时由山东抚臣专派委员经理，免致岁修经费又入州县之私囊，致运河日久淤塞。此运河官员夫役宜酌裁者，一也。

河标向设中、左、右三营，专为护运。计中营副将一员，都司一员，千把外委九员，弁兵二百九十六名。左营参将一员，守备一员，千把外委九员，弁兵三百八员。右营游击一员，守备一员，千把外委九员，弁兵三百一十一名。河运既停，既无催趱之劳，又无护送之责，自应裁汰。惟官弁兵丁，将及千人，遽予摈弃，未免可悯，拟请将官弁兵丁，分限五年，陆续裁减，其官弁归入山东抚标当差，遇缺补用。此河标中、左、右三营，宜分限陆续裁汰者，一也。

河标向设城守营，专司捕盗弹压地方。计都司一员，守备一员，千把外委六员，弁兵三百九十七名。又运河道属运河营，专司修防，计守备一员，协备一员，千把外委十三员，河兵三百八十名。以上二营，应否裁留，应由山东抚臣核办。此河标城守营、运河道属运河营，应斟酌裁留者，一也。

河南河工，向设南北两道八厅。计巡守地方兼理河务道二员，专管河工同知五员，通判三员，佐贰杂职二十三员。又豫省河营都司一员，守备二员，协备五员，千把外委十九员，弁兵一千二百四十九名，专司修工防汛，关系至重。以上各员名，应请仍旧。此河南黄河文武员弁兵丁应全留者，一也。①

综合来看，锡良拟定的裁留计划主要包括以下几个方面：裁撤河督，将其统辖的黄河河段改归河南巡抚负责，山东段运河改归山东巡抚管辖，以下河员酌裁；东河河兵中负责护运漕粮的裁撤，负责设城守营的酌裁，负责河南段黄河修防事宜的则全部保留。不难看出，实际上仅裁撤了东河河督以及负责运河部分的机构及相关人员，保留黄河部分明显有利于其本人改任河南巡抚后接手河务。不过于清廷而言，只要能够节约经费，就不会有

① 宫中档朱批奏折，水利类，东河总督锡良折，04/01/05/0196/009。

反对意见。因此，对此符合"情势"之请，虽命政务处、户部、兵部筹议，但是未待商筹结果出来，就于该年十一月命"河南巡抚松寿，随扈进京，以河东河道总督锡良兼署河南巡抚"①。此举当有为裁撤东河总督及相关管理机构以节约经费筹措赔款而做的考虑。

翌年正月，筹议结果出炉，政务处、吏部、兵部以及庆亲王奕劻等均表示赞可，政务处还提出应由锡良本人负责具体的裁留事宜：

> 今之论裁官者，每以河漕两督所属员弁为言，现值整顿官制，力除冗滥之时，臣等正拟咨行各省疆臣，体察情形，核实裁减，而锡良已先有此奏。该河臣现任河道总督兼署河南巡抚，其言由于身亲目击，自属确实可凭。所拟宜裁宜留及分别缓急各节，筹划甚为详明，自应如所请行，并请饬下该河臣即将裁并各事宜一手经理，足昭妥慎。②

稍后，庆亲王奕劻等人也上奏表示对锡良的奏请没有任何异议。综合各方意见，清廷随即发布裁撤上谕：

> 所有河东河道总督一缺，着即裁撤，一切事宜，改归河南巡抚兼办。其酌拟宜裁宜留，及分别缓急各节，均着照所请行，仍责成锡良将裁并各事宜一手经理，俟诸事办有头绪，再行奏明请旨。其裁汰各员弁，及应裁兵丁，着吏、兵二部随时查核办理。至运河道，现既裁撤，该河督请将兖沂曹济道移驻济宁，兼办运河事务。并河标城守营，运河道属运河营弁兵，应否裁留，及此后运河修浚事宜，着山东巡抚察酌地方情形，详议具奏。③

二月二十一日，已改任河南巡抚的锡良再上奏折，就一些细节问题陈述了自己的看法。包括河督的关防应该缴存，应修改黄河修守章程，变更河南段黄河名称为豫河，山东段为东河等。④ 既然清廷为筹措赔款急切地

---

① 《再续行水金鉴》黄河卷《清德宗实录》，第 2689 页。
② 政务处：《会议裁撤河督事宜疏》，王延熙、王树敏辑《皇朝道咸同光奏议》卷 25，第 14 页。
③ 《光绪宣统两朝上谕档》第 28 册，第 18 页。
④ 宫中档朱批奏折，河南巡抚锡良折，04/01/01/1055/012。

想将河督及相关机构裁撤，那么对于这些细部问题自然不会有什么意见，他们最为关心的当为裁留一事能节省多少银子。随后，深谙此意的锡良将裁留之事所能节省的银两数目进行了统计汇报，"现因河督裁撤，归并抚臣，兼顾统筹，责无旁贷。奴才督同道厅各员，复将可裁之费剔减净尽，通盘筹划，如无异常险工，计每年约可省出银十万两"，"所有力筹节省河工经费，拟请备拨赔款缘由，是否有当……"。① "十万"两白银，或许于此时清廷财政而言为一个不小的数字，但是于数额高达9.8亿两的庚子赔款简直就是九牛一毛，然而清廷就是在这样筹集赔款。

总之，在清末急剧动荡的政治局势中，河督大落大起，终被裁撤，延续了二百多年的黄河管理制度随之解体。十余年后，清政府的统治也走到了尽头。

小 结

透过铜瓦厢改道后黄河管理制度的解体过程明显可以看到，其每一步重要变化都带有很深的时局印痕。起初，旧河道干河部分河段相关官员及管理机构被裁撤的直接动因，来自频繁的内外战争给清廷造成的财政困境，剩下的部分于庚子事变后被彻底裁撤，又为筹措巨额赔款所迫。其间，东河有工河段虽然仍由河督负责，但是受时局影响，受重视程度以及相关经费的拨付已然无法与清前中期相比。时起时伏的新河道责权归属之争，以及山东巡抚无奈之下在辖区内设立地方性治河规制，又从另一个侧面揭示了晚清动荡的政治局势对河工事务的深刻影响。再综合清前中期黄河管理制度的创置与发展过程可见，其可谓一张清王朝兴衰存亡的晴雨表。就像以往研究所述，"由于相关管理机构为清朝行政体系的重要组成部分，它在清代又经历了一个从创立、发展、衰落直至最终解体的较为完整的过程，这个体制的解体与十年之后清王朝覆亡之间并非巧合"。②

---

① 锡良：《节省河工经费备拨赔款折》，《锡清弼制军奏稿》，文海出版社，1974，第209页。
② Chang-Tu Hu, "The Yellow River Administration in the Ch'ing Dynasty," *The Far Eastern Quarterly*, Vol. 14, No. 4, Special Number on Chinese History and Society (1955), pp. 505 – 513. 此外王振忠的《河政与清代社会》[《湖北大学学报》（哲学社会科学版）1994年第2期]、郑师渠的《论道光朝河政》（《历史档案》1996年第2期）、王林的《黄河铜瓦厢决口与清政府内部的复道与改道之争》[《山东师范大学学报》（人文社科版）2003年第4期]等论文亦有类似意旨。

第四章　民埝与官堤：新河道治理的地方实践

铜瓦厢改道后，新河道亟待治理。不过先出现了大量基层官绅百姓自行修筑的民埝①，二十余年后，官修大堤才提上日程，并且与清前中期不同，担负重任者不是河督，而是沿河地方督抚。这一变化意味深刻，也昭示着晚清黄河治理地方化的整体趋向。本章拟厘析特定时空背景下民埝与官堤的修筑过程及其相关因素，以探讨晚清黄河治理从中央到地方的实践路径，揭示时局于河务影响之具体而微。

第一节　民埝修筑：基层官绅的治河努力

一　清廷授意下民埝的修建

铜瓦厢改道之初，清廷对于新河道治理的意见为"因势利导，设法疏消，使横流有所归宿，通畅入海，不至旁趋无定，则附近民田庐舍，尚可保卫"。② 至于具体措施，则由河督李钧委派张亮基前往实地勘察后制定。而张亮基经勘察认为，由于局势紧迫，对四处泛滥之黄水可施"顺河筑埝""遇湾切滩""堵截支流"三策，③ 实际仍属清廷所言"因势利导"之法。对此，清廷认为"用力易而见效速，实为该民人等保卫室家至计"，

---

① 黄河堤坝由官堤与民埝两部分组成，如果仅谈堤与埝，二者没有根本区别，即《河工要义》所言"堤防也，与堤通。以土壅水曰堤，亦称为堰，堰，俗作埝。堤堰二字，名异实同，皆积土而成障水不使旁溢之谓也，故河工通用之"。若细究，二者又因修守不同而有所区别，即"由官修守者曰官堤官堰，由民修守者曰民堤民堰"。（章晋墀、王乔年述《河工要义》，第7页，沈云龙主编《中国水利要籍丛编》第4集第36册）通常情况下，民埝是"堤内村庄每于其村之上流，筑堤围村，以防水患"修筑的（民国《青城续修县志》卷5《舆地志·河渠》，第46页），它时常会因扰乱官方的修筑秩序而被禁止。

② 黄河档案馆藏：清1黄河干流，下游修防·决溢，咸丰1～11年。

③ 《再续行水金鉴》黄河卷《黄运两河修防章程》，第1137～1138页。

并命"直隶、河南、山东各督抚，饬令地方官吏，疏浚积潦，剀切晓谕绅民等，量力捐资"。① 这看似将新河道治理重担交给了沿河地方督抚，实际上由于时处战乱，地方督抚也无暇顾及河务。这一局面多少像当时的一首诗中所描述的：

> 频岁黄河向北行，狂澜几遍山东地。
> 转瞬桃花春潮生，或疏或筑无人议。②

不过，面对"突如其来"的灾难，黄泛区基层官绅百姓或体念时艰，或出于自卫的本能，纷纷行动起来修筑拦御黄水的小坝，亦称民埝。据李钧奏报，在河南灾区，"绅耆等，咸知军务未竣，经费孔艰，重烦我皇上宵旰焦劳，痌瘝在抱，情愿富户出粮，贫户出夫，通力合作，互相保护。察其救灾捍患之意，发于至诚"；③ 在直隶灾区，"已有乡民荷锸携筐，自行筑做小堰，以卫田庐"。④ 诚然，河督所描绘的灾区官绅百姓团结一致共御灾难的场景不免有美化的成分，不过在当时的局面下，很多责任一方的地方官绅确实自觉带领基层百姓修筑埝坝，御灾捍患。尤其在山东重灾区，类似情况不胜枚举。

济宁直隶州知州宗稷辰"周历下游两岸，劝民筑埝，是为山东民埝之始"。⑤

平阴县知县张鹭立"率民筑沿河堤埝"。⑥

蒲台县知县"邬畬经督率民修城北顺河堤一道，长延蒲境"。⑦

"齐东县知县苏名显，保护县城，并劝筑民埝，建筑闸坝，俱臻妥善。前任利津县知县宋炜图，现任利津县知县王亮采，先后抢护土石各坝，克保县城。"⑧

---

① 《清文宗实录》卷180，第3册，第1014页；《清文宗实录》卷187，第3册，第1096页。
② 俞樾：《丙辰二月初三日出棚考试大风渡黄河作》，侯全亮、孟宪明、朱叔君选注《黄河古诗选》，中州古籍出版社，1989，第337页。
③ 军机处录副奏折，黄河水文灾情类，东河总督李钧折，03/168/9344/11。
④ 《再续行水金鉴》黄河卷《黄运两河修防章程》，第1141页。
⑤ 民国《济宁直隶州续志》卷10《职官》，第41页。
⑥ 光绪《平阴县志》卷4《人物》，第41页。
⑦ 《再续行水金鉴》黄河卷《蒲台县志》，第1161页。
⑧ 《再续行水金鉴》黄河卷《东河奏稿》，第1176页。

在菏泽县，士绅谷韫琢"率众堵防，又会集各村，沿河筑堤，河东百余里，卒无水患"；[1] "知县童正诗督塞堤口，城乃无恙"。[2]

在东明县，士绅李"恒督修堤堰，城赖以亡恙者数年"。[3]

齐东县的杨乃骅自改道起数年时间里坚持不懈，"举凡坝河筑堤，黄河修堰，筹赈济民，厢埽送料，以及修书院，练乡团，邑中一切公事，几乎靡役不与"。[4]

基层官绅自觉组织发动受灾百姓，比较积极地投入新河道治理工程之中，从一个侧面显现了他们对基层社会的责任感与较强的调控能力。不仅如此，改道之初，新河道治理所需物资也主要由基层官绅百姓自行筹措。要而言之，筹集方式主要有两种。第一，官绅带头捐输。比如惠民县"知县凌寿柏，出银四百两，倡捐修筑。六年春，亲莅督工，复加赏京钱二千串，绅民感激，踊跃趋工，十余日工竣"。[5] 第二，以工代赈，节减开支。比如长清县士绅考虑修筑堤埝需款较多的情况，建议"集灾区丁壮兴筑，不必筹款，即碾动该县仓谷，以工代赈"。[6] 对此不用官帑自行筹募经费的做法，清廷自然表示满意。咸丰九年（1859），河督黄赞汤在奏报山东一省治河情况时曾特意提到"惠民县知县凌寿柏，堵筑白龙湾，四年来均无水患。并挑浚徒骇河八十余里，境内一律疏通，未曾动用官帑"。[7] 不过对于特殊情况，也有"慷慨"之举。比如在直隶东明县，"前因豫工漫口，于东南顶溜处筑坝拦水，旋经冲塌，城瓦垫陷，至九十余丈之多，自应急筹堵筑。着照该署督所议，劝谕居民，暂行迁徙，其由司库筹拨实银一万两，解交大名道库，以备迁徙抚恤之用"。[8]

二　民埝能否担当御水大任的争议

在基层官绅百姓的共同努力下，新河道两岸出现了大量民埝。据《山

① 光绪《新修菏泽县志》卷 11《人物》，第 66～67 页。
② 光绪《新修菏泽县志》卷 3《山水》，第 11 页。
③ 民国《东明县新志》卷 11《忠义》，第 52 页。
④ 民国《齐东县志》卷 5《人物》，第 32 页。
⑤ 《再续行水金鉴》黄河卷《惠民县志》，第 1114 页。
⑥ 《再续行水金鉴》黄河卷《黄运两河修防章程》，第 1147 页。
⑦ 《再续行水金鉴》黄河卷《东河奏稿》，第 1176 页。
⑧ 《咸丰同治两朝上谕档》第 7 册，第 174 页。

东通志》记载，铜瓦厢决口之后数年间，"张秋以东，自鱼山至利津海口，地方官劝民筑埝，逐年补救，民地可耕，渐能复业"。① 河督黄赞汤在奏报中也提及，"历年来，经该管各州县谆劝绅民，或筑埝拦御，或堵塞支河，黄流稍顺，清水渐分，较之五年分漫淹情景，迥不相同"。② 对于此番情景，咸丰帝颇感"欣慰"之余决定予以奖励：

> 濒河之长清、惠民、齐东、利津等县，当伏秋大汛，水势甚涨，或冲刷决口，或刷及城垣，经各该县抢筑土埝，抛护砖石，数载以来，得以捍御无虞，自应量予奖叙，以昭激励。所有连年捐资出力之历任各知县，及节次委勘劝办之员，着准其查明，会同山东巡抚择尤保奏。③

从官方奏报及所记来看，改道之初，新河道治理就取得了明显成效，而事实远未至此。通过前面章节已知，黄河改道后河患非常严重，新河道两岸几乎无处不灾，尤其铜瓦厢口门至鱼山段，黄水在广阔的平原上肆意漫流，一时很难分辨哪里是河道。十余年后，西人内伊·埃利阿斯前往勘察时看到，自鱼山迤上大约153千米的范围内，黄河没有固定河床，水面宽16~24千米，被黄水淹没的大片地区，地面、树木甚至村庄若隐若现，并言这应该不能叫作"河"。④ 另一西人从鲁西北临清去往聊城时也看到，大平原上到处都是黄水，整个城市几乎被水包围。⑤ 不难想见，新河道治理事同创始，需要实施大规模有计划的系统工程，仅靠基层官绅百姓修筑民埝根本不可能达到拦御黄水的效果。何况他们在治河实践中限于人力、物力以及自身利益，往往"各卫身家"，"聊顾目前"。⑥

实际上，基层官绅自发修筑的民埝多"尺寸较卑，节节为之，未能联贯"。⑦ 同治十二年（1873），东河总督在对直隶东明、长垣、滑县、开州

① 民国《山东通志》卷122《河防·黄河》，第5页。
② 《再续行水金鉴》黄河卷《绳其武斋自纂年谱》，第1174页。
③ 《咸丰同治两朝上谕档》第10册，第551页。
④ Ney Elias, "Notes of a Journey to the New Course of the Yellow River in 1868," *Proceedings of the Royal Geographical Society of London*, Vol. 14, No. 1 (1869–1870), pp. 20–37.
⑤ "The Yellow River," *The South London Chronical*, July. 20, 1867.
⑥ 《再续行水金鉴》黄河卷《山东河工成案》，第1299页。
⑦ 《再续行水金鉴》黄河卷《山东河工成案》，第1198页。

四县堤埝进行勘察时发现：

> 东岸自长垣县治之楼寨起，至廖家楼北接东明县治之车辆集止，旧有民埝，半多残缺。自此向东北行八十余里，至山东菏泽县界，并无民埝，统计长一百三十余里。西岸自祥符县治之清河集，至长垣县治之大车集，始有民埝。至桑园止，共六十里，旧有民埝，亦多残决。滑县境内，并无民埝，又自开封之海同镇起，至清河头止，长五十里，旧有民埝，内有一段，尚存基址，其余四十余里，坍塌无存。自此三十余里，至旧有之太行金堤，亦无民埝。统计长一百四十余里。此东西两岸民埝，断续有无之情形也。[①]

光绪年间，山东巡抚张曜在勘察辖区黄河治理情况时亦曾看到，沿河居民所筑民埝，由于"人力之多寡不齐，财力之贫富不同，是以工程之高低厚薄，未能一律。及其河流冲刷，低者陷而高者亦陷，薄者溃而厚者亦溃"。[②] 如此诸多情形表明，基层官绅自行修筑的堤埝对于抵御汹汹黄水所能发挥的作用非常有限。即便如此，在当时的局势下，有朝臣提出应借民资民力修筑口门以下至张秋段全部堤埝。

咸丰十年（1860），河督黄赞汤作此奏请，其言大致如下：

> 数载以来，经各该县前后任随时捐资抢筑土埝，抛护砖石，借以捍御无虞，自应予以奖叙，以励将来……大汛期内，各该县照常修防，并无懈怠。至张秋以上至兰阳口门数百里现走之河，分歧错出。从前民间修筑土埝，虽多或保室庐，或捍御田亩，但尺寸较卑，节节为之，未能联贯。现须宽以岁月，令地方官因地制宜，设法董劝，阅时既久，见功必多，或可一律兴修，不费帑项，悉臻完固。[③]

同年，侍郎沈兆霖也提出了类似主张：

> 应请饬下直隶总督、山东、河南巡抚、东河总督悉心酌议，核实查估，剀切晓谕。令各处绅民，力筹措办，遴派熟谙河务之道府大

---

① 《再续行水金鉴》黄河卷《乔勤恪公奏议》，第 1421 页。
② 沈桐生辑《光绪政要》卷 12《山东巡抚张曜筹备黄河工程经费事》，第 25～28 页。
③ 黄河档案馆藏：清黄河干流，河政奖惩，咸丰同治宣统朝，第 21～22 页。

员，会同本处州县绅士，妥为区划。或应开减河，或应筑堤埝，就逐
段形势，分别相度。其劝捐及出入银钱，雇夫购料，均归绅董经手，
毋使委员吏胥干涉，以致需索扰累。①

对此提法，清廷命东河总督、直隶总督、山东巡抚以及河南巡抚四人
筹商是否可行。毫无疑问，山东巡抚不会赞同，不过考虑时局，他措辞委
婉。先言辖区绅民"咸称民力拮据，仅能各自筑堰，保护田庐，实难集资
另筑长堤，各具呈词，恳请免办"，不"如见支流淤浅，即时知会地方官，
劝筑柴坝，或筑土格，以资淤闭，费少功多，民可乐从。如此不数年间，
可期河归一路，被水村庄，日见涸复"，"俟河归一路后，再行勘估，议筑
长堤，以垂久远而顺舆情"。② 其中所及黄泛区基层官绅百姓之舆情，河
督黄赞汤在对新旧河道问题发表看法时也曾提到。四人经"往返函商，悉
心筹议"，一致认为这一办法行不通，所陈理由大致如下：

> 兰阳口门以下，改河筑堤，既未能请帑办理，民间捐办，复力有
> 不逮，且于河内村庄庐墓，均有窒碍，拟请从缓兴举，以顺舆情。当
> 由臣等先行严饬各州县，各于所辖沿河村庄，随时劝谕绅民，自筑土
> 埝拦御，保卫田庐。并令逐年增高，俟军务完竣，筹有款项，即就民
> 间之埝，培筑长堤，则事半功倍，易于为力。③

如此，基层官绅百姓仍为御灾捍患保卫田庐各自为力修筑小埝。

综合改道之初新河道的治理情况可见，基层地方官绅发挥了主要作
用，尤其士绅阶层备受信赖，上至皇帝、河督、督抚，下到知县，时常有
类似"一切工料银钱统由绅董经理，毋得假手吏胥，致兹弊端"的声
音。④ 若在长江流域的治水实践中，这没有什么特别，⑤ 而在黄河治理问
题上却为新现象。因为清前中期黄河治理由品级较高的河督专门负责，并

---

① 《再续行水金鉴》黄河卷《黄运两河修防章程》，第 1190 页。
② 《再续行水金鉴》黄河卷《山东河工成案》，第 1206 页。
③ 《再续行水金鉴》黄河卷《东河奏稿》，第 1211 页。
④ 黄河档案馆藏：清 1 黄河干流，下游修防·决溢，咸丰 1～11 年。
⑤ 参见魏丕信《水利基础设施管理中的国家干预——以中华帝国晚期的湖北省为例》《中
　华帝国晚期国家对水利的管理》，陈锋主编《明清以来长江流域社会发展史论》，武汉大
　学出版社，2006，第 615～647、796～810 页。

有一套系统完善的规制予以保障，基层官绅所能发挥的作用比较有限。由此，这是特定时局下出现的暂时情况还是将持续下去成为定例，颇值得关注，背后隐含的治河权势的转移问题亦值得深思。

此外，在改道后的很长一段时间里，新河道尤其上游河段只有民埝，并无官堤，正如水利史学者包锡成所言，民埝是铜瓦厢决口改道后才大量出现的。① 关于民埝这一概念，水利学领域的定义为：民埝系群众为保护耕地、村庄，自修自守、逼近河岸的土堤，又称"夹堤""民堤"，其特点是防洪能力低，修筑带有一定的自发性；此种堤防，逼近河岸，影响防洪，甚至给防洪总体利益带来危害。② 日本水利史学者森田明的研究显示，民埝系在官方设置、管理的大堤内河床之肥沃淤沮地上构筑，以防被水流冲毁，从而维护其利用之目的、民间私设之堤防。③ 这两个表述有一共同之处，都认为民埝为百姓自行修筑，一般情况下，政府不会允许。而综观改道后的情况可知，民埝修筑多是在清廷授意下由地方官绅组织进行的，可谓具有一定的合法性。如果将其与清前中期的黄河堤岸防护体系做一比较还可发现，晚清民埝实际上扮演着缕堤的角色，即李鸿章所言"滨河之堤，谓之民埝"。④

第二节　官修大堤的断续进行：地方督抚担当大任

新河道"无防无治"的状况持续了数年，其间屡屡有人提议修筑两岸大堤，可是清廷一拖再拖，直到同治后期才真正提上日程。并且整个过程断断续续，颇为周折，担当重任者，并非专门负责河务的河督，而是沿河地方督抚。

一　官修大堤屡议屡置

同治二年（1863），山东巡抚兼署东河总督谭廷襄，基于对水患的深切感受奏请疏导新河道，"此时河已北行，不能再筹别策，拦水惟恃民埝，

---

① 《包锡成文集》，黄河水利出版社，1999，第 149～150 页。
② 水利部黄河水利委员会编《黄河河防词典》，黄河水利出版社，1995，第 90 页。
③ 森田明：《清代水利社会史研究》，郑梁生译，台湾编译馆，1996，第 318～320 页。
④ 吴汝纶、章洪钧编《李肃毅伯（鸿章）奏议》卷 13，第 56～58 页。

从未议及疏导，恐数年后，渐次淤垫，或海口稍有阻滞，事更为难"。然而，清廷认为"应疏应堵处所，既未专设河员，惟在沿河地方官，督率绅民，妥为筹办，民力不逮，即当官为劝捐办理"。① 考以往河工规制，河员由清廷批准设置，专门负责河堤修守，这里以没有河员为由谕令照旧由地方官绅疏导新河道，虽属实情，但也表明清廷态度一如此前。即便如此，对于沿河地方因频年遭受水患而出现的动乱，清廷不能不予以关注，也因此未对谭廷襄再次上呈的有关新河道治理的奏请置若罔闻。新河道当如何筹划治理，谭廷襄有自己的思考：

> 大约张秋以上，地势平衍，本无收束，张秋以下，循顺归槽，又苦于狭不能容，旁溢为害，本年尤甚。欲求下游之永奠，必须开支渠以减涨水。查徒骇河尚宽深，马颊则大半淤浅，必将此二河设法疏浚，再将各缺口逐一堵合，并将河流刷及城垣之处，筑坝拦护。至张秋以上，若能相地筑堤束水，自是一劳永逸之法，惟工繁费巨，力有不及，应先将开、濮两州之金堤赶紧堵筑，其濮范与菏泽比邻之史家堤，亦一并堵筑。并将旧有土埝加高培厚，择紧要处，设法接修，而后逐渐布置。②

清廷认为"所筹自系实在情形"，并"着刘长佑、阎敬铭按照该署河督所奏，严饬该管道府督令各州县，趁此冬春水小源微，将可以施工之处，赶紧劝令分投兴办，以资保卫。并会同谭廷襄妥筹办理，不得迁延观望，致直东一带居民，日久不能安业，别滋事端"。③ 显然，这一批示意见与谭廷襄的呈奏存有不小的差距，不过这恰恰说明清廷对新河道治理的决策未变，仍为由沿河地方自行负责，施因势利导之法。

翌年，胡家玉以"黄水漫淹两省，灾及数十州县，亏国计害民生，欲卫民田，必须筑堤束水，而工费浩繁，地方官劝民兴办，积年灾区，力有未逮"为由，奏请"敕各该省督抚会同履勘，自兰阳以至利津海口，通盘筹划，核实估计，移用固本京饷每年三十余万金，于秋末冬初兴工，仍照

① 《清穆宗实录》卷70，第2册，第421页。
② 《咸丰同治两朝上谕档》第13册，第649页。
③ 《咸丰同治两朝上谕档》第13册，第649页。

旧章暂开河工事例，以裕经费"。而议政王、军机大臣以及工部等经过筹商认为这一提议行不通，理由如下：

> 上游自张秋镇以上濮、范、寿张等处，河流散漫，一片汪洋，既无河身，又无旧岸，黄性挟沙而行，若无双堤夹峙，借以束水刷沙，日久势必停淤，又将变徙他处。现在民修埝圩，第就黄流漫滩所及之处，筑土拦护，势难逼水归槽，借收笼束河流之效。若移就两案（岸）相近处所，另筑双堤紧束河身，俾无散漫，则需费太巨，官民均力难兴办。自应先就民埝现修土埝，加培接修，为逐渐布置之计。
>
> 惟自兰仪厅至张秋镇绵长数百里之遥，自张秋镇至大清河清黄汇流之处，相距又数十里，工段甚广，筹费维艰。该副使以民力未逮，拟请移用固本京饷银三十万两，仍暂开河工事例以裕经费之处，户部查直隶固本京饷系专备练兵经费，保卫畿辅起见，未便移用。①

在廷臣看来，新河道治理工艰费巨，一时难以兴工，救治河患仍需贯彻改道之初所定的"因势利导"之策，至于胡家玉折中所提动用"京饷每年三十余万金"修治新河道，则根本脱离实际，无法予以考虑。或许因为类似原因，此后御史朱学笃等人的相关奏请均未得到允准实施。②

两年之后，直隶开州新河道决口，民埝所存先天不足充分暴露。直隶总督在奏报"开州黄河日渐北趋，畿疆虑遭浸灌，情形危急"之时，还提出"速宜筑长堤，以保完善"，但是鉴于"接修长堤，断非直隶一省所能办理"，"仰恳饬下东河督臣，周历履勘，会同直东豫三省，统筹全局，合力兴办"。③ 对此可能危及畿疆的灾患，清廷颇为重视，命河督与直隶、山东、河南三地督抚"统筹合力兴修"，但同时强调不能全部官办，应当区分"何处可由民办，何处须设立专官修守"。④ 翌年三月，河督苏廷魁呈奏了四人的筹商意见，其中细析修筑长堤的诸多顾虑，以及拟采取的措施。大致为：

---

① 《咸丰同治两朝上谕档》第 14 册，第 150～151 页。
② 《咸丰同治两朝上谕档》第 14 册，第 439 页。
③ 《再续行水金鉴》黄河卷《刘武慎公遗书》，第 1295～1296 页。
④ 《再续行水金鉴》黄河卷《清穆宗实录》，第 1297 页。

各州县久遭水患，沃壤悉付波臣，各该省防剿正殷，其势难于兼顾。若零星筹款，拮据趋公，功未完而水已至，半涂坐废，既经糜帑，仍复殃民。其可虑者一也。纵或饷有可筹，工能大举，而捻氛未靖，奔窜靡常，稔知河北办工，必谓银钱荟萃，心萌觊觎，偷渡难防。其可虑者二也。向无军务之年，屡办大工，必调重兵弹压，抢劫之事，尚复层见迭出。且无论大工一举，商贾辐辏，江南徐砀、安徽蒙亳等处夫棚，无不闻风而至。即开滑濮范一带，民情夙称强悍，当此羽檄飞驰，忽聚数十万无业游民于大河以北，万一奸匪潜踪，一夫夜呼，群焉思逞。其可虑者三也。

然河势日渐北趋，又何能因噎废食？惟有仍由各该督抚饬令地方州县，堵截串水支流，疏通消水去路，各就现有堤工，残缺者一律修补，卑薄者量为增培，无堤工处，筑堰拦御，犯风浪处，下埽抵搪。或由官筹款，或劝谕民修，责之亲民之官，体察情形，相机办理，务令水势不至再向北卧。一俟欃枪扫净，休养数年，再行筹画万全，普律大兴工作。①

从中可以看出，河督与三位督抚对兴举河工修筑大堤的顾虑主要集中在经费匮乏以及可能造成社会秩序混乱两个方面。考诸史实，这并非无稽之谈，但是所筹应对河患之法，一如此前，应付的成分居多，很难发挥实际效用。

对于四人的筹商意见，清廷批示如下：

黄河自兰工决口后，久未修筑，今若一律兴复旧规，筹款维艰，蒇事非易，自是实情。第黄流汎滥无归，实为沿河地方之患，亟应督饬各州县疏通宣泄，并将现有堤埝随时修筑，暂资防守，以卫闾阎。②

言外之意，在战事结束之前，新河道治理的决策不会改变，遑论"兴复旧规"兴举大工，众臣仍应一如既往地督饬基层官绅百姓拦御黄水。明显可见，官修两岸大堤仍遥遥无期。

---

① 《再续行水金鉴》黄河卷《山东河工成案》，第 1306～1307 页。
② 《咸丰同治两朝上谕档》第 17 册，第 112 页。

二　新河道上游决口与大堤的断续修建

同治中后期，黄河新河道泛滥决溢更加频繁，尤其上游河段，自改道以来仅仅依恃基层官绅修筑的小埝，不可能从根本上起到拦御黄水的作用，官修大堤势在必行，而正式提上日程是在一次大规模民埝决口之后。

（一）侯家林决口与南岸大堤的修建

同治十年（1871）八月初七日，山东郓城侯家林处民埝决口，口门约"八十余丈"。① 此为铜瓦厢改道以来新河道上出现的首例大规模决口。据《申报》报道："郓城侯家林黄河冲决民埝，水势漫溢，自该县北乡直趋县城，平地水深数尺，浩瀚奔腾，甚为汹涌。""十六日夜，风雨交作，状似倾盆，波涛翻滚，水势骤长，护堤随堵随淹，城垣屡将冲淹，而避水来城居民，又复填街塞巷，民心惊乱，人力难施。"② 事实上，不仅郓城县广大地区遭受重灾，还因黄水顺势南下，江苏北部大片地区亦遭漫淹。光绪《睢宁县志》载："山东侯家林决口，水至黄河北堤，河北各社俱罹灾。"③ 民国《沛县志》亦载："河决山东侯家林，昭阳湖漫溢成灾。"④

明清以降，黄河决口往往影响运河，严重时甚至造成河道淤垫，此次新河道民埝决口仍然如此。据河督乔松年奏报：

> （黄水）由赵王河冲入南旺湖贯运，复由新挑河灌入南阳、昭阳而达微山各湖，横溢旁趋，浑流淤注，以致运河厅属，北自汶上汛起，南至济宁汛止，堤埽各工，间段沉没，冲刷塌残堤顶有牵宽五六尺，高六七尺者，有仅宽二三尺，高一二尺者，甚至竟无堤形，一片坡河者，二百里间略无完整……迦河厅属滕、峄汛运河西岸，临湖碎石坦坡，前次丰工漫溢本未补修，现复被冲，全行蛰陷，以致河湖相连，浩瀚汪洋，冲决东堤缺口，长数十丈至二百余丈不等，纤道民居，半皆乌有。⑤

---

① 《申报》1873 年 6 月 5 日，第 1 版。

② 《申报》1872 年 9 月 16 日，第 3 版。

③ 光绪《睢宁县志》卷 15《祥异》，第 9 页。另：引文中的"黄河北堤"当指铜瓦厢改道前的黄河大堤。

④ 民国《沛县志》卷 2《沿革事纪表》，第 32 页。

⑤ 《清代淮河流域洪涝灾害档案史料》，第 835 页。

另据《申报》报道："上年八月间，侯家林决口，水势夺溜，直趋济宁以南，灌入运河，沿途湖势将悉成淤沮。"① 运道受到影响不能不引起清廷的高度重视，不过仅谕令山东巡抚与河道总督"急筹堵筑"口门②，对于决口暴露的以民埝拦御黄水作用极为有限等问题并无明确对策。

其实，负责口门堵筑工程的河督与山东巡抚都非常清楚，不仅应堵筑决口，还需从长计议如何消除潜在的水患，只是就像二人围绕新旧河道以及责任归属问题展开的激烈纷争一样，究竟当如何修筑长堤，两人意见也分歧严重。

起初，对于应趁机修筑官堤一事，两人意见比较一致。比如丁宝桢奏称，侯家林决口"关系运道，必须急筹堵塞"，"即决口合龙，而上下游一带，仅恃民堰，断不足资捍卫，必应就东岸相度地势，改筑官堤，分汛修守，始免疏虞"。③ 河督苏廷魁也请求"趁水落归槽，赶将侯家林缺口堵合，沮河一带民埝，一律改筑官堤。现已派员赴工，先于口门盘做裹头，免再刷宽"。④ 只是稍后苏廷魁调任，丁宝桢病休，实际工作改由新任河督乔松年与代理山东巡抚文彬负责，情况发生了微妙的变化。虽然二人经过实地勘察也得出了类似认识，比如认为"若不将民堰加培高厚，虽将侯家林决口堵合，处处民堰，皆可冲开，仍属无济，若一律普加增培，则须办一百二十余里之堤工"，⑤ 但是面对工程兴举可能出现的实际困难，又产生了矛盾。

随着清廷批复意见的下达，官修大堤提上了日程，可是所需大笔资金从何筹措亟待商筹解决。据山东巡抚粗略估算，堵口筑堤整个工程"约需一百五十万金"。⑥ 二人认为"郓城乡民，荡析离居，困苦已极，实难责以此项巨工。附近各县，均经被水，亦难责以协济"，遂"恳请赐帑兴修"。⑦ 不过考虑清廷财政情况，又"请敕下部臣，于明年秋初，拨给现银，能于秋间拨解到工，俾臣等早为布置"，"冬初即可兴工，春汛以前，

---

① 《申报》1972 年 12 月 21 日，第 4 版。
② 《咸丰同治两朝上谕档》第 21 册，第 262 页。
③ 《再续行水金鉴》黄河卷《丁文诚公奏稿》，第 1350～1351 页。
④ 《咸丰同治两朝上谕档》第 21 册，第 261 页。
⑤ 《再续行水金鉴》黄河卷《乔勤恪公奏议》，第 1356 页。
⑥ 《再续行水金鉴》黄河卷《黄运两河修防章程》，第 1353 页。
⑦ 《再续行水金鉴》黄河卷《乔勤恪公奏议》，第 1361 页。

即可报竣"。① 综合来看，乔松年与文彬二人所虑基层官绅百姓难举此工颇合实际，向清廷请帑之言也非常委婉，可实际却相去甚远。览毕二人所请，清廷批示"当赶紧由外设法，先行筹款垫办，务于年前兴工，将该处决口，迅速堵塞，并将淤垫运道，一律疏浚"。② 工程所需款项应由二人"筹款垫办"，无疑令河督与山东巡抚背负了更大的压力。从前述已知，河督与山东巡抚曾就此次另案工程的职责归属问题发生过激励争论，不得已之下，山东巡抚担起了口门堵筑以及官堤修筑工程的重任，河督则仅派部分东河弁兵前来"支持"。

翌年正月二十五日，丁宝桢将工程筹备情况向清廷做了如下汇报：

> 现在所调豫省力作弁兵，已到三百余名，其续调三百名，不日亦可到齐，其代雇之大捆厢船，亦已驶抵工次，各州县承办料物运到者，已将及半。惟绳缆一切，须经匠工制造，急切未能即齐。……现在工用甚烦，约计实银三十万两之款，不敷尚巨。③

从山东巡抚所报来看，前期准备尚不充足。可是按照河工惯例，冬季黄河封冻，为兴举工程的关键时期，正月已临近化冻之时，若不赶紧举行，工程恐将延迟很久。由此，清廷仍降谕旨催促赶紧开工，"惟节气已过惊蛰，为时较迫，该抚务当督饬在工各员，昼夜兴筑，竭力赶办，以期早日竣工。其附近民埝，并着严饬各州县一律修整，以资捍卫"。④ 迫于诸多压力，丁宝桢不得不于正月二十九日仓促开工，并经过两个多月的努力，将口门成功堵筑，并在口门上下修筑了一百一十七里官堤。对于整个工程的完成情况，丁宝桢在给清廷汇报时讲道：

> 在工力役人民等，感沐皇上轸念灾区，无不争先趋事，而署漕臣布政使文彬、前署布政使李元华，力筹巨款，至数十余万之多，皆能及时接济，毫无短绌。河臣乔松年派来文武各员弁，能殚精竭力，扫除河工积习，各矢慎勤。而拣调之厢工委兵，尤为十分用命，其在工

① 《再续行水金鉴》黄河卷《乔勤恪公奏议》，第 1356 页。
② 《再续行水金鉴》黄河卷《云荫堂奏稿》，第 1362 页。
③ 《再续行水金鉴》黄河卷《丁文诚公奏稿》《山东河工成案》，第 1371 ~ 1372 页。
④ 《清穆宗实录》卷 328，第 7 册，第 342 页。

一切执事人员，亦均勤慎将事，用能集群力而成大功。至购运料物分派十数州县，时迫料多，实形繁重。乃一月以来，运送络绎于途，俾要工应手足用，毫无延误，各牧令及各该绅民等，实已筋疲力尽。臣庆幸之余，复痛念民力之既竭也。①

虽然出于诸多考虑，丁宝桢描绘了一幅众人齐心协力共事河工的画面，但是也明显可见，整个工程由其负责，所需经费以及物料等也主要由地方官员自行筹措，这与清前中期的另案大工情况已然无法相比。最后一句"臣庆幸之余，复痛念民力之既竭"，还给人以广阔的想象空间。总之，新河道上最早修筑的官堤为山东郓城侯家林上下一百一十七里，工程起于较大规模的民埝决口。

（二）跨省合作计划的落空

同治十二年（1873），随着牵动朝野的新旧河道之争趋于平静，黄河北流渐成"定局"，上游其他部分河段的官堤修筑也显迫切。该年闰六月，清廷谕令山东巡抚"于秋汛后，详悉勘估，酌筹款项，将侯家林上下民埝，仿照官堤办法，一律加高培厚，设法守护"，至于"铜瓦厢决口以下，兰仪、东明一带，地势平衍，不可无遥堤以防泛滥，着乔松年就近察看，应如何量筑堤埝，以资保护，即行悉心筹办"。② 不难看出，在清廷看来，山东巡抚应负责辖区河段，河督则负责直隶、河南段，实践中划分却未如此明晰，工程进展更具困难。

该年八月，山东巡抚遵照谕旨制订了上游南岸官堤跨省合作修筑计划。他估算"若就民埝旧基，合已修未修，一律改为高厚官堤，约计将及三百里"，"通盘核计，土方工料，即使省之又省，亦约需银一百余万两"，"本非一省力所能任"。再者，由于山东段在直隶段之下，"既议自菏泽入境，改筑大堤，所有上游直隶境内，必须一并筑堤，与东境相接，始能完密。若不同时并办，将来汛涨时，水自上游溢而南趋，东省长堤同于空设，工费悉成虚糜"。如此种种，"应请敕下直隶总督臣，一体预行筹计"。③ 按理说，丁宝桢此请合乎实际，官堤修筑的确需要上下统筹，一

---

① 《再续行水金鉴》黄河卷《丁文诚公奏稿》，第 1374 页。
② 《再续行水金鉴》黄河卷《清穆宗实录》，第 1412～1413 页。
③ 《再续行水金鉴》黄河卷《丁文诚公奏稿》，第 1416～1417 页。

体进行，否则山东境内修与不修都无实际意义，但是不可否认，其中潜藏着许多困难。仅就跨省合作一点而言，由于整个工程在河南境内较短，在直隶境内也只有一百二十余里，在当时内外交困的大环境下，对此"一隅"之灾，两地是否愿意一举兴工都是问题。

与丁宝桢的积极态度不同，河督乔松年对清廷所派任务提出了异议：

> 一作官堤，则愚民只顾一己田庐，水势盛涨，必冀以邻为壑，恐有盗决之虞。是此堤办成，又须派员修守，或设厅营专司其事，或归地方官经理，方免虚费国帑。但既责成官守，则岁需修防经费，又添耗财之门。臣愚见，莫若仍由各地方官，随时体察情形，择其所急，劝谕各村庄，量力相机修筑民埝，不必定照官堤之高厚，但得稍资抵御漫水，便可各卫身家，既得省费，又免扰民……此时水患，全在山东，东明、长垣工尚可缓。①

其中所谈官堤修筑以及此后日常修守均须耗费帑金确为实情，但若就此仍施"因势利导"之法则在有意回避此时水患以及河床之实际情况，所论"此时水患，全在山东"，直隶应缓办官堤，也明显在掩盖事实，且不符合逻辑。不过或许此奏符合清廷对新河道治理的基本态度，得到了"准如所奏，暂缓兴修"的批示。② 随着一纸令下，丁宝桢的跨省合作计划化作了泡影，然而就在这时，直隶一地民埝决口，事情随之出现了转机。

（三）石庄户决口与南岸大堤继续修建

该年秋，直隶东明石庄户民埝决口，致灾极为深重，并且与前述侯家林决口类似，亦暴露出新河道民埝卑矮难以担当御水大任这一问题。官修大堤又一次提上日程。

据河督乔松年奏报，"八月间，大溜忽改向南行，其原行张秋者虽未断流，不过二三分之溜，南行者乃有七八分。是以民埝悉被冲决，河面宽至七十余里，行人不能来往，汪洋一片"。③ 另据《山东通志》记载：

> 是年秋，东明石庄户决口，石庄与张家支门对冲，支门不闭。其

---

① 《再续行水金鉴》黄河卷《乔勤恪公奏议》，第 1421～1422 页。
② 《再续行水金鉴》黄河卷《黄运两河修防章程》，第 1422 页。
③ 乔联宝编《乔勤恪公（松年）奏议》卷 16，光绪十七年强恕堂刊本，第 40～41 页。

东王老户邓楼漫溢，刷成河漕，牛头河、南阳湖俱吃重，运堤村落有平地水深二丈者。惟时由石庄支门径下湖运者，为南溜；由正河北注折入郓寿者，为北溜；由红川分入沮河者，为中溜。三溜以南为大，其间支流互串，忽南忽北，河无正身。①

由于清廷没有及时出台抢堵措施，灾难迅速蔓延，受灾面积急剧扩大。据两江总督李宗义、江苏巡抚吴元炳奏报，"东省石庄户等处漫口，黄水下注，徐州、海州二府州属湖河底水本足济清入运，以致泛滥，田畴庐舍均被冲没"。② 被灾较重的沛县县志记载："平地水深数尺，麦苗被淹。"③《睢宁县志》亦载："石庄户决口，水至黄河北岸，旧邳州一带俱罹灾。"④ 翌年"七月中旬以后，黄水愈益南趋，均由石庄户、王老户等处分溜而来，微山、邵阳等湖较去年水大三尺余寸"，"海州、沭阳、宿迁一路，受害最重，呼吁之声，耳不忍闻"。⑤

面对灾难，山东、江苏两地官绅纷纷请求堵筑决口，并修筑口门上下河段大堤。山东代理巡抚文彬认为应"于无可设措之中，力筹暂为保卫之计。拟于赵王河以北，金堤以南，修筑长堤，以保濮州、范县等处已经涸出之地。并咨行直隶督臣，饬令东明一带，与濮州毗连处所，一律接修，以免上游溢出之水，灌入堰内，且可为全堤之障"。⑥ 两江总督李宗义则进一步提出"不独决口在所必堵，即由大清河入海之路，亦必相度地势，约束堤防，庶几水有归宿，一劳永逸，不胜激切待命之至。至于经费浩大，江省固宜竭力通筹，各省亦应同心协济"。⑦ 清廷虽因经费问题顾虑重重，但还是决定俯顺舆情，谕令堵筑，并修筑口门上下河段大堤。据丁宝桢估算，整个工程所需经费大约"一百五十万两"。⑧ 而清廷可以拨付的"上年存银二十八万两"，以及"各省地丁等银七十万两"，共计98万

① 民国《山东通志》卷122《河防·黄河》，第18页。
② 宫中档朱批奏折，内政—财政田赋，第91函第31号，《清代灾赈档案专题史料》第3盘，第773页。
③ 民国《沛县志》卷2《沿革纪事表》，第32页。
④ 光绪《睢宁县志》卷15《祥异》，第9页。
⑤《再续行水金鉴》黄河卷《开县李尚书政书》，第1441页。
⑥《再续行水金鉴》黄河卷《黄运两河修防章程》，第1431页。
⑦《再续行水金鉴》黄河卷《开县李尚书政书》，第1443页。
⑧《再续行水金鉴》黄河卷《丁文诚公奏稿》，第1448页。

两，与预算存有不小差距。对于其余款项，"着户部仍照该抚原请一百五十万两之数，即行指拨有着之款，赶紧拨解"，当务之急乃赶紧兴举大工。① 然而随着工程的深入推进，"除部拨一百五十万两外，尚不敷银一百二三十万两"，无奈之下，只好"于山东藩运两司，及粮道各库、临清、东海两关，随时通融挪用"。②

光绪元年（1875）四月，直隶总督李鸿章与山东巡抚丁宝桢终于修筑起自直隶"东明谢家庄，迄东平十里堡"之间的二百五十余里官堤。③ 工程完竣后，丁宝桢撰文立碑，以志大堤修筑之艰辛以及所需人力、物力等情况。大体如下：

> 光绪纪元，岁在乙亥。余既南塞菏泽贯庄，复躬督官绅员弁监筑长堤。障横流而顺下，以顾运道卫民田。军民欢跃赴功，坚冰初泮，手足皲坼。骄阳如炙，面目焦鬒。虽疾风甚雨，踔历不少休，五阅月而堤成。起东明谢家庄，迄东平十里铺，蜿蜒二百五十余里。堤高十四尺，身厚有百尺，顶宽三十尺。计堤一里用土方若干，正杂物料若干，因民力而计里授食，调兵勇以助不足。在工监督府丞州县佐贰等凡七十二员，武职称是。工惟其坚，用惟其省，工用物料有稽，凡费帑银五十四万余两。事之成也，在工人士请记诸石。余维同治癸酉，河决直隶东明，历伏经秋，全河夺溜，南趋弥漫数百里。山东江南毗连，数十州县民人荡析，运河两岸胥被冲刷，溃败几不可收拾。今幸借民力，独告厥成功，而南堤得以兴筑，庶几民安其居，运道永固，因名之曰"障东"。而记其大略如此。④

至此，上游南岸仅剩铜瓦厢口门至长垣县境七十里河段未有官修大堤，其中二十里在河南境内，五十里在直隶境内。或许因牵涉河南、直隶两省又仅过两地之一隅的缘故，这七十里大堤的修筑工作一拖再拖，直到光绪三年才最终完成。并且令人惊讶的是，负责修筑之人既不是直隶总督，也不

---

① 《咸丰同治两朝上谕档》第 24 册，第 355～356 页。
② 《再续行水金鉴》黄河卷《清穆宗实录》，第 1453 页。
③ 《再续行水金鉴》黄河卷《丁文诚公年谱》，第 1469 页。
④ 《新筑障东堤记》，左慧元编《黄河金石录》，黄河水利出版社，1999，第 357 页，标点有改动。

是河南巡抚,而是处在下游最易受灾的山东一省巡抚。

(四) 山东巡抚修筑直、豫境内大堤

上游南岸两段大堤修筑之后,仅剩的七十里河段所有民埝"高数尺至丈余不等,且土性沙松,已难拦御汛水",鉴于此,河督曾国荃提出"河南兰仪境内,应筑堤二十里,直隶长垣境内,应筑堤五十里",具体"请由直隶督臣、河南抚臣,各于本省派拨将备,酌带练军练勇,前往兴筑"。① 但是此奏迟迟未见批复,山东巡抚备感焦急。在他看来,"上游若不一律修筑,诚恐百密一疏,设有漫决,岂惟前功尽弃,而河南、安徽、江苏仍然受害,山东之首当其冲无论已"。万般无奈之下,只好自己承担起修筑任务,但是由于这项工程跨越省区,需要河南与直隶两地的同意与配合。对此不用自己费时费力的"好事",两地督抚均表现出很高的"姿态",其中直隶总督"饬令附近州县,帮同照料",河南巡抚也"格外关心"。②

经过新任山东巡抚李元华的一番筹划,豫直交界处的七十里大堤于光绪三年修筑完竣。至此,上游南岸大堤历经六年多的时间终于完工。

(五) 北岸大堤"一气呵成"

与南岸相较,北岸有旧金堤③依恃貌似情形尚好,实际却并不乐观。据山东巡抚勘察:

> 北面金堤,绵长一百六七十里,二百余年以来,并未一加修补,堤身久形残坏,而卑薄之处尤多。④

> 北面金堤,相距河流尚远,其间村庄民地,犬牙相错,当水势盛涨之际,既无以屏蔽狂流,以致每值夏秋,田庐均遭漫溢,几成泽国。小民迁徙奔避,情实堪怜,民命攸关,不可不设法保卫。⑤

其实早在南岸大堤兴举工程之时,丁宝桢就曾提出可以通过"劝谕沿

---

① 《再续行水金鉴》黄河卷《黄运两河修防章程》,第 1487 页。
② 《再续行水金鉴》黄河卷《山东河工成案》,第 1525～1526 页。
③ 东汉明帝永平十三年(公元 70)王景治河时,沿黄河南岸修长堤,自河南省荥阳县东至千乘(在今山东省利津县境)海口,咸丰五年铜瓦厢决口改道后,该堤位处河道以北,遂称"北金堤"。现今起自河南省濮阳南关火厢头经山东省莘县高堤口至阳谷县颜营一段堤防即"北金堤",长 120.34 千米,以下与陶城铺与临黄堤相接,是北金堤滞洪区的主要障碍。
④ 《再续行水金鉴》黄河卷《丁文诚公奏稿》,第 1495 页。
⑤ 《再续行水金鉴》黄河卷《山东河工成案》,第 1521 页。

河州县居民，藉资出力，官为酌给津贴"的办法进行修补，① 只是随后调任，未将此想法付诸实施。李元华接任山东巡抚后，对辖区河道进行了一番勘察。其间，他听闻"濮范沿河绅民，纷纷具禀，谓南堤既筑，而北堤未修，同是朝廷赤子，未免向隅。该绅民等，情愿承修北堤，惟力有不支，恳请酌加津贴。既成以后，请派弁勇，一律修防"，② 遂决定顺此舆情，联合地方官绅共举工程，"上自直隶开州起，至东阿境止，于民田庐舍之外，接筑民堰一道，高一丈，顶宽一丈六尺，底宽六丈，不特保护民村，使之咸登衽席，亦可捍卫金堤，日后大汛经临，疏沦修防，较有把握"。③

与南岸类似，北岸官堤修筑也涉及跨省作业这一问题。情况大体为"北堤上游，系直隶开州应辖，内有八里，未能联络"，鉴于上下联通，"若不一律修筑，不惟北堤徒劳无功，即畿辅亦难保不受其患"。④ 李元华不得不与直隶总督李鸿章往返函商合作事宜。修筑辖区八里大堤，李鸿章还是没有拒绝，但是开出了条件，堤岸"所压直隶、河南地亩，该处居民无甚大益，而山东百姓则受益无穷，自应由山东折偿地价"。对此"慷慨"之举，李元华复函一封给出了补偿标准，"每地一亩，拟按时价给库平银三两二钱，以偿地价"。⑤ 双方往来函商谈妥之后，李鸿章于该年冬天派人修筑完毕。⑥ 至于山东段一百七十余里大堤，经山东巡抚一番筹划，也于次年开工兴筑，并于八月竣工。由于此工顺乎民情，得到了基层官绅百姓的大力支持，所需经费物资等自然较为节省。李元华在奏报工程情况时提到"若按土方计算，必须经费银数十万两，方能兴办。今臣俯顺舆情，酌加津贴，仅只用银十余万两，即竟全工，实属事半功倍。较之他省河工，异常节省"；所筑大堤"堤身亦高一丈，顶宽一丈六尺，底宽六丈"，"委系一律如式，修筑坚实"。⑦

至此，新河道上游两岸大堤终于修筑完竣，黄水肆意漫流的局面得到

① 《再续行水金鉴》黄河卷《山东河工成案》，第 1516 页。
② 《再续行水金鉴》黄河卷《山东河工成案》，第 1526 页。
③ 《再续行水金鉴》黄河卷《山东河工成案》，第 1521 页。
④ 《再续行水金鉴》黄河卷《山东河工成案》，第 1526 页。
⑤ 《再续行水金鉴》黄河卷《山东河工成案》，第 1527 页。
⑥ 《再续行水金鉴》黄河卷《山东河工成案》，第 1532 页
⑦ 《再续行水金鉴》黄河卷《山东河工成案》，第 1544 页。

了一定程度的遏制。不过透过官堤长达六七年的断续修筑过程明显可以看出，山东巡抚在新河道治理中扮演了重要角色，发挥了主要作用，尽管这并非其所情愿，专门负责河务的河督虽有关注，却更像一位旁观之人，清廷则往往听信河督的言辞而施应对之策。这一现象当在很大程度上意味着，在晚清时局变化之下，虽然黄河新河道亟待兴举大工深度治理，但是清廷根本无意于此，地方政府无奈之中不得不担起重任。不仅如此，随着时间的推移，地方督抚负责治河还被朝臣视为"惯例"，成为后来河南段黄河改革的"蓝本"。

三　下游大堤"一气呵成"

（一）下游河道概况

铜瓦厢改道后的十余年间，由于新河道上游黄水肆意漫流，入下游大清河河道的水沙相对较少，河床淤积也不甚严重。而随着同光之际上游两岸大堤修筑完成，下游水沙量增大，并逐渐由地下河变为地上河。[①] 由此，两岸堤埝愈行卑矮，决溢日渐频繁，仅光绪四年（1878）惠民、利津两县就"决口至十余处，或数处不等"。[②] 光绪九年，仓场侍郎游百川与山东巡抚陈士杰勘察时发现，"十年以前，两岸高者约计二丈内外，低者亦一丈五六尺不等，沿岸居民，水灾罕见，此河槽尚深，堪以容纳之故也。今春，臣等先后查勘河形，水落时，高者仅露岸八九尺，低者只五六尺"，"偶遇盛涨，便尔漫溢为灾"。[③]

光绪十年前后，受黄河流域大洪水影响，下游堤埝决口更为严重。据山东巡抚任道镕奏报，"河面愈刷愈宽，以致亦成巨险"，"下游历城、济阳、齐东、滨州、惠民、利津等处，间段漫溢民埝，淹没田庐"。[④] 继任巡抚周恒祺亦奏，"上游水系漫行，初无河身收束，以致民地被冲。下游虽有河身，而伏秋汛涨之时，溜势每致出槽。而黄水悍浊，泛滥无定，历年坍没地亩，居民生计无资，情形殊甚悯恻"。[⑤] 即便如此，清廷仍无重

---

① 参见徐福龄《黄河下游明清河道和现行河道演变的对比研究》，《治河文选》，黄河水利出版社，1996，第16页。
② 《清代黄河流域洪涝档案史料》，第697页。
③ 《再续行水金鉴》黄河卷《山东河工成案》，第1705～1706页。
④ 《再续行水金鉴》黄河卷《山东河工成案》，第1659页。
⑤ 《清代黄河流域洪涝档案史料》，第708页。

视的迹象，山东巡抚只好依旧劝地方官绅百姓自行治河救灾。在齐东县，"绅民人等，知系保卫田庐，尚能勉力从事。该县惠廷魁，亦捐助银五百两，以资接济"；在惠民县，"知县杨倬云，承办滨州、惠民工程"。① 在济阳县，知县周连元与该县士绅一同奏请修筑大堤，结果却被"责成""赶紧兴筑，不准假手胥役，草率偷减"，理由为"当此需饷孔殷之际，库款异常支绌，加以近年筹办黄运两河，所费不贵，但有可以借资民力之处，自当设法兼筹，期于国计民生两有裨益"。②

尽管地方官绅出于责任抑或无奈承担起下游河段的修守任务，但是这终归属于修修补补，无法从根本上扭转局面。现实的水患呼唤官方兴举成系统大规模的治河工程。

（二）桃园民埝决口与官堤修筑

光绪八年八月，济南历城桃园处民埝决口，口门"计宽一百四十余丈，深一丈至三丈余不等"，加以"连宵风雨，水势异涨"，"附近之护庄民埝，纷纷冲塌，一片汪洋"，"决口下注之水，由济阳入徒骇河，经商河、惠民、滨州、沾化入海。虽有河身稍资收束，而河溢水多，势难容纳。商河、惠民、滨州先后禀报，徒骇河北岸到处漫溢，水势波及阳信、海丰等县。又利津县顶冲黄溜，沿河村庄及永阜场滩地灶坝被水多处，情形亦重"。③ 更令清政府担忧的是，几日后，黄水"从海丰、乐陵向北泛滥，几至漫及畿疆，关系实非浅鲜"。④ 面对严峻形势，巡抚任道镕认为堵口"工程甚大，断难再资民力"，⑤ 所需经费"先在藩库提下忙地丁银四十万两，以备陆续动支，并请援照黄河工程成案，免扣二成，并减平银两，其不敷之数，再由运司粮道各库，并关税项下提拨凑用"，⑥ 并且口门堵筑之后，"拟于大工附近，另筑官堤"。⑦ 此时水患已经引起朝野上下的普遍关注，清廷亦未驳斥这一奏请，而是强调"山东黄河工程，关系至

---

① 《再续行水金鉴》黄河卷《黄运两河修防章程》，第 1626 页。
② 朱寿朋编《光绪朝东华录》，总第 1063 ~ 1064 页。
③ 《清代黄河流域洪涝档案史料》，第 714 页。
④ 《再续行水金鉴》黄河卷《山东河工成案》，第 1668 页。
⑤ 《清代黄河流域洪涝档案史料》，第 712 页。
⑥ 《再续行水金鉴》黄河卷《山东河工成案》，第 1672 页。
⑦ 《再续行水金鉴》黄河卷《山东河工成案》，第 1679 页。

要紧要，亟应通筹全局，设法疏浚，以弭后患"，① 同时派仓场侍郎游百川前往山东进行实地勘察，以寻求根本解决之计。

当如何救治河患，朝野议论纷纷，除了前面章节所论分减河、变更河督职责范围等提议外，还有主张修筑遥堤者。游百川在所提分减河策遭遇反对而作罢后，又与巡抚陈士杰商量修筑两岸大堤，但是并非众人所说的遥堤，而是缕堤。② 对此，二人解释道：

> 计遥堤筑成，未始非平稳长久之策。然济、武两郡，地狭民稠，多占田亩，小民失业，甚非所愿，既难相强，且展宽五里或三里，其间村镇庐舍坟墓，不可数计。兼之齐河、济阳、齐东、蒲台、利津等县城，皆近临河干，使之实逼处此，民情未免震骇。况遥堤一律创修，价买民田，再以底宽十丈，顶宽三丈，高一丈二尺计之，需款不下四五百万金，工艰费巨，又非旷日持久不办。③

另据二人奏称，沿河百姓"一闻修筑遥堤，人情万分惊惧，十百成群。在堤外者，以为同系朝廷赤子，何以置我于不顾，在堤内者，非恐压其田亩，即虑损其墓庐，或拦舆递呈，或遮道哭诉"。④ 既然修筑遥堤困难重重，缺乏现实基础，那么相较之下，"就民间原有之堤津贴而加倍之，尚觉易于奏功，且为民情所愿。但使顺民之心，随处自为保固，可免冲决漫溢，则亿万生灵，受益良非浅鲜"。⑤ 几经筹商，清廷最终决定采纳二人就现有民埝修筑缕堤的主张，"先办两岸长堤，以杜漫淹"，至于"应如何次第兴办之处，并着酌议具奏"。⑥

经过一番筹划，游、陈二人"择要兴修各属民埝"，并于光绪九年八月，陆续竣工。情况大体如下：

---

① 《光绪宣统两朝上谕档》第 8 册，第 397 页。
② 缕堤一般是依河势修筑距主河槽较近的堤，用以约束水流，增强水流的挟沙能力，防御一般洪水的二级大堤。遥堤则是离主河槽较远的大堤。明清两代均作为黄河干堤，其主要作用为约拦水势，增加河道的蓄泄能力，宣泄稀遇的洪峰流量，且较易于防守。详见水利部黄河水利委员会编《黄河防词典》，第 89～91 页。
③ 《再续行水金鉴》黄河卷《山东河工成案》，第 1691 页。
④ 《再续行水金鉴》黄河卷《陈侍郎奏稿》，第 1698 页。
⑤ 《再续行水金鉴》黄河卷《陈侍郎奏稿》，第 1696 页。
⑥ 《再续行水金鉴》黄河卷《山东河工成案》，第 1716 页。

未竣工程，除鲁家庄、顾家沟，因现被秋汛漫溢，尚在抢筑外，所有惠民县之潘家口，修成鱼鳞跨篓等埽各八段，磨盘埽二座。归仁镇、孙家窝两处，各筑跨篓埽五段，并加厢谭家哨、清河镇埽坝各工。又济阳县徐家道口小街等处，修成套堤二段，长七百余丈。历城县张、于二庄，堵合漫口两处，添修堤工一百余丈。利津县西滩庄，修挑水坝三座，萧孟庄、郭家庄、八里庄各筑挑水坝一座。盐窝庄筑护坝一道，东门外阎家庄等处，并修埽二百余丈至三四百丈不等。又加厢韩家垣、辛庄、宋家庄民埝埽坝等工，均于七月间，先后据报完竣，间阎藉资保卫。

至齐东县之船家道口，现在堵筑，因雨多未能竣工，其余应行加修之工，亦均派委员绅，协力办理。①

在取得上述成效的基础上，陈士杰提出"沿河长堤，亟应举办"，② 并奏呈了分期分段修筑计划，大体如下：

现经派委员弁，分筑长清、齐河、惠民、滨州各北岸，历城、齐东、章丘各南岸，限来岁正月杪告竣。再行接办长清之南岸，历城、济阳之北岸，滨州、青城、蒲台之南岸。其利津一县，则先拟将十四户口门收小，修筑磨盘埽挑水坝数座，以免淤塞。铁门关旧河，再行接筑该两岸堤工，统限来年四月内告竣。

至长堤丈尺，前议底宽六丈，顶宽一丈，高一丈，以后逐年加修，本为节省经费起见。

统计两岸长堤一千三百四十余里，照现定高宽丈尺，需土九百六十四万数千方，合银一百五十三万余两。而填平沟凹，加厢埽段，与夫杂支一切，尚不能悬估在内。又堤省八丈，堤内应再展宽二丈，以备栽柳镶护，随时加修之用。每里共占压民田三十亩，从前贾庄系每亩发给制钱五千文，该处半属瘠区，今由长清至利津，膏腴居多，百姓购价有二三十千者，似应酌量从宽，以示体恤。今拟每亩均给制钱

---

① 《再续行水金鉴》黄河卷《陈侍郎奏稿》，第1718页。

② 《再续行水金鉴》黄河卷《山东河工成案》，第1721页。

八千文，此项用款，约计亦在十余万两。①

照此规划，光绪十年五月，"山东各州县大堤，陆续告成"。② 毫无疑问，陈士杰劳苦功高，也受到了清廷嘉奖，不过有趣的是，所筑大堤被"定为保固三年，津贴民堰，定为保固一年。限内如有冲决，均着落承修之员，全行赔修"。③ 而按照原有河工规制，新筑官堤的保固期限最长不超过两年，此时却定为三年。陈士杰对此感到不满，随后力请"民堰免于保固，新修重堤，仍照旧例，保固一年"。④ 清廷何以将保固期定为三年，陈士杰又为何请求改为一年，个中原因不难想见，时间也很快揭开了其中所存的一些问题。

第三节　地方督抚的废埝努力

一　水患依旧

按照以往规制，临黄大堤一般由遥堤、格堤与缕堤组成，最里面一层为缕堤，最外面一层为遥堤，处于中间的为格堤，有时还在格堤的背面加修一重，是为月堤。参照这个标准，新河道两岸所修大堤当如清末山东巡抚周馥所言，"各距河流三、四、五百丈，即缕堤也"。⑤ 仅此一重官堤，拦御黄水的作用极为有限，何况大堤修筑分段进行，断断续续持续了数年，各段情形不一。

光绪四年（1878），一位西人在调查中看到：

铜瓦厢口门以下新河道分成了数道小河渠，很难区分哪里是河岸，哪里是河床。有的地方河宽 2 英里，有的却很窄。往下大约 20 英里，情况要好一些，因为清政府已经采取了治理措施，在泥沼河渠纵横交错处出现了一条水位较低的河道。不过，虽然中国政府已经修筑了 100 多英里堤岸，但是由于目的在于缓解附近的村庄所遭水患，

① 《再续行水金鉴》黄河卷《陈侍郎奏稿》，第 1723～1724 页。
② 《再续行水金鉴》黄河卷《山东巡抚署册案》，第 1724 页。
③ 《再续行水金鉴》黄河卷《山东河工成案》，第 1732 页。
④ 《再续行水金鉴》黄河卷《陈侍郎奏稿》，第 1732 页。
⑤ 《再续行水金鉴》黄河卷《清德宗实录》，第 1725 页。

堤岸距离较远，黄水并未得到真正控制。①

光绪十五年，荷兰海外工程促进会派出勘察队，前往新河道进行较为系统的勘察与观测，其中所及大堤修筑情况如下：

> 铜瓦厢口门以下 640 千米新河道两岸几乎全部筑有大堤，且大部分河段为内外两层。其中，约有 150 千米堤岸修筑在沼泽之中，另有 200 千米修筑在荒无人烟的黄泛区。②

也就是说，尽管地方官绅百姓付出了极大的努力，下游河道两岸多"内有民埝，外有官堤"，但是由于"官堤距河或数里，或数十里，独民埝并河吃紧尤甚。譬之于兵，民埝犹前军，官堤犹后队。前军溃，则后军孤；民埝决，则官堤危"，所修堤埝很难发挥既定作用。③ 再者，按照以往河工规制，大堤之上常年驻有河兵与河夫，负责日常防护与修守，沿河官绅百姓仅负协办之责。而晚清新河道两岸大堤修筑之后，或由沿河地方官绅百姓就近负责，或根本无人看守，即便有人修守，也往往"先守民埝，如民埝决，再守大堤"。④ 由此不难想见，新河道上的堤埝防护系统对拦御黄水所能发挥的作用极为有限。

事实很快就证明了一切。据奏，齐河县下游大堤修成之后，"民埝、大堤均有冲决"，原因在于"李家岸等处民埝既决，水势骤来"，黑家洼处大堤"宣泄不及，再掘一口"。⑤ 齐东县民埝决口发生后，"水势直趋县城，城南水深数尺，居民无计，将城东月堤掘开泄水，因之大堤内外，均被冲刷"。⑥ 对此埝决堤溃的局面，礼部尚书延煦备感忧虑，"齐河、济阳、齐东、蒲台、利津等县，皆逼近黄河民埝大堤之中，各该县城暨各村

---

① "Geographical Notes," *Proceedings of the Royal Geographical Society and Monthly Record of Geography*, Vol. 1, No. 2 (1879), pp. 123 – 132.

② "Extract of the Accounts of Captain P. G. Van Schermbeek and Mr. A. Visser, Relating Their Travels in China and the Results of Their Inquiry into the State of the Yellow River," *Memorandum relative to the Improvement of the Hwang-ho or Yellow River in North-China*, pp. 68 – 103.

③ 《功追汴堤碑》，左慧元编《黄河金石录》，第 406 页。

④ 《再续行水金鉴》黄河卷《清德宗实录》，第 1725 页。

⑤ 《再续行水金鉴》黄河卷《潘方伯公遗稿》，第 1805 ~ 1806 页。

⑥ 《再续行水金鉴》黄河卷《陈侍郎奏稿》，第 1802 页。

庄农田，均恃民埝为保障，民埝一开，不惟庄田淹没，即县城亦不可保"。① 清廷则表示大惑不解："山东黄河新筑长堤甫经告竣，何以民埝又被冲决？"② 最高统治阶层发出这样的疑问不能不令人感慨，也从一个侧面说明晚清黄河新河道治理之错综复杂。受经费、技术等条件限制，新河道治理实践举步维艰，两岸堤埝质量堪忧，可是即便如此，稍有成效，相关官员即吹嘘美化，清廷则在淡出河务这一场域之后鲜少真正给予关注，所发的有限指令往往依据奏报而少理性分析。不过面对灾难依旧之局面，清廷决定调任颇具实干精神的广西巡抚张曜到山东任职，以求切实应对之策。

经过一番调查，张曜发现：

> 近年以来，如桃园、李家岸、陈家林、赵庄、潘沟、何王庄等处，此堵彼开，有隔数月者，有隔数日者。今何王庄尚未堵筑，自春及夏又复接连漫口。此后，沿河堤埝若不加工修筑，下游河淤若不设法修浚，骤将口门悉数堵合，不待来年汛涨，他处又将复开，不但徒靡巨款，且沿河地方轮番被淹，民何以堪！③

更为严重的是，陈士杰修筑大堤时，碍于诸多困难，没有组织移民，埋下了不少隐患。据清末山东巡抚周馥回忆，举凡"大涨出槽，田庐全淹，居民遂决堤放水，而官不能禁，亦有因新堤土松而浸溃者。闻是年溃决之处不少，旋即堵塞。嗣是，只守民埝，而不守大堤矣"。④ 毫无疑问，虽然两岸大堤得以修筑，但是新河道治理之路依然漫长，张曜这位新任山东巡抚面临着严峻考验。

二　民埝修守官方化

鉴于民埝冲决必然引发大堤决溢这一状况，张曜决定改民埝民修民守为官修官守，试图通过坚守第一道防线的办法来缓解灾难，然而问题并未得到解决。

---

① 《再续行水金鉴》黄河卷《京报》，第 1852 页。
② 朱寿朋编《光绪朝东华录》，总第 1756 页。
③ 《清代黄河流域洪涝档案史料》，第 740 页。
④ 周馥：《秋浦周尚书（玉山）全集·治水述要》卷 10，第 40 页。

早在大堤修筑之前，就有部分民埝改为官修官守或者官民共同修守。比如光绪八年（1882），"利津县冲刷民灶各坝，因关系紧要，由司筹拨银"堵修。再如光绪九年，鉴于黄水猛涨，民埝漫决，民力难为等情况，陈士杰决定"酌发津贴银两，随派弁勇帮同民夫办理"，"计口门大者，如历城县之鲁家庄、刘七沟，齐河县之顾家沟，齐东县之船家道口等处，约宽五六十丈至三四百丈不等，其次十余丈至二三十丈处所尚多"，均由官民协同设法抢办，"现均堵修完整"。① 大堤修筑之后，御史延煦认为，既然"各该县城暨各村庄农田，均恃民埝为保障"，那么就应"以保守民埝为第一要义"，具体办法可为"官督民办"，即"于沿河民埝分段设汛，并责成地方官平日于险要之处预积秸料，抢险时官为督责，调集营勇，协同民夫，合力抢护。民埝保全，则大堤可无溃决之患"。② 经过一番实地考察，张曜也提出"宜就向有民埝薄者培之，卑者增之"，③ 并鉴于堤埝溃决百姓受灾惨重之状况，主张在改民埝官修官守的基础上进行移民：

> 今山东黄河原系盐河，两岸城郭村墟鳞比栉次，其南岸或未筑民埝，或向有民埝，残缺未修，退守遥堤让地不过三五里，而滨河数百村庄已浸入黄流之中。是人不与水争地，水实与人争地。虽人惧安土重迁，频岁以来，叠加赈济，终非长久之计，臣与司道熟筹至再，必须将临河被水村民择地迁移。④

对于新河道治理中存在的诸多问题，以及相关官员所提应对之策，清廷批示"力守民埝，以保大堤"。⑤ 由此，山东段黄河治理进入了民埝修守官方化这一新阶段。

光绪十三年三月，张曜在奏报中提及"齐河以至东阿五州县民埝，修培业已完竣"。⑥ 翌年正月，又将详细情况奏报如下：

---

① 《清代黄河流域洪涝档案史料》，第712、724页。
② 延煦：《请饬筹办民埝片》，王延熙、王树敏辑《皇朝道咸同光奏议》卷60下，第29页。
③ 沈桐生辑《光绪政要》卷12《山东巡抚张曜奏筹办黄河工程经费事》，第25~28页。
④ 张曜：《请急筹迁移滨河村民经费疏》，王延熙、王树敏辑《皇朝道咸同光奏议》卷60下，第28页。
⑤ 《光绪朝朱批奏折》第98辑，第623页。
⑥ 《光绪朝朱批奏折》第98辑，第339页。

北岸东阿县民埝修筑长一万二千五百五十一丈七尺，平阴县民埝修筑长六千一百二十七丈六尺，肥城县民埝修筑长二千五百三十五丈，长清县民埝修筑长一万零四百二十八丈，齐河县民埝修筑长九千零八十七丈，历城县民埝修筑长九千五百五十八丈，济阳县民埝修筑长一万四千九百三十一丈六尺，又修套埝三道共长一千零三十丈，惠民县民埝修筑长一万八千二百五十一丈，滨州民埝修筑长一万三千九百六十八丈，利津县民埝修筑长四千一百一十一丈九尺……南岸长清县民埝修筑长三千六百二十一丈八尺，又筑套埝二道，共长三百二十二丈五尺。历城县民埝除南泺口石坝、河套圈大坝、潘沟大坝毋庸修筑外，计修筑长一万二千五百三十六丈六尺。章丘县民埝修筑长五千零九十四丈二尺……民埝工价共用银四十五万七千余两。①

根据奏报情况可知，经过一年多努力，改民埝为官修官守的实践确实取得了一定成效，但是仔细观察不难发现，这一工作的实施范围仅限于某些地段。实际上，不少地区一仍其旧，或由政府给予一定的津贴，仍由当地百姓自行修守。比如濮州"工程向由民办，连年村庄被水，民情拮据，应酌量筹给津贴，以示体恤"。②

从前述已知，张曜认为改民埝官修官守的同时还需移民，而这同样极具困难。其曾在奏报中屡屡提及，"沿河村庄鳞次栉比，虽连年被水，鲜有迁移远避者。咸知黄河水势，时有变更，皆存希冀之心，破屋颓垣，依旧栖止"；③在青城、蒲台两县，"汛涨之时，村庄多在水中，劝令搬至大堤以外，竟无应者。小民安土重迁，一至于此。臣惟有竭力图维，就地势民情，妥筹办理"。④更为严重的问题是，不愿迁移的百姓当遭受黄水侵袭之时，往往自筑埝坝以卫田庐，而这些埝坝由于缺乏规划也不系统，不仅难以抵御黄水，还会给官府的组织工作制造诸多障碍。据张曜奏报："黄河北岸自开州至山东张秋二百余里，向以古大金堤为保障，金堤基址高宽，距河甚远，原以黄性湍悍，不受约束，必须让地与水，宽留中洪，

---

① 《光绪朝朱批奏折》第 98 辑，第 515～516 页。
② 《光绪朝朱批奏折》第 98 辑，第 439 页。
③ 《光绪朝朱批奏折》第 98 辑，第 339 页。
④ 《光绪朝朱批奏折》第 98 辑，第 465 页。

资其荡漾。惟民间不肯让地，屡于近河筑埝，自护田庐。""此等民埝，本止水小之年，藉资拦护，幸保河滩田地，若值水大，即易溃决。"① 这一状况也为荷兰海外工程促进会派出的勘察队所察见：

> 大堤与民埝之间的镇或村子，还经常被围在各自独立的小埝之中。这些小埝多草草修建，缺乏集体关怀。连接堤埝的横向小埝，由于缺乏水闸控制水流，或者导流之道减泄水势，一遇大水既多坍塌。尤其是济南府以下，大堤与民埝相距大约1500～4000米，在这个空间之内，到处都是几乎和大堤一样高的民埝。据肉眼观察，仅一侧就大概有四道连续的民埝与河流平行。②

不仅如此，没有民埝的河段情况也非常糟糕：

> 沿河凡无民埝之处，濒河村庄连年被水，及从前被水沙压地亩户口，已复不少，加以六七月间汛涨漫口，被灾愈宽。即以齐河一县而论，原有村庄九百余处，被水者三百七十四村庄，计户口二十六万七十五口。统计二十八州县，被灾最重、次重户口二百六十九万五千八百余口。③

面对严酷的现实，张曜慨叹"此次增培黄河南北两岸长堤，大修两岸民埝，事同创始"。④ 当然，经费缺乏乃晚清施政的一大瓶颈，新河道治理尤其如此。张曜曾就此屡屡奏陈，虽然"定岁修防汛银四十万两"，可是"实属不敷应用"。⑤ 何况新河道两岸原本富庶，人口繁密，欲治理河患，必须启动移民工作才更有成效。对于移民所需经费，张曜曾就部分河段粗略估计，"自齐东至利津南岸各庄，以及长清、东阿、平阴等县南岸，亦有终年被水之处，均应一体劝令迁移。除有力之户不计外，其余尚有三万

---

① 《光绪朝朱批奏折》第98辑，第377页。
② "Extract of the Accounts of Captain P. G. Van Schermbeek and Mr. A. Visser, Relating Their Travels in China and the Results of Their Inquiry into the State of the Yellow River," *Memorandum relative to the Improvement of the Hwang-ho or Yellow River in North-China*, pp. 68 – 103.
③ 《清代黄河流域洪涝档案史料》，第774页。
④ 《光绪朝朱批奏折》第98辑，第719页。
⑤ 《光绪朝朱批奏折》第98辑，第667页。

余户，以每户津贴银十两计之，为数不赀"。^① 不难想见，仅就面临的现实困难而言，张曜的治河计划就不可能得到贯彻实施，他本人也曾大发感慨，"惟款项所短太巨，实属贻误堪虞"。^②

总而言之，张曜担任山东巡抚之后竭力治河，有所成效，清廷还赐予了"保固印结"，^③ 但是不可否认，仍然问题重重，黄河水患也未得到根本缓解。清末山东巡抚周馥回忆，"张曜请款增培，仍以民埝为堤，曲狭如故。盖事体繁重，茫无把握，岁决岁堵，竭蹶不遑，安敢有所改作"，自其治河起十年时间里，"除岁修额拨不计外，另案之款不下八百万两，仍无岁不决，无岁不数决"。^④ 言辞之间不乏对张曜治河实践的斥责，但是也在一定程度上道出了晚清新河道治理之艰难处境。

三　废除民埝的尝试及失败

改民埝官修官守等项举措虽然取得了一定成效，但是由于新河道两岸堤埝"规模本属卑隘，不若豫省老堤之屹然可恃，加以雨淋风蚀，溜刷浪淘，积久愈见残缺"。^⑤ 光绪十八年（1892），洪水"来源过猛，处处拍岸盈槽，伏汛期内共报出险至一百二十余处之多"。^⑥ 在这种情况下，有人主张废埝守堤，展宽河身。毫无疑问，废埝意味着去除堤内百姓抵御黄水的第一道防线，须先组织大规模移民才可进行，而这同样困难重重，且会引发诸多问题。据山东巡抚李秉衡奏报，"济武两郡，地狭民稠，沿河村镇庐墓，不可数计，兼以齐河、济阳、齐东、蒲台、利津等县城，皆近临河干，一闻民埝不守，人心惶惧，震骇非常"。^⑦《老残游记》的作者刘鹗曾受邀参与治河，因此，小说中翠花讲述的废埝守堤给百姓造成了极为惨重的灾难，令人读来颇有真切之感：

　　　　俺这黄河不是三年两头的倒口子吗？张抚台办这个事焦的不得了

① 《光绪朝朱批奏折》第98辑，第705页。
② 朱寿朋编《光绪朝东华录》，总第2882页。
③ 《光绪朝朱批奏折》第98辑，第777页。
④ 周馥：《秋浦周尚书（玉山）全集·奏稿》卷1，第34～36页。
⑤ 《光绪朝朱批奏折》第99辑，第801页。
⑥ 《光绪朝朱批奏折》第99辑，第238页。
⑦ 《光绪朝朱批奏折》第99辑，第771页。

似的。听说有个什么大人，是南方有名的才子，他就拿了一本什么书给抚台看，说这个河的毛病是太窄了，非放宽了不能安静，必得废了民埝，退守大堤。这话一出来，那些候补大人个个说好。抚台就说："这些堤里百姓怎样好呢？须得给钱叫他们搬开才好。"这些总办候补道王八旦大人们说，"可不能叫百姓知道。你想，这堤埝中间五六里宽，六百里长，共有十几万家，一被他们知道了，这几十万人守住民埝，那还废的掉吗？"张抚台没法，点点头，叹了口气，听说还落了几点眼泪呢。

这年春天赶紧修了大堤，在济阳县南岸，又打了一道隔堤。这两样东西就是杀这几十万人的一把大刀！可怜俺们这小百姓那里知道呢！看看到了六月初几里，只听人说："大汛到咧！大汛到咧！"那埝上的队伍不断的两头跑。那河里的水一天长一尺多，一天长一尺多，不到十天工夫，那水就比埝顶低不很远了，比着那埝里的平地，怕不有一两丈高！到了十三四里，只见那埝上的报马，来来往往，一会一匹，一会一匹。到了第二天晌午时候，各营盘里，掌号齐人，把队伍都开到大堤上去。

那时就有急玲人说："不好！恐怕要出乱子！俺们赶紧回去预备搬家罢！"谁知道那一夜里，三更时候，又赶上大风大雨，只听得稀里花拉，那黄河水就像山一样的倒下去了。那些村庄上的人，大半都还睡在屋里，呼的一声，水就进去，惊醒过来，连忙是跑，水已经过了屋檐。天又黑，风又大，雨又急，水又猛……①

根据刘鹗参与治河的经历推测，文中所及张抚台当指山东巡抚张曜。另外还有几个细节值得关注。其一，废埝守堤之策一出，众人交口称赞，并未顾及堤埝之间几十万百姓的身家性命，甚至说"可不能叫百姓知道"；其二，为保护大堤，在原有堤埝之间修筑了隔堤②，而这等于人为地制造了"杀这几十万人的一把大刀"，百姓却浑然不知；其三，大汛之时，民埝根

① 刘鹗：《老残游记》，中华书局，2013，第82页。
② 隔堤，又称格堤、横堤、撑堤，指于遥堤、缕堤之间修筑的与水流方向大致垂直的横堤。它把遥堤、缕堤之间的滩地分开，以阻断漫过缕堤的洪水不使顺遥堤畅流，以免袭夺主溜，冲溃干堤，并有利于淤垫滩地靠堤的洼地。参见水利部黄河水利委员会编《黄河河防词典》，第90页。

本无法抵御黄水，百姓退无可退，或者来不及后退，遭遇极为悲惨。

不过，新河道两岸并未一刀切全部采取废埝守堤之策，有的河段仍在推行民埝官修官守的办法。据李秉衡奏报，"南岭一带民埝，本系民修民守，惟灾黎昏垫之余，异常困苦，拟仍饬下游总办拨款堵筑，以纾民力"；① "利津南岸民埝"，"向系民修民守，上年西韩家决口"之后，"即归官守"。② 即便如此，这一状况的存在都更加印证了新河道治理缺乏统一规划与系统性。由于迟迟未能得到有效治理，新河道"河工之败坏，仍复日甚一日"。③

四　李鸿章的"大治办法"

光绪二十四年（1898），黄河下游出现大洪水，河患尤为深重，清廷不得不予以重视，并派李鸿章前往山东会同河督任道镕、山东巡抚张汝梅商讨治河大计。经过一番勘察与筹商，三人似乎找到了问题的症结所在，即堤埝结构及其修守状况均存有较大问题。其言大体如下：

> 大堤成后，复劝民照旧守埝，后又有将埝改归官守之处，于是堤久失修，有残缺而不可守者。守埝之民，又因河滩淤高，渐将埝身加高，每遇泛涨埝决，水遂建瓴而下，堤亦因而随溃，此历来失事病根也。

> 上游曹、兖所属南北两堤凑长四百里，两堤相去二十里至三四十里不等，皆官为修守，中间民埝偶决，水仍由埝外堤内归入正河，大决则堤亦不保。计南北险工十四处，自同治以来，决仅四五处，此上游情形也。中游济南、泰安所属，两岸堤埝各半，凑长五百里。南岸上段，傍山无堤，下段守埝，北岸上段守堤，迤下又守埝，彼此参差不一，无非为埝内村庄难迁，权为保守之计。下游武定府所属，南岸全守堤，北岸全守埝，凑长五百三十余里，地势近海愈平，水势近海愈大，情形较中游更重。综计全河之险，中游以下极多，计南岸近省

---

① 李秉衡：《李忠节公（鉴堂）奏议》卷 10《奏齐东县北赵家漫口堵筑合龙折》，民国 19 年排印本，第 21~23 页。

② 李秉衡：《李忠节公（鉴堂）奏议》卷 14《奏利津县北岭子西滩两处民埝漫溢片》，第 26~28 页。

③《光绪朝朱批奏折》第 99 辑，第 774 页。

百里，近埝之险有二十三处，北岸自长清官庄至利津以下盐窝窝止，四百六十八里之间有险五十四处，二十年来，已决三十一次，此中下游情形也。至下游近海百里之间，向无堤埝，间有之，亦甚阜薄，现在黄水由丝网口入海，一望弥漫，宽约二三十里，串沟甚多，并无一定河槽，深四五尺或一二尺、数寸不等，愈下愈浅，此又入海尾闾阻滞情形也。

至于出现上述问题的原因，三人认为主要在于治河经费短缺，相关规制缺乏：

> 岁修秸料，勉敷春日厢修，至伏汛抢险，早已用罄无存，碎石为护险要需，亦因无款不能多购。防汛兵夫，额设四千余人，分防南北两岸一千四百余里，仅合每里三人，平时巡水查漏，已去其半，昔年防汛，尚添雇月夫，近亦因无款少雇。该司道此次到工，一路少见存料，亦无土牛，问之兵弁，据称春日厢埽，夏日防汛，秋冬又抢堵漫口，竟无余间挑积土牛，即此可概其余。此近年山东办理竭蹶情形也。查黄河自改入东省，修防诸务，本属草创，间有兴作，皆因经费支绌，未按治河成法。①

基于上述分析，三人与六部九卿合议，拟定了"山东黄河大加修筑办法十条"，② 并决定拨帑930万两，用五六年时间完成所有工程。③ 其中十条办法大致如下：

> ——大培两岸堤身，以资修守，而垂久远也。
>
> ——下口尾闾，应规复铁门关故道，以直达归海，而杜横溃也。
>
> ——建立减水石坝，以泄异常盛涨，而保堤工也。
>
> ——添置浚船，以疏积沙，而保险工也。
>
> ——应设迁民局，以便随时办理迁民等事，以恤民情，而禅河

---

① 沈桐生辑《光绪政要》卷24《命大学士李鸿章察看山东河工办法》，第47~48页。

② 周馥：《秋浦周尚书（玉山）全集·奏稿》卷5，第52~59页。

③ 赵尔巽等撰《清史河渠志》卷1《黄河》，第31页，沈云龙主编《中国水利要籍丛编》，第2集第18册。

务也。

——两岸堤成，应设厅汛，并按厅汛设立武职缺额，以专责成也。

——设立堡夫，以期永远保护堤工也。

——堤内堤外十丈地亩，及堤身续压地亩，统应给价，除粮归官管理，以清界限也。

——南北两堤应设德律风传语，以期呼应灵通，并于险工段内酌设小铁路，以便取土运料也。

——两岸清水各工，应俟治黄要工粗毕，量加疏筑，以竟全工也。

明显可见，这十条办法的着力之处为修守两岸大堤，加强规制建设，辅以有组织的移民工作。此前，清廷虽表示"山东河患甚急，非大加修治，无以洒沈澹炎"，① 但是认为该办法"繁琐委曲，断难克期告成"。② 此后，李鸿章又呈奏《山东河工救急治标办法》，请拨修防银100万两，用于择要加高加宽堤防，另拨200万两用于疏通铁门关海口。③ 据周馥记述，此方案虽得批准"户部发银一百万两，交山东巡抚毓贤办理"，但是"嗣后以义和团匪滋事，京畿扰乱，未续请款办工。迨光绪二十七年，两宫自长安回銮，时事益见艰难，无暇议及河防事矣"。④ 大举治河工程之议遂作罢论。

此后，山东巡抚周馥在治河实践中仍践行李鸿章等人拟定的治理方案，"派官绅通行查勘，凡拦河逼水之埝有碍河流者，一律拆除"，"民埝拆除之后，民间如再有擅筑埝坝拦逼河流者，照例惩办。责成沿河州县，认真谕禁，并饬工员随时查报，以免日久弊生"。⑤ 不过与此前相类，受经费、技术以及经验路径等诸多因素困扰，治河实践举步维艰，收效甚微。据周馥奏报，在济南历城新河道治理实践中，"说者屡议弃埝守堤，

---

① 朱寿朋编《光绪朝东华录》，总第4348页。

② 朱寿朋编《光绪朝东华录》，总第4326页。

③ 《筹议山东河工救急治标办法折》，顾廷龙、戴逸主编《李鸿章全集》第16册，第117～121页。

④ 《再续行水金鉴》黄河卷《周馥治水述要》，第2645页。

⑤ 周馥：《秋浦周尚书（玉山）全集·奏稿》卷1，第6页。

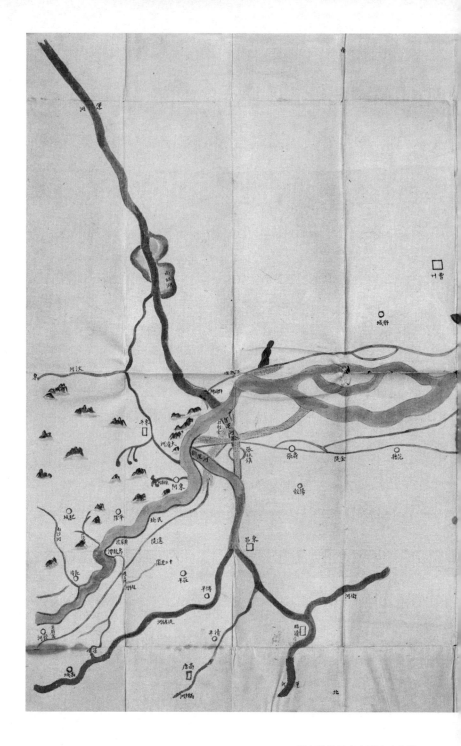

图中贴条处自右至左内容为：
（1）此系临邑县辖境，由此以下至泲……
（2）拟由此处建造带闸石坝，开挖河……
（3）上年十二月二十六日，河水由此……
（4）由此接筑大堤，与北岸大堤相齐……
（5）由此以下至萧神庙须接筑长堤。
（6）此处新河口业已淤塞。
（7）口门宽一千八百一十丈有奇，转……
图片来源：Hummel, Arthur W., *Tong……*

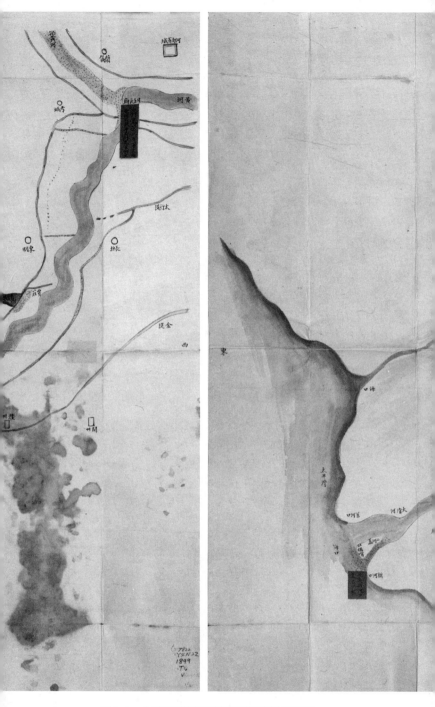

图4-1 铜瓦厢至海口新黄河河道堤工形势

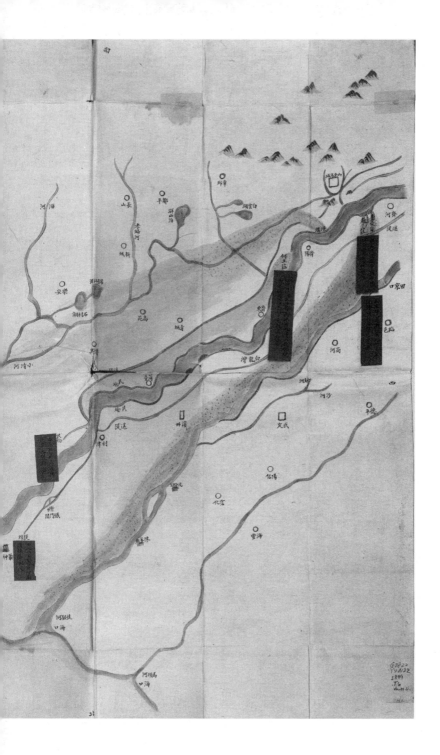

/ www. loc. gov/item/gm71002473/.

皆因经费难筹而止。又以埝内数百家居民不肯迁徙，官亦未给迁资，遂致历年失事，岁耗工赈费不赀，论山东河工，总以弃埝守堤为正办，而尤以历城为最急办之工。"① 还奏"上游孙楼、中游胡家岸、陈孟圈、董卜庄十六户等处奏明筑堤迁民等费，约需银七十万两，因捐输收款极少，尚未举办"。② 至于直隶一地民埝情况，据研究者考察，"民国始改归官守。然有名无实，河患更烈。累土成堤，厢埽防险，势难久恃"。③

第四节　晚清黄河治理相关因素分析

综观前述明显可见，晚清新河道治理之路磕磕绊绊，布满荆棘，其原因除深受政局动荡这一大环境影响之外，还受河工经费、治河主体等具体问题的极大制约，只是为行文逻辑，均未展开深入分析。毫无疑问，这对于认识晚清时期的黄河治理及其地方化实践也具有重要意义。

一　河工经费

晚清新河道治理经费来源多元化，有基层官绅百姓自行筹措的，有地方财政拨付的，也有部分来自中央财政拨款，不过整体而言，以地方自行解决为主。这也与该时期治河主体为地方督抚以及基层官绅相一致。

咸同战乱时期，由于清廷深陷战事无暇顾及河务，新河道治理主要由基层官绅百姓自发展开，包括所需经费的筹措。同治中后期，随着战事结束，清廷重又审视河务相关问题，但是并无恢复昔日河工大政的迹象，地方政府不得不继续担负新河道治理重任，所需经费亦多自行筹措。从新河道上游情况来看，起初修筑侯家林口门上下一百二十里大堤以及堵筑决口所需的150万两经费，清廷并未拨付，工程兴举之初，巡抚手头仅有30万两，其余或由署漕臣布政使文彬、前署布政使李元华筹集，或通过官绅百姓捐助与节省解决。接下来石庄户口门上下二百五十余里大堤修筑以及堵口工程所需，最初预算数目为150万两，清廷先拨付了98万两，其余陆续补齐，不过不敷工需120万两，主要取自山东藩运两司、粮道各库以

① 周馥：《秋浦周尚书（玉山）全集·治水述要》卷10，第42～43页。
② 周馥：《秋浦周尚书（玉山）全集·奏稿》卷1，第38页。
③ 吴君勉：《古今治河图说》，第47页。

及临清、东海两关经费。至于剩下的七十里以及北岸大堤的修筑经费，则基本由山东巡抚借助民力自行筹措解决。

光绪年间，鉴于山东河患日重，清廷决定每年拨给"岁修防汛银四十万两"，后来有所追加，但是远不敷实际需要，与清中期相比，绝对数字以及在国家财政支出中所占的比例也大为缩减。据周馥考察，嘉道时期"两河额领岁抢修银八百数十万两，另案工程每年二三百万两，合之廉俸兵饷，每岁不下一千二三百万两"，"丰年全征只四千万两，乃河工几耗三分之一"。① 而晚清时期，以拨款较多的光绪二十四年（1898）为例，该年山东、直隶、河南三省合计拨付数额为137万两，当年清廷财政收入为18359330两，支出为18010663两，② 由此计算，河工经费占整个财政支出的7.6%。

除了岁抢修经费，晚清时期的另案大工经费也发生了较大变化。据《清史稿》记载，清前中期"大率兴一次大工，多者千余万，少亦数百万"，至晚清，"丰工亦拨四百万两以上。同治中，山东有侯工、贾庄各工，用款二百余万两。光绪十三年，河南郑州大工，请拨一千二百万两。其后山东时有河溢，然用款不及道光之十一"。③ 如果仅看其中所列各工数字，当很难发现晚清与此前的巨大差距，因为郑州堵口工程经费也达一千多万两，而若对其经费来源情况做一考察，则问题极易凸显。据申学锋研究，为了筹集堵筑决口所需经费，清政府几乎使出浑身解数，想尽一切办法。郑工所耗的1000余万两白银中仅200万两由户部直接拨付，其余来源五花八门，有洋药厘金、宫中节省的内帑银、借的外债、盐商的捐输、各地商号的课税等，直隶总督李鸿章甚至奏准各铺预交20年的课银。④

在清廷所拨数额远不敷实际需要的情况下，新河道治理经费有相当部分来自本地。以光绪三年为例，该年修筑各堤段及用银情况如下：

> 修筑濮、范等五州县黄河北岸新堤计长三万一千五十丈，用银十

---

① 周馥：《〈黄河工段文武兵夫纪略〉序》，《秋浦周尚书（玉山）全集·河防杂著四种》。
② 中国第一历史档案馆所藏户部历年黄册，转引自周育民《晚清财政与社会变迁》，第317页。
③ 赵尔巽等撰《清史稿》卷131《食货六》，第24页。
④ 申学锋：《光绪十三至十四年黄河郑州决口堵筑工程述略》，《历史档案》2003年第1期。

六万两千两。又添筑支河缺口计长二万一千丈，用银一万七千两。修筑直、豫境内黄河南堤计长八千一百丈，用银两万八千四百三十二两一钱八分七厘。修筑东平、东阿二州县南岸新堤计长七百二十一丈，用银三千两。挑挖东平等九州县北路运河淤浅计长一万八千九百丈，用银两万三千八百八十三两二钱。采买建闸桩木用银七千两，灰石用银六千两。光绪三年份黄河南岸防汛用银六万八千二十一两九钱八分四厘，黄河北岸防汛用银四万五千四百六十四两七钱八分。以上通共实银三十六万八百二两一钱五分一厘。

据户部尚书福锟奏报，这些银两主要取自藩运粮道各库。① 光绪十年，两岸大堤修筑完竣后所需培筑经费，"户部照拨银三十八万两，本省银三十万两"，② 本省经费几乎占到了总数的一半。事实上，为解燃眉之急，往往多方挪借。比如光绪十六年，山东一省"最险工段，有三十余处之多"，在额定经费早早告罄财政又无款可拨的情况下，"不得已由河防局将徒骇河浚淤挑沟项下，挪用银十六万两，购造挖泥机器船项下，挪用银六万两，平阴等县修筑护城堤项下，挪用银七万两，民地给价及薪水杂支项下，挪用银二万两，添建石闸项下，挪用银六万两，赶为加购各料，以济急需"。③ 光绪二十年，甲午海战前夕，甚至将"海防捐输炮台经费，暂行挪用"。④ 不过由于新河道治理事同创始，河工所需实际数目无法确估，这种东拼西凑的办法也不可能从根本上解决问题。

　　光绪后期，银贱钱贵，对河工影响不小。"从前每银一两，易换京钱三千以上，现在每银一两，仅换京钱二千有奇，以银四十万两核计，暗中折耗京钱四十万串"，考虑河工"购料雇夫，均须现钱，不能短少"，地方督抚更是多方筹措，不过仍不敷工需。⑤ 有时额定经费在夏汛期间就已告罄，地方巡抚不得不"于藩库，照案续拨银五万两，分发上、中、下三游"，以应付秋汛。⑥ 有时还多方挪用，截留京饷银等项。比如光绪二十

①　黄河档案馆藏：清1黄河干流，河道钱粮，光绪1～10年。
②　《再续行水金鉴》黄河卷《潘方伯公遗稿》，第1866页。
③　《再续行水金鉴》黄河卷《山东河工成案》，第2277页。
④　《再续行水金鉴》黄河卷《谕折汇存》，第2409页。
⑤　《再续行水金鉴》黄河卷《谕折汇存》，第2596页。
⑥　《再续行水金鉴》黄河卷《谕折汇存》，第2416页。

四年，一次就请求"截留藩库本年地丁京饷银十五万两，在藩库各款项下筹拨十二万两，运库各款项下筹拨银三万两，粮道库漕仓及存剩行粮项下拨银八万两，临清州关税项下筹拨银二万两，借资应用"。① 由于当时水患严重引起了清廷的重视，"所请截留各款银四十万两"全部获得了批准。② 而这显然仅为个别年份。山东巡抚曾为本地财政状况备感忧虑，"连年筹办工赈，凑还洋债，及新添支拨各款，早已搭括一空，本年钱漕复多蠲缓，更虞入不敷出"。③

此外，沿河地方还采取捐输以及以工代赈等办法缓解河工经费严重不足的问题。只是自咸丰五年铜瓦厢改道起就大力推行捐输，久而久之，难免枯竭，至光绪后期"收数寥寥，已成弩末"。④ 至于以工代赈，也存在类似问题。尽管广大百姓多"深知修筑堤埝，所以保卫身家，荷锸如云，踊跃从事。在被水灾黎，借此工作，得以糊口。即贫民论工受值，亦可以养赡身家"，⑤ 但是时间一久，民力也形匮乏。何况官民立场不同，关系时而融洽，时而对立甚至激烈冲突，也令实际效果大打折扣。

就在河工经费成为晚清沿河地方尤其山东一省的沉重负担，"库款十分支绌"已为常态的情况下⑥，河务这一场域的贪冒舞弊问题还极为严重。据张曜奏报，山东河防总局设立之前，"十分经费，厅员能以六分到工，已属稍有天良"，虽然按其所言，此后"出入之款，众目昭彰，实属无从滋弊"，⑦ 但这显然为一理想之描绘。山东巡抚以及山东道监察御史都曾就河工积弊专折奏陈，请求严加惩办，尽力革除。据李秉衡所奏，料物一项弊病尤甚，在河官员"以买料为调剂之差，架井空虚，任意短少。甚至有不肖委员，于大汛之际，通同防营捏称随买随用，实并未买一束，料价全饱私囊"。⑧ 御史宋伯鲁所陈更为详细：

　　　　河工委员，以收支总局外局料场差使为最优，买秸桩麻土差使次

① 《再续行水金鉴》黄河卷《谕折汇存》，第 2584 页。
② 《再续行水金鉴》黄河卷《清德宗实录》，第 2584 页。
③ 《光绪朝朱批奏折》第 100 辑，第 180 页。
④ 李秉衡：《李忠节公（鉴堂）奏议》卷 9，第 33 页。
⑤ 《再续行水金鉴》黄河卷《京报》，第 1999 页。
⑥ 《再续行水金鉴》黄河卷《陈侍郎奏稿》，第 1908 页。
⑦ 《再续行水金鉴》黄河卷《山东河工成案》，第 2084 页。
⑧ 《再续行水金鉴》黄河卷《谕折汇存》，第 2444 页。

之。凡差使未派之时，重贿营谋，巧取豪夺，所以然者，一经派买土料，先与夫头料贩勾通一气，讲明五成报官，或六成报官，然后购买，堆置岸上，排架高竿，名曰料垛。然后禀请收支局委员验收，委员到岸，不过一望，即会衔禀报，不知料垛皆中空也。名为每垛万斤，或几千根，实不过四五成也，而以余款瓜分入己。此等委员，每派差一年，私囊可有四五千金之多。①

基层贪冒若此，上层舞弊更甚。王庚荣等人奏称，光绪十二年，"山东委员赴户部领银五十万两，被户书史春泉任意勒索，每万两侵扣二百两。现任户部侍郎嵩申、孙诒经传史春泉当堂诘问，送交南城坊押追"，"此次东省领银五十万两，竟为该库书吏史春泉即史松泉侵吞五万之多，闻者莫不骇怪"。② 不难想见，受贪冒舞弊之风的影响，本就短绌的河工经费更行紧张。

总而言之，晚清新河道治理事同创始，所需经费数额不可估量，在清廷无意河工，地方督抚担起重任的情况下，地方筹资成为一个重要途径。由于晚清河工"另款不足，几成常例"③，地方治河实践所能取得的成效也微乎其微。军机大臣世铎曾感慨："山东河工岁糜之款，至今已至二千万两以上，国家耗尽无数金钱，而东民仍不免其鱼之叹！"④ 其言在一定程度上道出了晚清新河道治理之困顿状况。

二　士绅与治河实践

在晚清新河道治理实践中，无论修筑民埝还是官堤，士绅都发挥了重要作用。他们通过捐资出力、赈济灾民、承担具体事务等方式参与其中，进而以自己的实际行动赢得了政府信任与百姓爱戴。

第一，捐资出力者不胜枚举。

长清县曹文泗，"光绪十一年，利津决口，公捐赀助工，奉部奖给监贡。厥后，黄流泛滥，河东岸村庄半就冲陷，公蒿目时艰，本饥溺之怀，

---

① 《再续行水金鉴》黄河卷《谕折汇存》，第 2494 页。
② 朱寿朋编《光绪朝东华录》，总第 2197 页。
③ 《再续行水金鉴》黄河卷《山东河工成案》，第 2366 页。
④ 《再续行水金鉴》黄河卷《谕折汇存》，第 2643 页。

奔走济、泺，匍匐宪辕，为民请命，卒如所请。为筑堤防，设迁民局，以救灾黎。光绪十六年，……给予六品职衔"。①。

齐东县马光森，"黄河坝河，连年决口，漫溢成灾，复又率众抢险，不辞劳瘁，岁逢凶荒，衬有饔飧不给者，自出红粮若干石，按户分送，不收价值，桑梓多蒙其福。光绪十六年，巡抚张赐'急公好义'匾额"。②

齐东县李磻溪，"自光绪间，南筑遥堤，夹河之势已成，而河道南移，大溜东趋，县城十分危险。乃请知县秦长庚禀准上宪，筑堤护城，兼修顺溜埽坝，以防坍陷，当时率众防护，冒雨督工，城关幸保无恙。知县赠以匾额，曰'立障鸿涛'，邻里亦以德被闾里旌其门。……乡里至今称之"。③

齐东县郭书堂，"遇黄河遥堤诸工，竭力倡办，卓著成绩，辛丑援例出贡，丙午以河工劳绩，优蒙保荐，出任范县训导"。④

利津县綦成德，"自黄河为患，先后率民夫筑本境堤防者九次，每遇险工，必率众抢护，昼夜无间，并悉出己之秸料绳具以为倡。綦家嘴河道逼窄，号称极险，而历三十年无水患者，成德防护之力居多"。⑤

利津县孟范，"同治十一年，洪水逼东城，外门沦陷，与邑绅綦应鸿、李邦举等同出资抢护，继创设安澜局，禀当道抽布捐修石堤三段，城得保全。""光绪八年六月五日，城东北隅黄河堤决口，由所经理德聚号垫借钱七千吊购秸料，率民夫堵塞。"⑥

东明县李麟阁，"丁巳辛酉，三次堤决，黄流直冲县城，麟阁与高大令钦露宿郭上，率众抢护之城，卒无恙，手胼足胝，弗辞也"。⑦

博兴县安庆澜，"光绪初年，施赈委员同胥舞吏弊，减口自肥，庆澜率众力争，民多全活。秋禾将熟，河水淹至，督率庄民筑堰十余里，遂得秋成"。⑧

第二，行善施济者比比皆是。

① 民国《长清县志》卷13《人物·懿行》，第18页。
② 民国《齐东县志》卷5《人物志·事迹·义行》，第34页。
③ 民国《齐东县志》卷5《人物志·事迹·义行》，第33~34页。
④ 民国《齐东县志》卷5《人物志·事迹·义行》，第35页。
⑤ 民国《利津县续志》卷7《义行列传》，第1页。
⑥ 民国《利津县续志》卷7《义行列传》，第2页。
⑦ 民国《东明县新志》卷11《乡贤》，第46页。
⑧ 民国《重修博兴县志》卷13《人物》，第49页。

长清县赵登三，"光绪二十四年，黄水为灾，出谷二十余石，以济贫乏。是年冬，复出麦数石，散给乡邻，每岁杪放粥月余，四方颂盛德焉"。①

齐东县刘汉卿，"光绪间，黄水为灾，田宅漂没，村中小户多不能举火，时汉卿卖驴一头，钱存市肆，遂支取之，按户均分，暂救眉急。其至亲，某富室也，当未遭水患时，屡欲借以船只，劝其搬徙，坚拒不允，且曰同罹浩劫，天实为之，吾不肯以一家温饱视村人向隅，卒不去"。②

齐东县孙玉兰，"在宅畔筑土为台，高丈余。光绪二十四年，黄河决口，四方老幼咸集此台，以脱水患，其善事颇多，实难枚举"。③

齐东县孙庆荣，"光绪十一年冬，全村被水，村人乏食者甚多，曾出粟二十石，以济乡里"。④

齐东县潘乃敬，"河工保举七品衔，四十余庄，因热心公益，赠送'月旦乡评'匾额，以酬其劳绩。本村被水时，曾捐红粮若干，以赈乡里"。⑤

济宁直隶州孙毓华，"二十余年，村庄岁被灾，毓华倡义捐赀，昼夜督理，工竣，济人感之。年五十二卒，济滋邹邑绅耆，合词请入报功祠崇祀焉"。⑥

阳信县张梦焕，光绪"十六年黄水为灾，二十九年霪雨害稼，开仓借贷，无论识与不识，有求必应。其后，偿则收，不偿弗问也"。⑦

阳信县何毓楠，"光绪乙丑，河决为患，民多荡析离居，出积谷以赈贫，亲率里人筑近庄之堤，何、杨二庄赖以安全"。⑧

博兴县王锦园，"光绪中，连年河水为患，首倡求赈以救灾黎"。⑨

博兴县白连庆，"光绪间，黄水为灾，赴省请得赈银，灾民数万赖以得生"。⑩

博兴县刘振廷，"光绪十四年，洪水滔天，厥后，东鲁改旱田为稻田，

---

① 民国《长清县志》卷13《人物志·懿行》，第7页。
② 民国《齐东县志》卷5《人物志·事迹·义行》，第35页。
③ 民国《齐东县志》卷5《人物志·事迹·义行》，第36页。
④ 民国《齐东县志》卷5《人物志·事迹·义行》，第36页。
⑤ 民国《齐东县志》卷5《人物志·事迹·义行》，第36页。
⑥ 民国《济宁直隶州续志》卷12《人物志》，第37页。
⑦ 民国《阳信县志》卷5《人物志·任恤》，第39页。
⑧ 民国《阳信县志》卷5《人物志·任恤》，第39页。
⑨ 民国《重修博兴县志》卷13《人物》，第44页。
⑩ 民国《重修博兴县志》卷13《人物》，第46页。

西鲁居其下游，种旱不得，种水不能，田地尽成废土。振廷率庄众掘为台地，该庄民众得粒食，皆云振廷之赐"。①

博兴县白善宝，"光绪十四年，黄水淹没村庄，家人皆逃……掘沟渠以备旱潦，修桥梁以利交通"。②

第三，承担治河重任者亦不乏人。

历城县陈汝恒，"光绪九年，东省遭水患，东抚陈士杰稔知其任事勇往，特延其襄办河工，其后张曜抚东，尤加倚任"。其"从事河工先后不下十数年，从未支领薪水"。③ 死后，"东抚张曜奏请，照军功积劳病故例，从优议恤。奉旨加太仆寺卿衔，故后三十年，本省士绅呈请入祀乡贤祠"。④

济宁直隶州高从恭，"同治十年，知州王锡麟委办黄河侯家林工，数月蒇事。光绪元年，复委督率东乡民夫堵塞黑红庙黄河决口，亦数月告成。时东抚丁宝桢嘉其勤，奏请以教谕用，并议叙五品衔以褒之"。⑤

济宁直隶州刘蓁甚至在抢险工程中献出了生命，同治"十一年，郓城侯家林决口，丁宝桢中丞奏调往督工，工竣赏花翎。是年八月，复抢险工，坠水中，寒卒。巡抚丁宝桢、曹州镇总兵王振起会题请恤，奉旨照总兵阵亡例给骑尉世职，赏银治丧"。⑥

齐东县李墅，"光绪十一年，黄水入济，派筑遥堤，诸村推为社长，与官绅筹画，劳瘁备至，堤成，得奖五品衔"。⑦

利津县崔凤藻，"黄河尾闾，连年冲决，官商苦之。凤藻倡议兴修电坝，专为捍卫盐滩，保护民食，当事韪其议，详明大府，令凤藻监修。工成，不独盐场利赖，全省民食受益实多。又黄河下游堤工，每当三汛不时出险，当事以凤藻熟悉堤务，屡饬襄助。黄河堤工每盛汛奇险之际，冒风雨，莅危堤，躬执畚锸，与水搏战，卒能转危为安，一方赖以保障。大吏嘉其劳，先后给奖五品衔，赏戴蓝翎，以知县尽先选用，

①　民国《重修博兴县志》卷 13《人物》，第 50 页。
②　民国《重修博兴县志》卷 13《人物》，第 50 页。
③　民国《续修历城县志》卷 40《列传二》，第 35～36 页。
④　民国《续修历城县志》卷 40《列传二》，第 36 页。
⑤　民国《济宁直隶州续志》卷 12《人物志》，第 38 页。
⑥　民国《济宁直隶州续志》卷 12《人物志》，第 44 页。
⑦　民国《齐东县志》卷 5《人物志·事迹·义行》，第 33 页。

皆事之尤著者也"。①

上述县志材料呈现了一幕幕基层士绅积极参与治河救灾，并由此博得地方官员嘉奖及基层百姓赞誉的场景。此外，还可从山东巡抚给清廷的奏报中窥见一斑。比如陈士杰奏陈"在事各官绅，终岁办工，备极辛苦，其因积劳致疾与夫抢险陨命者，亦已不少。伏念连年以来，堵筑大小各口至三十余处之多，用款仅一百三十余万金，此皆由各官绅等实力同心，用能工坚费省，力挽河防积习，以至于此"。② 再如张曜亦曾言及"东省创筑长堤，加修民埝，两岸工程各长千余里，尚未设立厅汛，所赖文武委员及地方官绅协同修守"。③ 言辞之间明显可见，地方政府对积极参与黄河水患治理的士绅阶层给予了高度赞可。孔飞力在《中华帝国晚期的叛乱及其敌人》一书中强调，在太平天国起义过程中，财政、军事等权力的下移无可回转地促使地方社会逐渐游离出了中央的控制，士绅也在这一过程中实现了自身权力的膨胀。对此观点，笔者赞同之余略有补充。通过对以上诸多县志资料的梳理与分析可以看出，在长期为黄河水患所困的山东一省，士绅通过参与治河救灾获得了品衔以及声誉。毫无疑问，这有助于提升他们在基层社会的威望，进而强化社会地位，不过反过来也给这一阶层膨胀权力提供了"法衣"。

为了鼓励先进，奖掖后进，吏部规定，黄河"每决口一处，准保异常寻常者六员"。这本无可厚非，可是在具体实践过程中往往走样，"所报决口之多寡，概以所保之人数为衡，如拟保六百人，则称决口一百处"。④对此状况，河南巡抚倪文蔚曾颇有感触地讲道："自臣莅豫，适有河患，办料办工，官绅纷纷以五品顶翎奖札功牌为请"，"顶戴为名器所关，翎枝尤殊劳之奖"，怎可随便请领。⑤ 在受灾较重的利津县，"自黄河串入清河，而后地势既改，人情非昔，士习诈伪，民多健讼，以致乡会科第，莫由振兴。欲挽颓风，必须先端士习"。⑥ 光绪帝对类似问题有所察觉之后曾下令整顿，"近来绅士往往不安本分，动辄干预地方公事，甚至借端挟

---

① 民国《利津县续志》卷7《义行列传》，第1~2页。
② 《再续行水金鉴》黄河卷《山东河工成案》，第1934页。
③ 《光绪朝朱批奏折》第98辑，第622页。
④ 《再续行水金鉴》黄河卷《东华续录》，第2410页。
⑤ 朱寿朋编《光绪朝东华录》，总第2497页。
⑥ 光绪《利津县志》卷1《皇言》，第1页。

制官长，以遂其假公济私之计，于风俗人心大有关系，亟应认真查究以挽浇风。着各省督抚通饬所属，将前项弊端严行禁止，倘有刁劣绅衿，不知自爱，仍有干预情事，即着从严参办"。① 姑且不论这一谕令本身，仅就广大黄泛区的实际情况而言，清廷撒手河务，疏于赈务，地方政府虽不得已担起重任，但在治河实践中不能不高度依赖基层官民尤其士绅的大力配合，若此，整顿士习从何谈起？

另需关注的是，江南士绅还跨越地域，到黄泛区赈济灾民，参与治河。张曜在奏报山东救灾情形时曾特别提到严作霖等一批江南绅士的慷慨事迹，"东省散放义赈善绅候选训导严作霖等二十五人，秉性慈祥，勇于为善，亲赴各村赈济，异常劳瘁"。② 翌年又奏"前经南绅训导严作霖等，周历各村庄，劝令迁移大堤以外，每户发给迁费银十两，上年先后搬移二千余户。本年南绅施则敬、潘民表等，于大堤以外，高阜之处，购买地亩，以资安插"。③ 不仅如此，经登莱道盛宣怀一番劝说，他们还积极投身到小清河的治理之中。④ 据山东巡抚福润奏报：严作霖等人"周历各处，反复查勘，或生开，或取直，悉心筹度，要以规复正河，为斯民永除水患"；"金家桥一带，开通之后，水势畅行入海，博兴、安乐、寿光等县即获秋收，立见成效"，而对于成绩，他们"从不邀奖，今复坚辞再三，出于至诚"。⑤ 对此慷慨行为，清廷下旨给予嘉奖。

总而言之，在晚清新河道治理实践中，地方督抚"派官会绅董其事"几成常例，⑥ 士绅在为御灾捍患做出贡献的同时，也借此强化了与地方政府以及基层百姓的联系，提高了威望，甚至实现了自身权力的膨胀，加强了对基层社会的控制。

三　官民关系

由于晚清新河道治理在很长一段时间里责无归属，无规制可循，地方官绅在捍御水患的实践中对于民力比较依赖，广大黄泛区百姓为河患所

---

① 朱寿朋编《光绪朝东华录》，总第 2720～2721 页。
② 《光绪朝朱批奏折》第 98 辑，第 746 页。
③ 《再续行水金鉴》黄河卷《京报》，第 2241 页。
④ 《再续行水金鉴》黄河卷《盛宣怀致户部尚书翁同龢函》，第 2338 页。
⑤ 《再续行水金鉴》黄河卷《东华续录》，第 2395～2396 页。
⑥ 民国《续修历城县志》卷 38《宦迹录》，第 5 页。

困，多也积极参与，"荷锸如云，踊跃从事"的情况屡见不鲜。① 不过，二者在基于共同利益进行合作的同时，还往往因立场不同等情况而产生矛盾，甚至激烈冲突。

一个比较明显的矛盾为，河工四汛时间多与农时冲突，参与治河的广大百姓"经年在堤，几废民事，以致转为民患"。② 对此，清政府尽力予以调整，比如农忙时节，由政府出资"添雇短夫，按发口粮"，农闲时，再组织百姓修守堤埝，如此"既有益于河防，亦无妨于农业，民间极为乐从"。③ 不过有些矛盾则不易调解，比如料物一项。采买物料为治河实践的重要环节，清前中期，循照相关规制，河堤之上一般会囤积大量料物以备抢险之用，而改道后新河道治理情况大不相同。沿河地方督抚往往临时派人四处采买，难免令广大百姓尤其黄泛区百姓惶恐不安，如此，在这个本就容易产生官民矛盾与冲突的问题上，情况更为糟糕。在直隶东明县，官吏采买物料时，百姓如"不卖，轻者辱骂，重者责打，辄以抗公不办罪名肆行恐吓，只得任其剥削"；运输中"车率系牛驴，遭河兵威逼，多装快走，稍不称意，即行打骂"。④ 一次黄河决口发生后，地方官员为赶筹料物分派该县完成11.5万束柳枝，而该县"自罹兵燹之后，又叠经河水浸荒，逃亡殆尽，庐田倾圮，原野萧条，寸土皆荆棘之区，百里无盈把之木"，百姓一"闻派买柳枝一事，合邑绅衿黎庶，惊悸若狂，奔走如鹜，痛哭流涕，环聚满堂。泣称东明地方，并无蓄柳，此十余万束之柳枝从何措办？"⑤ 不难想见，沿河百姓为河所累，苦不堪言，与政府之间的关系难免紧张。

除了秸料、柳枝等项，修筑大堤还需要大量泥土。对于如何取土，清前中期也有相关规定，不过实践中常因处理不当而引起百姓不满，这在晚清新河道治理实践中更为严重，随地取土、踩踏农田等问题屡见不鲜。比如光绪二十三年（1897），利津县修筑堤埝时，"竟将民间两处果园泥土任意挑挖，以致树木枯萎"，而经调查，"附近尚有沿河淤滩，并非无土可

---

① 《再续行水金鉴》黄河卷《京报》，第1999页。
② 《再续行水金鉴》黄河卷《山东河工成案》，第2298页。
③ 《再续行水金鉴》黄河卷《山东河工成案》，第2298页。
④ 民国《东明县新志》卷12《详禀》，第26页。
⑤ 民国《东明县新志》卷12《详禀》，第23页。

取"。① 百姓生计受到威胁，难免铤而走险，出现过激行为。事情发生后，虽然山东巡抚李秉衡及时处理，处罚了相关人员，但是不可能从根本上改变官民在类似问题上的紧张状况。堤埝修筑工程除需要大量土料，还会占压土地，进而对百姓生计造成影响。这一点清政府比较清楚，曾屡屡出台措施给予补偿。比如光绪六年，肥城县"除豁沿河坍塌地十四顷二十三亩九分二厘二毫五丝，又光绪十年除豁沿河堤占并展留地二顷六亩三毫八丝八忽"②。再如光绪七年，查出"郓城县官堤占压民田，及菏泽、濮州、范县、寿张、阳谷、东平、东阿七州县，南北两岸大堤暨张河口等处，续修格堤护堤等工，共占民地八十顷三十亩一分三厘一毫六丝四忽"，"地亩为堤占压永无可种之期，自应一并豁免，核计应豁地丁正银⋯⋯"③ 有时还发给百姓一定补贴以为补偿。比如光绪十一年，两岸大堤修筑完竣之后，"黄河下游，自东阿县起至利津县止，两岸新筑长堤、格堤等工，占压民间地亩"，"每亩发给地价，制钱八千文，以示体恤"。④ 类似措施的实施或许能够在一定程度上缓解灾民的困苦情形，可是政策实施过程中总是问题不断。比如上游大堤修筑完竣之后，清廷曾下令将新修大堤占压的土地需缴"钱漕全行蠲免"，可是不久，有人参奏寿张县知县并没有贯彻执行这一谕令，而是"纵容书役将堤内地亩，无论是否被水冲淹，勒令按亩开征加倍折收，并将多年逃亡空户之钱粮监押灾民，勒令包纳，以致众心惶惧，相率逃离"。这应不是空穴来风，光绪帝闻知此事后无比震怒，下令严查。⑤ 在平阴县，经光绪"十九年清查，光绪十一年以后，堤占河坍地亩详请奏豁银米，现在尚未奉复，是以未经开除"。⑥

大灾之年，官民之间更易产生矛盾。由于来势汹汹的洪水冲决堤埝，淹没田庐，基层百姓出于自卫的本能，甚至盗掘堤埝，倾泻黄水。比如光绪九年，章丘县百姓就"曾掘坝河民埝，上年又掘罗家庄大堤，此次又掘毛家店大堤"。⑦ 这种做法不但会加重灾情，还会给政府的治河实践制造

---

① 《再续行水金鉴》黄河卷《李忠节公奏议》，第 2541 页。
② 光绪《肥城县志》卷 6《田赋》，第 2 页。
③ 《清代黄河流域洪涝档案史料》，第 708 页。
④ 《再续行水金鉴》黄河卷《山东河工成案》，第 1893 页。
⑤ 《光绪宣统两朝上谕档》第 4 册，第 24～25 页。
⑥ 光绪《平阴县志》卷 3《赋役》，第 27 页。
⑦ 《再续行水金鉴》黄河卷《山东河工成案》，第 1886 页。

障碍。因此，官员怒不可遏，严厉查处，可是百姓"决堤放水，而官不能禁"的现象仍然屡屡发生。① 此外，由于需募集大批民夫紧急抢险，官员非常担心出现"挑动黄河天下反"的局面，往往派军队"择要分扎"，以"弹压巡防"，② 而这无疑令人不寒而栗。在征买料物的过程中，有些官吏乘机虚索百姓，"原有斤数，只能折半兑收"，③ 又令实际效果大打折扣，进而恶化了原本就显紧张的官民关系。光绪十年，在福山县发生了这样一个案例：大灾来临后，山河涨漫，"冲塌房屋不可胜计，并淹毙人口，城垣冲倒亦数十丈。灾民始则禀请报灾"，而地方官吏为了保住乌纱帽竟匿灾不报，御史耳闻后前往查勘，县令才无奈之下奏陈灾情。可是在赈银的发放问题上，"该管官饬令于冲塌民房，每间发大钱三千文，该县仅发三百文。约计所发通县倒塌房屋之钱，不过百数十千文，不足该管官饬令发给一村之数"。④ 如此不难想见，该地百姓之困境以及官民之间的矛盾状况。

从前述已知，治河救灾的一个重要环节为组织灾区百姓移民。对此，官绅比较重视，曾设立迁民局专门负责此项工作，在具体实施过程中，或购地盖房，或发给迁资，劝导百姓，从而取得了一定成效。据董龙凯研究，光绪中后期，清政府共组织了三次较大规模的移民活动，综计迁出约6700户，以户均五口计，共有移民 3.35 万人。这几次移民一般为整村迁移，除少数有所分合外，大多沿其旧名，且所立各新庄距其旧庄较近。⑤ 不过，若细加考察还可发现，移民过程中的官民关系颇为复杂。对于移民工作，山东巡抚福润比较得意，曾有如下奏陈：

> 在大堤以外，附近高阜之处，购地立庄，凭执照分给宅基，再按户发给钱文，督令盖房迁徙。数月以来，认真赶办，新庄盖成之屋，已有十之七八。自章丘县起至利津县止，先后并计，共已迁出二万余户，分立新庄二百数十处。凡上年所迁者，率已种植树木，耕凿相

① 周馥：《秋浦周尚书（玉山）全集·治水述要》卷10，第40页。
② 《再续行水金鉴》黄河卷《清德宗实录》，第1915页。
③ 《再续行水金鉴》黄河卷《山东河工成案》，第1923～1924页。
④ 《清代黄河流域洪涝档案史料》，第732页
⑤ 董龙凯：《山东段黄河灾害与人口迁移（1855～1947）》，第73页。

安，本年新迁户口，亦皆各得其所。①

从其描述来看，移民工作有条不紊，颇具成效，可是御史王会英对福润所奏"不胜骇异"，并就自己较为熟悉的利津县迁民情况上呈奏疏，予以参劾。其言大体如下：

> 利津迤北滨海，昔年本为斥卤之地，素无居人，因近年以来，海潮不常泛滥，加以数年间，河水灌溉，稍有淤出可耕之田。其实潮汐长落不时，甚属可虞，并非乐土。况地本苦寒，牛马与人，多有冻死，即素业捕鱼船户，莫不视为畏途。乃前任利津县知县钱镛，利津汛官王国柱，将临海逼近素无业主被潮之地，安插灾民。而以离海稍远，素有业主，淤出可耕之田，大半夺为己有，尽租与殷实之家，利其租税，居为奇货。遂创为可迁之说，以欺上宪。福润不察其真伪，被其愚蒙，驱民赴海。民未种地，先索税租，每亩制钱二千余文，及千余文不等，通共放计二万余千，尽饱私囊。催科征比，视寻常地丁尤急，以故离海窵远之地，不敷安插，而置灾民于下游海湑之处所。领藩库银二万余两，本为灾民购房买牛之用，乃稍稍与民，其余尽以肥己。又恐难以报销，遂逼令灾民，出具甘结，威胁势迫，以少报多，以假混真。继以后任吴兆镁，纵役逼迫，当严寒之时，尽驱入海。挽车牵牛，怨声载道，燕巢幕上，势甚危发。福润所谓依恋故土，非依恋故土也，畏死耳。所谓不安本分，非不安本分也，求生耳。夫安土重迁，人之常情，刭去虎得狼乎？又况刑逼势禁，官呵吏骂，鞭笞交加。逮粗成村落，喘息未定，陡于上年十月初五日，风潮大作，猝不及防，村舍为墟，淹毙人口至千余名之多，甚至有今日赴海，而明日遂死者。不死于河，而死于海，不死于故土，而死于异乡。是未迁之时，犹可冀其幸生，既迁之后，民乃至于速死也。乃利津县知县吴兆镁，佯为不知，坐视不救，哭声遍野，惨不忍闻。吴兆镁犹为其母庆贺祝寿，大排筵宴，令民送万民衣伞，此岂复有人心者。被灾之民，有与尸赴公堂号泣者，有忍气吞声而不敢言者，又有阖家全毙而无人控告者。赤子何辜，而罹此咎耶。乃福润入奏，仅方

---

① 《再续行水金鉴》黄河卷《谕折汇存》，第 2340 页。

六七名口，其余匿不以闻。是可忍，孰不可忍。

　　据福润奏云：八州县灾民，悉迁在大堤外附近高阜处所。今试问利津大堤外何曾建一房置一庄乎？此又欺罔之甚者也。①

王会英籍隶山东利津，牵念家乡遭受重灾的父老乡亲自在情理之中，可问题是，他与巡抚的奏陈判若天渊。对此，清廷命李鸿章派人前往实地调查。由于没能查见调查结果，无法确知此事以及事态的发展情况，不过以下材料或多或少可以做些旁证。晚清良吏朱采曾关注过山东黄泛区的移民工作，其言大致为：

　　历城以下临河镇市村落，为水所齿，往往败堵壁立，户达凌波，瓦木杂糅，荒烟满地。二三遗民犹呻吟匍匐于其间，问何以不早迁，或曰已三迁矣，或曰力已竭矣，只有坐而待尽。②

另据《平阴县志》记载：

　　光绪十九年，由赈抚局派委员迁南岸之民，为买地基，并予盖屋津帖，其迁者二十二庄，下注"迁"字以志之。数十年来，陵谷变迁，两岸民情困苦如此，河患日深，沦胥之灾，殊不知所底已。③

　　从这两条材料来看，迁移后百姓生活更加困苦不堪，有的甚至偷偷回到原居地坐以待毙也不愿意再迁往他处。由此可以推知，王会英的奏陈可信度较高，福润所奏则为邀功请赏多歪曲夸大之言。

　　还需关注的是，灾区百姓往往由于识见有限等而给官府的治河实践带来麻烦，荷兰海外工程促进会所派勘察队在勘察中就曾发现不少类似问题。比如河堤上的草木本可以起到加固堤岸的作用，而沿河百姓为了生活，将草甚至连很小的草都连根拔去喂牛，将树木砍掉拿去煮饭取暖。再如为了保卫自家田庐，堤内百姓在原有民埝与大堤之间修筑了大量横向的小埝，罔顾水流规律等；去往堤顶之时随意从斜坡开辟小路，丝毫不考虑

---

① 《再续行水金鉴》黄河卷《东华续录》，第 2392~2393 页。
② 朱采：《清芬阁集》卷 2，第 57 页。
③ 光绪《平阴县志》卷 1《村庄》，第 41 页。

大堤的厚度及承载能力。[①] 前述大灾之时，灾民偷决堤埝，以邻为壑，也是一例。此外，在参与治河以及对抗官府欺压行为的过程中，广大百姓还加强了内部联系。据森田明研究，为民埝所包围的村落，对内系透过治水管理功能加强内部的、共同体的结合，对外则完成防卫的、战略的功能。因此，民埝乃埝、民之综合的存立基础，是村落联合之基本纽带。在清末咸丰、同治年间，山东省一再发生的抗粮反官运动，乃以村落联合为组织基础之村落自卫手段，村落联合则是维护乡民的集团利益之独立自主组织。以民埝为基础的村落联合，就是在那种运动与组织中，可以定位为最有力而且尖锐之一环。[②] 这一论述对于理解新河道治理实践中的民众情况颇有启发，但是毫无疑问，具体问题尚需深入挖掘。

总之，晚清新河道治理实践中的官民关系颇为复杂，二者既有基于抵御水患这一共同目标而密切合作的一面，也往往因所处立场不同以及自身利益所关等而产生矛盾甚至冲突。何况官府中积沿已久的贪腐习气时而损害百姓利益，百姓也时而对官府的相关举措不理解不支持，甚至出现有意或者无意破坏治河活动的行为。这一复杂面向以及河工经费主要由地方自筹，均为晚清新河道治理地方实践的重要体现。

小　结

综观晚清新河道治理的地方实践，起初新河道两岸仅有基层官绅百姓自行修筑的小埝，二十余年后官修大堤才在沿河地方巡抚的主持下断续修筑完工，不过实际成效比较有限，堤埝仍然频繁决溢。对于其中之原因，河督吴大澂认为"河非不能治，病在不治"，"张曜素称勇于任事，又曾周历全河，且身任地方，何尚鳃鳃于苟且补苴，不为久远计乎？"[③] 李鸿章的幕僚张佩纶也发表过看法，"若因帑藏空虚，力难大举，一任疆臣自为补苴，小民自为遏塞，窃恐堤埝愈多，淤沙愈积，工程愈出，劳费愈

---

① "Extract of the Accounts of Captain P. G. Van Schermbeek and Mr. A. Visser, Relating Their Travels in China and the Results of Their Inquiry into the State of the Yellow River," *Memorandum Relative to the Improvement of the Hwang-ho or Yellow River in North-China*, pp. 68 – 103.

② 森田明：《清代水利社会史研究》，第 336 页。

③ 林葆恒编《闽县林侍郎奏稿》卷 1，第 10 页。

烦，不穿运河，且逼畿辅，其害殆不可胜言也"。① 一人将问题指向沿河疆吏，一人还言及经费不足。而作为山东巡抚，张曜本人则认为，原因主要在于"人事未尽，财力之不逮"。② 透过前述可知，经费极度短缺的确是治河实践的制约和瓶颈，地方督抚修筑大堤断断续续持续数年也确实没有系统规划，而如果将新河道不治的原因尽归于此则难免粗浅。对于晚清黄河的悲剧性命运，受河督及张曜之邀参与治河的刘鹗曾深有体会地讲道："现在国家正当多事之秋，那王公大臣只是恐怕耽处分，多一事不如少一事，弄的百事俱废。"③ 荷兰海外工程促进会在对新河道进行勘察时也有类似表述，"如果没有迫在眉睫的危险，无人想着采取措施治理河道，而当问题严重之时，又不得不花费巨额帑金修筑堤埝"，还提到"近期修筑的大堤都没有埽坝或石块等材料做外层保护，坚韧度较差"。④ 二者直指晚清动荡政局下的世事纷扰当更为合适。总之，新河道治理的地方实践从一个侧面展示了晚清黄河治理的地方化趋向，进而揭示了河务与急剧动荡的政治局势之间错综复杂的关系。

---

① 张佩纶：《涧于集·奏议》卷3，第11页。
② 宫中档朱批奏折，水利类，山东巡抚张曜折，04/01/05/0181/005。
③ 刘鹗：《老残游记》，第71页。
④ "Extract of the Accounts of Captain P. G. Van Schermbeek and Mr. A. Visser, Relating Their Travels in China and the Results of Their Inquiry into the State of the Yellow River," *Memorandum Relative to the Improvement of the Hwang-ho or Yellow River in North-China*, pp. 68 – 103.

第五章 河患与内乱：黄泛区的叛乱及捻军兴亡

由于新河道无防无治，广大灾民又得不到有效救济，黄泛区社会秩序陷于混乱，各种形式的反叛力量迭起。活跃在安徽北部的捻军则趁势跨过南河干地，北进抢掠，迅速壮大，并对清政府的统治形成了巨大威胁。改道后内乱更加严重，局势更趋复杂。本章主要考察铜瓦厢改道如何影响了黄泛区的反叛势头，又在何种程度上加促并制约着捻军发展，以从一个侧面揭示乱世中的黄河改道反过来对政治局势产生的深刻影响。

第一节 黄泛区叛乱加剧

一 改道前黄泛区叛乱概况

自南宋南泛夺淮到咸丰五年铜瓦厢改道，黄河在河南东部、山东西南部以及江苏北部行水，最终在云梯关入海。由此不难想见，在长达七百多年时间里，频繁发生的黄河水灾对沿河区域以及安徽北部、江苏南部等地影响很大，甚至成为淮北由"鱼米之乡"变成"被牺牲的局部"的重要重塑力量，[①] 以及造成该区域"持续不断的暴力"的一个重要原因。[②] 及至晚清，情况更为严重。

鸦片战争期间，黄河连续三年发生大决口，造成的危害可以说是灾难性的，不仅灾民痛苦流离，黄泛区元气大伤，而且由于这些地区大都离鸦片战争的战区不远，严重的自然灾害给战祸造成的社会震动更增添几分动

---

① 参见马俊亚《被牺牲的"局部"：淮北社会生态变迁研究（1680～1949）》，北京大学出版社，2011。

② 裴宜理：《华北的叛乱者与革命者（1845～1945）》，第19页。

荡不安。① 铜瓦厢改道前夕发生的丰北决口，由于清廷最终放弃治理，造成的灾难更为深重。咸丰三年（1853），左副都御史雷以諴奉命前往苏北勘察黄河情形，沿途耳闻目睹灾区百姓的悲惨状况，"饥民络绎，纷纷求食，面俱菜色，几于朝不保暮。及至滋阳、邹县，直抵滕、峄、邳州等处，则男妇老弱，什佰成群，扳辕乞丐，皆鹄面鸠形。所在多有倒毙，无人收瘗，间为野犬残噬者"。备感震惊之余遂询问路人何以如此，"途人，称：自道光二十六年水旱频仍，十室九空，以致琐尾流离，不堪言状"。② 对于众多灾民的困苦流离之状，清政府有所顾虑。据知县丁寿昌分析："现在河南、江苏贼氛未靖，距被灾之所，皆不过数百里。河北民情素称强悍，束手待毙，势必不能，求生不得，待赈无期，惟有趋之使从贼。贼势蔓延，又添此数百万生兵，岂非心腹之患。即不然，中有桀骜之徒，振臂一呼，流亡四集，山东之地恐未得高枕而卧也。"③ 即便如此，清政府并未采取行之有效的措施对灾民进行救济与安抚。受此影响，本就叛乱迭起的"两省交界地方抢劫频闻"，④ 社会秩序陷于混乱。更为严重的是，决口不仅造成数万饥民颠沛流离，还恶化了本行艰难的漕运形势，致使运河两岸更多河夫失业。在生计无着的情况下，他们多"入捻起幅，其势更盛"。⑤ 据《山东军兴纪略》载："三年春，江南被兵，南漕改折，或海运，縴夫、游民数十万无可仰食，丰北黄河连岁溃决，饥民亦数万，弱者转沟壑，壮者沦而为匪，剽劫益炽。"⑥

除此之外，太平天国起义如火如荼的发展势头也助推着黄泛区反叛力量的发展。本来清廷放弃丰北口门堵筑工程主要为了集中精力镇压太平天国起义，可是实际情况却非此逻辑。由于广大黄泛区社会秩序早就陷入了混乱，太平军渡河北上后，鲁南、鲁西南等地各种形式的反叛力量风起云涌，势头更盛。据《山东军兴纪略》记载：

---

① 李文海：《鸦片战争时期连续三年的黄河大决口》，《历史并不遥远》。
② 录副档咸丰三年三月初二日雷以諴等片，李文海等《中国近代灾荒纪年》，第138页。
③ 丁寿昌：《睦州存稿》卷7《丰工救灾议》，第17～18页。
④ 宫中档朱批奏折，内政－赈济，《清代灾赈档案专题史料》，第27盘，第762～764页。
⑤ 陈华：《清代咸同年间山东地区的动乱——咸丰三年至同治二年》，台湾大学博士学位论文，1979，第48页。
⑥ 《山东军兴纪略》，中国史学会编《捻军》第4册，第332页。

（咸丰）三年春，粤贼陷江南，北方震动，土寇果炽。

粤贼方炽，土寇散发披面，效贼结束，蹂躏乡间，报复团练，劫夺孥贿，燎原不可辨。

六月下旬，费县仲村集、仙姑庙、有陈更池、薛得志、王升、阎三虎等数十人，结幅聚众，劫寇新泰境，旋入蒙阴、沂水、博山三县鲁山中。三县勇役合民团扑灭之，擒斩首伙十数。是年，粤匪大扰山东，幅匪出没，寇抄邳、宿、兰、郯，视如疥癣，无暇搔抑。①

另据《济宁直隶州续志》记载：

（咸丰）三年春正月，粤匪抵曹县刘家口，金乡羊山土匪群起，匪首张明居、李存心等劫掠，州属皆被扰，丰县匪皇甫棠复扰微山湖。

四年……粤匪自江南丰县窜金乡，城陷。……壬辰，匪弃城走，土匪陶三相乘乱据之。②

河南东部等地也有类似情形发生。据《豫军纪略》记载，咸丰"四年二月，粤逆诈称土匪，由蒙城、亳州窜陷永城、夏邑，回窜砀山，屯踞丰工两岸，土匪乘间复起"。③另据《巩县志》记载："粤西洪秀全建太平天国，江南亳、颍、寿三州，山东曹县等处，土寇蜂起，首领张洛行、龚瞎子、刘狗、陈四眼狗、刘大渊、赵喜元等望风附降，长驱河南，所向侵暴。"④

总而言之，咸丰初年，受黄河水灾、漕运中断以及太平军兴等多重因素的影响，原黄泛区内各种形式的反叛力量蜂起，不能不给清政府的基层统治以极大打击。在这种形势下，黄河再发生大规模的决口改道事件，无异于火上浇油。

二　改道后黄泛区反叛力量的发展

对于改道前后的叛乱形势，有外国报刊关注称，在全国各地反叛力量

① 《山东军兴纪略》，中国史学会编《捻军》第4册，第211、214、332页。
② 民国《济宁直隶州续志》卷1《大事志》，第5、6页。
③ 《豫军纪略》，中国史学会编《捻军》第2册，第195页。
④ 《巩县志》，中国史学会编《捻军》第3册，第141~142页。

风起云涌已呈燎原之势的情况下，黄河发生了大决口，为患甚深，广大灾民流离失所，无以为生，多加入了反叛者的行列，进而给清廷以更大打击。① 其实更为严重的是，由于新河道长期得不到有效治理，广大黄泛区陷入了持久的灾难之中，经济萧条，村镇衰落，百姓"谈黄色变"，基层社会动荡不安。毋庸置疑，黄泛区形成的特定灾害环境为叛乱发酵升温以及持续存在提供了土壤。

（一）黄泛区生态环境恶化

纵观有清一代，黄河改道后无论决口次数还是决口造成的灾难程度都远甚于改道前。有人曾对山东一省改道前后的受灾情况做过统计与比较。

改道前的 212 年，黄河决口成灾 38 年，共决口 68 次，平均每年决口 0.3 次，其中省外决口成灾 27 年，共决口 42 次，分别占总数的 71% 和 62%，即 2/3 的黄河洪灾是由省外决口下注山东造成的。而咸丰改道后的 56 年中，黄河决口成灾竟有 52 年之多，其中决于省内的 38 年，占 73%，在决口成灾的 52 年中共决口 263 次，平均每年决口 4.7 次，相当于改道前的 16 倍，决口之频繁确实惊人。详见表 5-1。

表 5-1 清代山东黄河洪灾决口次数统计

单位：年，次

期别	决口年数			决口次数			分月决口次数（阴历）												
	省外	省内	合计	省外	省内	合计	一	二	三	四	五	六	七	八	九	十	十一	十二	不明
改道前	27	11	38	42	26	68	1	1			5	4	22	10	5	1			19
改道后	14	38	52	20	243	263	23	9	16	1	24	84	27	5	8	6	7		53
合 计	41	49	90	62	269	331	24	10	16	1	29	88	49	15	13	7	7		72

改道后，不仅决口次数明显增多，所造成的灾害程度也更为深重。据统计：改道前的 212 年中，只出现了 3 个特大洪年、5 个大洪年、12 个中洪年及 18 个小洪年，共计成灾 38 年，平均 5.6 年一次，共成灾 519 县次，平均每年仅 2.4 县次被灾。而改道后的 56 年中，竟出现 3 个特大洪年、14 个大洪年、22 个中洪年及 13 个小洪年，共出现洪灾 52 年，仅有 4 年无灾，

---

① "the Insurrection in China," *Saunders's News-letters and Daily Advertiser*, Sep. 23, 1856.

共成灾 966 县次，平均每年 17.3 县次被灾，为改道前的 7 倍（表 5 - 2）。①

表 5 - 2　清代山东黄河改道前后洪灾比较

时　　期	清代年数	出现洪灾年次数					合计洪灾平均次间年数	累计成灾县数	平均每年成灾县数
		特大	大	中	小	合计			
改道前	212	3	5	12	18	38	5.6	519	2.4
改道后	56	3	14	22	13	52	1.1	966	17.3
合　计	268	6	19	34	31	90	3.0	1485	5.5

还需特别指出的是，由于改道后的很长一段时间里，新河道上游仅有民埝，并无大堤，黄水肆意漫淹，为患范围极广，下游虽有大清河河道容纳，但是漫决情形也比较严重，所以这一时期的决溢次数难以统计，以上数字也没有将此包含在内。由此也不难想见，在灾难的持续打击下，黄泛区经济大幅衰退。

改道前，大清河为有名的运盐河，又名“盐河”，两岸经济繁荣，人口稠密，百姓安居乐业，整体呈现一幅平静富足的画面。就像利津县的一首诗所描写的，“一水通城郭，轻舟出渡头。波平双桨利，风静片帆收”，“济水何清清，遥向沧海注”。② 亦如《武定府志》所记，“户有盐利，人有鱼农，盖穆陵、无棣之间一小区会也”。③ 然而改道之后，由于大清河河道被黄河侵占，原有的运盐任务被迫停止，两岸经济遭受了致命一击。再加以持续不断地遭受黄河水灾，良田被淹，河流淤塞，原有农田水利系统被破坏，土地大面积沙化、盐碱化。总之，随着生态环境日趋恶化，大清河沿岸地区繁华景象彻底消失，变成了贫困之地。

清末，山东巡抚李秉衡曾屡屡在奏折中提及“东省沿河一带，贫民过多”，并以此为由奏请额外银两进行赈济。④ 民国时期，实业教育家林修竹在对山东大多数县份的乡土状况进行调查时发现，黄河流经区域内齐河、济阳、惠民、利津、观城、范县等地都很贫困，并且造成这些地区贫

---

① 袁长极等：《清代山东水旱自然灾害》，山东地方史志编纂委员会编《山东史志资料》1982 年第 2 辑，山东人民出版社，1982，第 150～173 页。

② 乾隆《利津县志补》卷 5《艺文志》，第 47、49 页。

③ 咸丰《武定府志》卷 4《风俗》，第 5 页。

④ 《清德宗实录》卷 351，第 5 册，第 538 页。

困的一个直接原因就是连续不断的黄河水灾。[①] 杜赞奇在对华北农村社会进行研究时也发现，鲁西北的恩县后夏村"因临近黄河，常遭水患，土地多沙而贫瘠"。[②] 此外，由于黄河改道后，大运河北段运输被迫中断，两岸的繁华城市如济宁、临清等逐渐衰落，而沿海城市在近代化因素的影响下渐渐崛起，山东一省的区域经济格局发生了历史性变化。事实上，直到现在，鲁西、鲁西南、鲁北等容易遭受黄水漫淹的地区仍然比山东其他地方贫穷一些。

古谚云："饥寒起盗心。"由于生存环境持续恶化，黄泛区广大百姓或颠沛流离，远走他乡，或铤而走险，加入了各种形式的反叛组织。由此，黄泛区基层社会秩序更为复杂混乱。

（二）山东重灾区叛乱概况

在此次决口改道的重灾区山东一省，反叛势头尤为高涨。据奏，咸同之际，"山东教幅各匪，势甚蔓延，云谷山官军，近复失利，莘冠等处降众，竖旗报复，沂州府匪圩林立，各处伏莽甚多"；[③] "黄河、运河两岸，会教各匪，蚁聚蜂屯，几无完土"。[④] 特别是鲁西南地区，由于长年遭受黄水漫淹，百姓困苦流离，"贼匪纷起"。[⑤] 据奏，"菏泽等州县，被灾难

---

① 齐河县"境内屡被河患，近复百物昂贵，故贫者日多，家道殷实者，十无一二"；济阳县"濒临黄河地多碱沙，故贫者多而富者少，若就城乡比较，富庶首推仁风（镇名），城区则多贫民"；惠民县"土性沙松，质含斥卤，民多贫瘠，户少巨富"；阳信县"地多沙卤，贫民居多"；滨县"县东北秦台乡一带，地多不毛，居民贫苦，全境衣食丰足者，不过占十分之一"；利津县"城中有邮局一处，县境北通渤海，中贯黄河，虽无航线轨道，而商船往来交通亦便。全境平原无山，惟黄河来自西南，向东北流入渤海，查县治西境有菖子沟等处，水道久被淤塞，一遇淫潦，水患频仍，绅耆请愿开浚，以苏民困，但苦于工大款巨，无从筹办"；沾化县"地瘠民贫，并无富商巨绅"；邹县"东境田地硗薄，林业未兴，西境地较肥沃，时有水患，加以农工商业提倡乏人，故居民贫者几占十之七八，富者不及十之二三"；寿张县"黄河南部堤防坚固，土壤膏腴，故居民多富厚，黄河北部则累年被淹，民多贫苦"；濮县"地多平原，惟黄河两岸多沙。南乡及黄河两岸，地多飞沙，土地薄瘠，故全境乡民，贫多富少"；观城县"地多沙漠不毛，故贫者多而富者少"；范县"黄河时常为害，故贫者多而富者少"。详见林修竹编，陈名豫校《山东各县乡土调查录》，商务印书馆，1919，第54、66、124、130、141、150、158、25、138、142~143、154、159页。

② 杜赞奇：《文化、权力与国家：1900~1942年的华北农村》，王福明译，江苏人民出版社，2003，前言，第7页。

③ 《清穆宗实录》卷47，第1册，第1267页。

④ 《清穆宗实录》卷11，第1册，第302页。

⑤ 《清穆宗实录》卷2，第1册，第104页。

民，肆行窜扰，抢案迭出"；① 曹州、单县"红花埠一带，近闻亦多抢劫行旅之案"；② 定陶县"徐家楼，有匪首徐札，聚集多人，劫掠为生，各处无业游民及在逃各犯，俱投入伙。本年直隶东明、南宫、邯郸等处，明火抢劫之案，皆出其党，各处差役，皆与贼通，一闻缉捕，即暗递消息，必致闻风远扬"。③ 活跃于此的土捻也趁机收纳饥民，发展壮大。据山东巡抚崇恩奏称，"现在曹属一带，饥民遍野，捻匪已有乘机蠢动之势"。④ 此后几年，"曹县土捻肆起，团练失利，自大朝集以东二十余围皆为贼胁，骑贼四五千，步贼数万，边马阑入考城，旋亦出境。濮、范土捻数千，由开州踏入滑县境王珠集及乱杆、中召各村"。⑤

更为严重的是，在直隶、山东、河南三地交界处，因长年积水不消，形成了大面积的沼泽地带，即时人所谓的"泛荡纡回，已成水套"⑥。水套区地理情况颇为复杂，"漫水宽衍，港汊分歧，此股支流距彼股支流，或数里，或十余里，或数十里不等，渡一支，复有一支"⑦，"水涨则沦涟数里，水落则曲折千条，必土人方识其径路"⑧。这本应为人迹罕至之地，然而在战乱时期，却因其易守难攻成了反叛力量藏身的绝佳之所。东明县的甘露集既是如此。据《东明县新志》记载："甘露集者，固菏泽捕逃薮也。距县城三十五里，在河套中，曹匪创乱后，郭身令、雷加良等筑寨据守，为诸贼囊橐。入冬后，淤土渐坚，边马时至，濠外城守，迄岁暮未解。"⑨ 另据《山东军兴纪略》记载："惟濮、范水套泥淖深者十余里，冰凌相间，步骑不通，匪匪阻险逃死者甚众。""其土匪则散匿濮、范、开、东水套，饥莩余生，乘舠出没，大股千余，小股数百，众亦逾万。"⑩ 不仅如此，其他地区的反叛力量在遭遇清军追剿或者出现异常情况时往往奔

---

① 《咸丰同治两朝上谕档》第 5 册，第 338 页。
② 《清文宗实录》卷 210，第 4 册，第 312 页。
③ 《清文宗实录》卷 216，第 4 册，第 388 页。
④ 《再续行水金鉴》黄河卷《山东河工成案》，第 1128 页。
⑤ 《豫军纪略》，中国史学会编《捻军》第 2 册，第 231 页。
⑥ 《清穆宗实录》卷 84，第 2 册，第 755 页。
⑦ 黄河档案馆藏：清 1 黄河干流，下游修防·决溢，咸丰 1～11 年。
⑧ 《山东军兴纪略》，中国史学会编《捻军》第 4 册，第 245 页。
⑨ 民国《东明县新志》卷 12《记》，第 146 页。
⑩ 《山东军兴纪略》，中国史学会编《捻军》第 4 册，第 244 页。

向水套区寻求藏匿，水套匪则"接引渡河，倚其凶焰"。① 对于水套区反叛力量的来源，山东巡抚谭廷襄做过调查："濮、范、河东水套屯匪，大抵皆黄流浸灌失业穷民，虽逾巨万，只因逃匪数十人潜入为之渠率，穷民无识，从以谋生。故焚掠之情，究与畔民有间"。② 也就是说，铜瓦厢决口改道不但造就了水套区，还孕生了水套匪。

起初，清军对于水套区的地理环境虽觉特别，但是并未意识到这会给剿杀之事造成障碍。据瑞麟、庆祺二人奏报：

> 贼匪飘忽变诈，每闻其渡越江河，或搭浮桥，或扎木筏，甚至泅水厉涉，并不定需舟楫。然此等伎俩施之于大江正河，往往竟难堵遏，独黄河漫流之水不同。无论盛涨时宽广难以渡越，即值水势消落，其正泓波浪汹猛，泅涉皆所不能。或遇溜平水浅之处，纵使掳拆滨河民房，扎筏搭桥渡越，然漫水宽衍，港汊分歧，此股支流距彼股支流，或数里，或十余里，或数十里不等，渡一支，复有一支，该匪势难节节营运桥筏。况一望沙滩，人烟稀少，仓猝既不获飞登彼岸，我兵若闻信驰集，但扼守两面，岸上逆党，进退皆穷，立可坐致其命。似兰阳口门以下至未入大清河以上黄水漫流处所，刻下纵有匪徒窜至，断可料其无术济涉也。其由张秋镇之东北黄水已入大清河者，则与黄河无异。③

明显可以看出，二人信誓旦旦，对形势的预估过于简单，实际结果水套匪不但没有被剿灭，反而势头更旺。特别皖北捻军北进之后，其凭借水套区的复杂地势出没无常，搞得清军一头雾水，不知从何下手。其中最为典型的例子是，同治四年（1865），僧格林沁率军追剿捻军至水套区，捻军在水套匪的帮助下迅速藏匿起来，而清军则迷失了方向，终遭全军覆没的命运。

鲁西与鲁南地区所受灾难虽然比较鲁西南地区为轻，但是广大灾民在生计无着的情况下多也加入了反叛者的行列，进而壮大了本已蜂起的叛乱

---

① 《山东军兴纪略》，中国史学会编《捻军》第4册，第245页。
② 《山东军兴纪略》，中国史学会编《捻军》第4册，第245页。
③ 黄河档案馆藏：清1黄河干流，下游修防·决溢，咸丰1~11年。

力量。据奏，鲁西地区"土匪、教匪，蔓延八九州县"，① 其中范县"贼匪复有渡河之信，并在各村插旗裹人，声言欲接南捻过河。濮州、观城四乡被胁，亦皆插旗，莘、邱、冠各县情形，如出一辙"。② 另据县志记载："东昌各属，教匪披猖。"③ 寿张县"城南一片汪洋，大河当其前，宽广十数里，水南数百村寨悉已从贼"。④ 这些反叛力量或者攻城掠镇，或者四处烧杀抢掠，极大地冲击着清政府在基层社会的统治。据《寿张县志》记载，咸丰十一年（1861）二月初十日，"莘匪犯寿张扑城，十九日，红旅教匪自阳谷赵家海、骆驼巷等处，合另股土匪头裹红巾，俗谓之红头匪。又犯寿张，扑城，围攻不息"。⑤ 鲁南地区的反叛力量主要是幅党。幅党主要由运河沿岸徐、海、邳、宿、郯、滕、峄一带的漕运船夫组成，以反抗封建压迫为目标，又被称为"幅军"。咸同年间，由于大批灾民以及失业船夫加入，幅军迅速壮大，气焰大炽，成为该区域内打击清政府统治的重要力量。据《费县县志》记载，当时"江南邳州、宿迁、海州、沭阳、山东兰山、郯城、滕、峄等邑幅匪，千百为群，次第蜂起，夺攘矫虔，吏不能制，邑中桀黠，闻风相效，劫焚掳掠，逼索货财"。⑥

（三）苏鲁交界处叛乱概况

改道发生后，山东、江苏交界处也有各种名目的秘密组织与反叛力量迅猛发展。据奏："山东郯城至江南宿迁一带，土匪蜂起。"⑦ 另据《济宁直隶州续志》记载，咸丰五年"十二月，金乡巨匪张狮子大掠"。⑧ 咸丰"六年，匪首王三讬、盘薔等窜伏嘉祥满家洞，纠合股匪王方云、杨双洛及饥民，分扰郓、巨、单、金、嘉、鱼各县"。⑨ 咸丰十一年正月，"白莲教匪窃发，扰东乡"。⑩ 其中尤值得关注的是湖团与棍党。

对于湖团的形成情况，《沛县志》有记载如下：

① 《清文宗实录》卷 349，第 5 册，第 1149 页。
② 《清文宗实录》卷 349，第 5 册，第 1149 页。
③ 民国《东明县新志》卷 12《记》，第 143 页。
④ 《寿张县志》，中国史学会编《捻军》第 3 册，第 412 页。
⑤ 《寿张县志》，中国史学会编《捻军》第 3 册，第 412 页。
⑥ 《费县志》，中国史学会编《捻军》第 3 册，第 414 页。
⑦ 《清文宗实录》卷 316，第 5 册，第 641 页。
⑧ 民国《济宁直隶州续志》卷 1《大事志》，第 6 页。
⑨ 民国《济宁直隶州续志》卷 6《兵革志》，第 6 页。
⑩ 民国《济宁直隶州续志》卷 1《大事志》，第 8 页。

　　咸丰元年，河决丰工，其下游沛县诸邑当其冲，于是两湖漫溢，合沛滕鱼台之地汇为巨浸，居民奔散，不复顾恋。五年，河决兰仪，其下游郓城诸邑当其冲，于山东昏垫之众挈家转徙，麇处徐境。是时，向所称巨浸，盖已半涸为淤地矣。无聊之民，结棚其间，垦淤为田，立团长持器械自卫……（咸丰十年）铜沛被水之民先后归故居，顾旧产为客户侵据，势且张甚，乃大怨构讼。①

长于史志撰写的时贤王定安也有类似记述：

　　咸丰五年，黄河决于兰仪下游，郓城等属正当其冲，于是郓城、嘉祥、巨野等县之难民由山东迁徙来徐。其时铜、沛之巨浸已为新涸之沃地，相率寄居于此，垦荒为田，结棚为居，持器械以自卫，立团长以自雄。前任徐州道王梦龄以其形迹可疑，饬县押逐回籍。继而来者日多，复经沛县禀请以东民实系被灾困穷，拟查明所占沛地，押令退还，其湖边无主荒地，暂令耕种纳租，经前河臣庚长批准。旋议勘丈湖荒，分上中下三则设立湖田局，招垦缴价，输租充饷，又饬于沛团交错之地，通筑长堤，名曰大边，以清东民与土民之界限，遂得创立各团，据为永业。此东民初至，留住湖团之情形也。②

从以上两条材料可以看出，湖团的形成脉络大致为，黄河改道后，苏北南河河段涸出的大片滩地，吸引着大批鲁西南灾民来此垦种居住，这无意中产生了一对矛盾，即土客之间争夺土地等资源，如此，灾民为自保而结团成为湖团。也就是说，湖团形成的动力因素以黄河改道的发生为主。还需关注的是，土客之间争夺的铜、沛等地的"无主"荒地也因黄河水灾而成。本来咸丰元年丰北决口发生之前，这些土地由当地居民耕种，而决口后，当地百姓无以为生流走他乡，这些土地就成了无主的土地。迨黄河改道山东，黄水逐渐退去，土地渐渐涸出，不仅山东灾民来此垦种，当年逃荒的本地灾民也陆续返乡，希望继续在故土生活，故而发生了土客冲突。

---

①　民国《沛县志》卷16《湖团志》，第1～2页。
②　王定安：《求阙斋弟子记》，中国史学会编《捻军》第1册，第105页。

虽然官府介入其中，予以调解，但是难度很大。据载："长官议定所占沛地，押令退还者，又仅托诸空言，并未施诸实事。且同此巨浸，新涸之区，孰为湖荒，孰为民田，茫无可辨。沛民之有产者既恨其霸占，即无产者亦咸抱公愤，而团民恃其人众，置之不理，反或欺侮土著，日寻斗争，遂有不能两立之势。"① 也就是说，官府的无力调解不仅未能化解问题，反而使得湖团更为强大。据《济宁直隶州续志》记载，湖团还曾与北进的皖北捻军联合，一起反抗清政府的统治。②

除了湖团，棍党亦为该区域的重要反叛力量。与幅党类似，改道后由于大批灾民加入，该反叛组织趁势四处联络，力量迅速壮大，并试图与其他力量进行联合，以共同对抗清政府的统治。根据相关奏报，情况大体如下：

> 江苏沭阳县属神仙庄地方，有棍匪何成五、何成华、何以贵、何以理、何黑小、何廷光，勾通山东红山、曹州等处匪徒二千余人，聚党作乱。又山东郯城县壮总刘福祥，原名允祥，快总倪彦玲，改名建皂班，张鸾云改名安吉，并郯城县涝沟棍匪张明华、张均如，红花铺贼谢鹤立、冯可兴、管五又名成功，均与捻匪私通。又郯城县东南地名山岱王庄，有前恶棍谢庆升之侄谢惟恒，窝匪聚众。又江苏沭阳县北植沟，有棍匪结连费县挎刀手萧英，山阳县贼匪郭端邦、郭于邦逃入山东，勾通沂、费、兰、曹等处匪类作乱等事。③

总而言之，咸丰初年，受丰北决口以及铜瓦厢改道的影响，范围堪称广阔的黄泛区生存环境持续恶化，基层社会秩序陷于混乱，各种形式的反叛力量趁机发展壮大。据清政府调查，"西自考城，东至利津各州县，犬牙相错，被水隔绝，土匪四起"。④ 不难想见，这不仅极大地冲击着清政府的基层统治，还为太平军作战以及皖北捻军北进制造了有利情势。

---

① 王定安：《求阙斋弟子记》，中国史学会编《捻军》第 1 册，第 105～106 页。
② 民国《济宁直隶州续志》卷 6《兵革志》，第 6～10 页。
③ 《清文宗实录》卷 279，第 5 册，第 91～92 页。
④ 《清穆宗实录》卷 80，第 2 册，第 642 页。

第二节　皖北捻军趁势发展

捻军原名捻党，是活跃在皖北、豫南地区的以贫苦农民为主的反封建组织，起于清朝初年。起初，捻党无统一组织，各股有捻头统率，往往聚则为捻，散则为民，也因此，在与清军斗争的过程中屡遭败绩。太平天国起义特别是发动的较大规模的北伐，纵横黄淮流域，刺激了各股捻党的整合发展。捻党逐渐由分散走向集中，斗争目标也由原来抢掠财物转向了反抗清政府的统治。他们或加入，或配合，或协助太平军作战，渐成气候。[①]至咸丰五年（1855）九月，也就是铜瓦厢决口之后的第三个月，捻军在皖北蒙城雉河集举行会盟，决定整合各股力量，统一编制标准，严肃行动纪律，并明确了"反清"目标。此后，兵分两股，一股与太平军联合，共同对抗清军，另一股则进入江苏北部、山东南部和西南部、河南东部等地大肆抢掠，以为日后大举北进积蓄力量。

一　捻军北进

铜瓦厢改道之前，由于黄河这道天然屏障的限制，皖北捻军每到河南商虞、永夏等地活动时，都不得不"临流而返，信乎黄河天险不能飞渡"。[②]而改道后，由于"下游已成涸辙，下北缺口至曹、单数百里，徒步可行"，[③]捻军得以轻松跨过南河河道，进入垂涎已久的鲁南、鲁西南等地。据《济宁直隶州续志》记载："捻匪张乐行等据安徽蒙城，大掠河南、山东防河。六月，河决兰仪铜瓦厢北徙。八月，张乐行等涉干河，窥金乡、鱼台。"[④]《山东军兴纪略》亦载：

> 八月，添福、乐刑率众出巢。分屯虞之会亭集、永之郸集、砀之鼎新集、大杨集，时涉干河窥山东之鱼台、金乡；同时，宿州、蓝旅捻首陆连科、丁大力、张玉林等众复千余，由萧县北趋，焚掠峄县台

---

① 参见郭豫明《捻军史》，上海人民出版社，2001，第103~140页。
② 《山东军兴纪略》，中国史学会编《捻军》第4册，第29页。
③ 《清文宗实录》卷176，第3册，第973页。
④ 民国《济宁直隶州续志》卷6《兵革志》，第6页。

庄之南。

　　六年春正月，捻众再由蒙城出巢，乐刑等向西北亳州入鹿、柘，宋喜元、张中元、李乌嘴等向东北入永城，复踞会亭集，游骑入曹县干河刘口南岸、单县干河之南黄冈集诸处，此为皖匪入东疆之始。

北进成功的小股捻军趁黄泛区的混乱之势大肆抢掠，此后"寻向东南，饱掠虞、永，由宿州回雏河去"。①

　　初次北上尝到甜头后，捻军即经常跨过南河干道北进山东抢掠。据《金乡县志》载：

　　八年四月，皖匪北犯，掠单县境去。八月复至，掠金乡南境，生员杨青田等死者十余人。十一月十日，捻寇复大至，县境皆满，团丁、练总斗死者数十人，屠掠焚烧无算。贼西至巨野，北至嘉祥，东至鱼台，纵掠四日。

　　……

　　（咸丰）十年九月十一日，皖捻自丰、鱼掠县境西北，经巨、嘉、郓，越济宁，经汶上，破宁阳，历滋阳、曲阜、泰安、沂州境南还；一支自郓分而西，由濮、曹、考城渡河而南。是时县东及西北被害尤酷。十一月十三日，复自丰入县境，首屠化雨集、新寨，杀戮二千余人，壕水为赤，直附县城而过，遇大雪，屯驻三日，南北六十里内村庄无一完者。西北至巨、郓，径敌藩帅大兵，西越曹府，沿黄水南去。②

另据《郓城县志》载：

　　八年八月间，彗星见，皖匪张落刑党窜入山东。

　　（十年）九月十三日，皖匪自汶上北窜，及运河突折而南，郓城再陷。③

从这两条材料明显可以看出，在改道后的短短几年时间里，捻军北

①　《山东军兴纪略》，中国史学会编《捻军》第 4 册，第 29 ~ 31 页。
②　《金乡县志》，中国史学会编《捻军》第 3 册，第 387 ~ 388 页。
③　光绪《郓城县志》卷 9《灾祥》，第 13 页。

进抢掠的范围急遽扩大，几乎覆盖了黄河新河道以南、运河以西的广大地区。毫无疑问，频繁北上抢掠为捻军积蓄力量、发展壮大奠定了基础。

在北上抢掠过程中，捻军对提高战斗力具有重要意义的马匹情有独钟，且收获颇丰。铜瓦厢改道之前，皖北捻军拥有马匹数量不足 5000 匹[①]，然而改道之后，迅猛增长。这一情况可从以下材料窥知一二：

> 侦闻官军马少，恒裹农民以易马。至有一人易马五者，冀飘忽震荡，官军不能追奔。[②]

> （在曹县捻匪占领之地）有求赎子女者，以马易之。……蝗灾以后，野无青草，马多瘦毙。贼匪眷口装作难民逃军，纷纷聚集，败则从之远逃，胜则并夺乡民车马，满载而归。[③]

他们通过类似方式抢掠到很多马匹。由于这直接关系双方战斗力的对比，负责督剿捻军的清军将领袁甲三对此颇为关注，"马贼本众，加以到处抢掠，马匹日日增添"。[④] 在他看来，捻军马匹数量增长很快，不过，具体情况还需根据山东曹州府的奏报做一大致推算。据曹州府知府奏报，窜掠曹州境内之捻股，"贼马约有四五千，我军非多调马队，难期得力"。[⑤] 从前述已知，改道后捻军分作数股北进，曹州境内的捻军仅为其中之一股，这一股所拥有的马匹数量就与改道前捻军拥有的马匹总数不相上下。由此，捻军在短短几年内通过北进抢掠所得可以想见一斑。据考察，到咸丰八年，捻军的骑兵"已增加到 2 万多匹马"，"甚至比骁勇彪悍的蒙古王公僧格林沁还厉害"。[⑥] 根据前述梳理，这一说法颇有道理。

捻军马匹数量剧增，不仅能够极大地提高自身战斗力，还会给清军的

---

① 朱学勤等撰《剿平捻匪方略》卷 9，第 9 页，转引自柯上达《捻乱及清代之治捻》，文史哲出版社，1988，第 133 页。

② 民国《寿光县志》卷 15《纪事》，第 51 页。

③ 徐宗干：《斯未信斋文编》，中国史学会编《捻军》第 3 册，第 15、16 页。

④ 袁甲三：《袁端敏公集》，中国史学会编《捻军》第 5 册，第 196 页。

⑤ 袁甲三：《袁端敏公集》，中国史学会编《捻军》第 5 册，第 196 页。

⑥ 费正清、刘广京主编《剑桥中国晚清史（1800～1911 年）》上卷，中国社会科学院历史研究所编译室译，中国社会科学出版社，1985，第 306 页。

剿歼增加难度。僧格林沁率军进行剿杀时反败于捻军与此不无关系,曾国藩负责剿捻之时也曾强调这一点,"捻匪积年虏掠,仗马极多。此次蒙古骑兵溃散,又为贼众所得,贼马闻已万余。臣军昔年本止二千骑,后分与左宗棠、李榕三百骑,外此分与曾国荃、鲍超两处","而事势至此,若不佐以骑兵,强驱步军以当马贼,虽贲育之勇,亦将不仗自靡"。① 直隶总督刘长佑在与捻军一番周旋之后,也对其凭借自身较强的骑兵力量而进行的流动作战方式感到颇为棘手。他曾直言:

> 捻匪肇乱十余年,流毒四五省,非战阵之不力,防御之不严也;有限之兵力日疲于奔驰,无险之地形莫御其冲突。该匪不占城池,不斋资粮,乘虚饱掠,数日千里,加以游民叛勇,勾结依附,凶焰日炽,至于燎原。近闻该匪扰及青州滨海完善之区,恣其掳掠,藉申喘息,大兵踵至,不冒险北犯,即乘隙南奔矣。②

二　捻土联合

本来受太平天国起义、黄河水患等多重因素的影响,苏北、鲁西南等地的反叛势头就已大为高涨,捻军北进无疑更起到推波助澜的作用。据《曹县志》记载:咸丰十年(1860),捻军进入该地后,"郓、陶等处土匪肆起,本境棍徒亦多从贼,不时围城"。③《新续菏泽县志》则较为详细地记述了当地有名的组织长枪会在捻军北进后的变化。起初,长枪会以"征剿皖匪"为目标,颇有声势:

> (咸丰)十年十月,皖匪大扰曹州属邑,土寇蜂起,以征剿皖匪为名,自称一心团,又曰长枪会。曹则刘景山、王景崇、王礼坦、萧百如等起郭家楼,菏泽则王凤琢,巨野则张四镜,定陶则祝振清,城武则李兴瑞等起茅家胡同、苏家集、陈家集、新集、沙土集,巨野西南柳林集,定陶东北孟家海、陈天王庙、姑姑庵、黄店、城武之王家堂,郓城之梁山,所在响应,众几万余,民团皆散而入会。

---

① 《山东军兴纪略》,中国史学会编《捻军》第4册,第91页。
② 王定安:《求阙斋弟子记》,中国史学会编《捻军》第1册,第60页。
③ 光绪《曹县志》卷18《兵燹》,第16页。

但是在与捻军遭遇之后，竟受其感染，将矛头转向了民团以及清军，成了这一带有名的反清秘密组织：

> 值皖匪军犯境，遂合捻斗团，连陷郓、巨百数村寨。
>
> 来往于郓、巨沿河之安兴墓、新兴集，濮、范之洪川口，与水南群匪相翕辟，胜则驱驰焚掠，败则遁入水套。①

从中还明显可见，捻军北进后与当地已经蜂起的反叛力量形成了联合之势。尤其在鲁西南这样"一个不法之徒的社会"②，捻土互通声息，联为一气，一时之间声势大振。以这一带的重要反叛力量土捻为例，改道前，土捻与皖北捻军"虽有勾结之谣，而南不北来，北不南应"，③而改道之后，由于山东西南部的"曹、单、金、鱼、邹、滕、峄变居黄南，凡大清河东北数十州县皆在黄南"，④二者很快就形成了联合之势，"裹胁饥民，往来窜扰"。⑤不仅如此，北进的捻军还得到了当地水套匪的有力配合，这为山东巡抚谭廷襄亲眼所见。他率军剿杀水套匪时，"会水套伏匪刘永汉、刘豁孜、杨狮、满午，与匪目傅景天、黄桂林等啸聚五六百人，将南行迎捻"。⑥本地曹州府知府对此更是感到恐慌，"捻众由丰县出窜，贼氛甚炽，到处勾结，本地土匪纷起响应，已成燎原之势，若不极力兜剿，为患不堪设想"。⑦在鲁南地区，捻军则与当地已成气候的幅军联合，势盛一方。据《济宁直隶州续志》记载："捻酋任干、张隆入山东，幅匪陈玉标等应之，兖、济大震。"⑧在苏北、豫东等地，捻军亦与当地的反叛力量形成了联合之势。据奏："丰、沛尚有贼踪，与河南会匪勾结。"⑨

趁改道之势北上的捻军仍以抢掠财物为主要目标，每到一处，烧杀焚

---

① 光绪《新修菏泽县志》卷18《杂记》，第13、14页。
② 周锡瑞：《义和团运动的起源》，第23页。
③ 徐宗干：《斯未信斋文编》，中国史学会编《捻军》第3册，第12页。
④ 《山东军兴纪略》，中国史学会编《捻军》第4册，第29页。
⑤ 《清文宗实录》卷216，第4册，第389页；另见民国《济宁直隶州续志》："匪犯王三托、盘嘴等诱胁饥民，纠合股捻，窜扰官军。"（民国《济宁直隶州续志》卷1《大事志》，第6页）
⑥ 《山东军兴纪略》，中国史学会编《捻军》第4册，第247～248页。
⑦ 袁甲三：《袁端敏公集》，中国史学会编《捻军》第5册，第196页。
⑧ 民国《济宁直隶州续志》卷6《兵革志》，第6页。
⑨ 《清文宗实录》卷266，第4册，第1132页。

掠，极大地冲击着当地的社会秩序。晚清官吏张集馨从京城南下的途中曾耳闻目睹如下情形：

> 捻匪将山东曹县攻破抢掳，装载大车七八百辆，满载而归，仍由金乡、丰县回去；又另股围攻济宁州，贼氛已至河南旧考城；又六合、仪征，遍地长发老贼，杀掠几无孑遗。①

这一状况在县志中亦有记载，且所述更为详尽。据《金乡县志》载：

> 秋，大水，陆梗，南北商旅皆出金东北湖河间，而贼复萃之，白昼刦篙师，多至数十艘，劫行舟并水中村落，倚为巢，无谁何者。
> 邑值积年水灾，公私告匮，尤苦盗。捻匪屯聚出没，旅居皆惴惴，谣诼四起，人情岌□。
> 自灾歉连年，盗匪以肆，加以发贼之刦，人情大改。有非捻充捻者，有惧盗入盗者，有衣冠被襎，忽而探凡张旗鼓，遇亲故翻颜如不相识者；至剧贼之引线，大盗之囊橐，则四顾纷纷，莫知谁是，乃至广坐燕语无敢犯盗匪等字。②

其中所言虽不无污蔑捻军之意，但在一定程度上反映了在灾害与捻军抢掠的双重影响下，该县情形大变。

另据《宁阳县乡土志》记载：

> 咸丰十年九月十五日，捻匪突犯本境，角声旗影，十里不绝。时承平日久，邑城强半倾圮，贼蜂拥而入，大肆焚掠，典史龚绍昌死之。乡村之间，禾稼登场，方勤稔事，闻寇至，乃相率奔逃于东山。
> ……
> 十一年二月，捻匪又至邑西，居民竞避入鹤山石垒。贼侦知之，电掣风驰，直抵山下，蚁附猱升，呼声动天地。守垒者力不能支，纷纷逃匿。贼乘势杀掠，死者约千余人。是年捻匪屡至境内，被祸甚酷，所戕害不可胜数。③

---

① 张集馨：《道咸宦海见闻录》，第 242 页。
② 《金乡县志》，中国史学会编《捻军》第 3 册，第 393、390、392 页。
③ 《宁阳县乡土志》，中国史学会编《捻军》第 3 册，第 408 页。

由于立场所在，县志所记难免有意诬蔑或者夸大捻军的行为，但是也毋庸置疑，捻军如不烧杀抢掠又怎能得到财物尤其对提升战斗力具有重要意义的马匹？据郭豫明研究，抢掠是捻军壮大之前的重要特征。①

总之，在改道后的短短几年时间里，捻军利用改道造成的有利形势大大拓展了活动范围，实力也大为增强，进而为日后大举北进奠定了基础。

三　清军的防御

尽管清廷早就意识到，捻军极有可能利用改道造成的形势北上深入山东，但是并未给予足够重视。决口当天，钦差稽查豫东河岸都察院左副都御史王履谦就奏报："查黄河下游一带，渐成涸辙，设南路贼匪阑入，势将无险可守，更不得不预为筹防。"只是清廷虽对此表示，的确"现在黄河漫口，下游一带，无险可恃"，并"谕令直隶、山东、河南各督抚，分拨弁兵，各饬所属，扼要严防矣。其上游一带，仍应严加防范，不可稍涉大意。着王履谦于河口现有之兵，体察情形，分布屯札，严密拒守。并饬沿河文武员弁，实力盘查，勿令南路'奸匪'，乘隙偷渡，是为至要"，②但是当如何在一千余里旧河道布防迟迟不见下文。

大约一年以后，清廷才根据瑞麟、庆祺的勘察情况决定相机布防，大体为"自兰阳口门起，所历地方形势内，惟黄河本系南北天堑，今虽水势散漫分流，其险隘处所渡越既属不易，且可随处相机设防。至于山路、湖路及附近镇市集场，地势大都宽平，毫无险僻要隘"，为布防的重点。③不难看出，这仅为原则性措施，具体部署仍在讨论之中。稍后，王履谦提议，应在豫、皖交界之处设防，以阻止捻军进入山东一省。在他看来，"黄河自兰阳漫口之后，下游自下北缺口以至曹、单，旧河数百里间无涓滴之水，俨然平陆，可以万众驰驱。今皖捻北来，长堤防不胜防，兵小力单，直同虚设"，"与其设防于无用之地，不如移防河兵勇酌驻豫、皖交界，扼防于切要之区，寇来即击，不令闯入东疆，以保完善"。④清廷对此表示认可，并命"直隶总督桂良，饬原防山东黄北大名镇史荣椿官兵

①　郭豫明：《捻军史》，序，第 6 页。
②　《再续行水金鉴》黄河卷《山东河工成案》，第 1115 页。
③　黄河档案馆藏：清 1 黄河干流，下游修防·决溢，咸丰 1～11 年。
④　《山东军兴纪略》，中国史学会编《捻军》第 4 册，第 29 页。

千五百人入豫，交东河总督李钧调遣，即着李钧饬史荣椿由豫入皖，以剿为防"。① 可是南下皖省作战，以剿为防，李钧不以为然。他认为"惟下游干河防军，如曹县之刘口，地属扼要，山东所遣武隆额曹、单勇丁五百，济南府知府李天锡练勇五百，似不可再为更调。其刘口以上、兰仪口以下百余里，俱已断流，前此桂良原派防河副将姜殿鳌官兵五百，应令仍驻兰仪，与刘口之军相策应"。② 这实际上把防线向北挪移到了山东边境。对此主张，清廷也未表示有异议。由此不难推知，就像铜瓦厢决口之初出台应对之策那样，在镇压太平天国起义的危急关头，清廷还无心思细忖这一问题，遑论统一规划部署防控措施。不过，山东巡抚崇恩为辖区秩序考虑，大体依照这一思路在曹、兖、沂等重要处所布控。情形大致为：

> 自河流改道以来，曹属已无险可据，即集数万兵勇，亦安能处处设防。青堌集旧有防兵，原为扼守刘口而设。今干河已成平陆，应将防兵悉归曹镇统带，归并驻郡，为各路策应之师。其曹、单两县，本有饬募壮勇，民团人数颇众，步伐齐整，再留官兵二百以扶助勇团胆气，当可得力。再令济东道黄良楷募千人驻曹、兖适中，以便闻警赴剿，则捻逆纵欲北犯，恐我兵截其归路，断不能蓦越轻进。惟江浦粤贼逼清、淮，而兖、沂以南黄河同一断流，与曹属无异，如峄之韩庄，郯之红花埠，地当赤紧，应添拨勇队三百、官兵一百五十，令台庄营参将闪福合原驻防兵严扼韩庄。③

经过一年多商讨，清廷防御捻军北进的军事工程渐具雏形，可是从前述已知，捻军早已跨过南河干地深入山东腹地。由此，这些布控措施能够在多大程度上发挥作用？何况防御工程本身还存有诸多问题。

从用于布防的兵勇来看，多为原来驻扎河岸负责黄河日常修守的河兵再加以民团，并无正规部队入驻。不仅如此，人员数量也极为有限，甚至还赶不上捻军与黄泛区反叛力量联合起来的数量。这一点清廷比较清楚，有奏陈提及"无如现在贼势，勾结之众数倍臣军，兼之飘忽往来，边马四

---

① 《山东军兴纪略》，中国史学会编《捻军》第 4 册，第 29～30 页。
② 《山东军兴纪略》，中国史学会编《捻军》第 4 册，第 30 页。
③ 《山东军兴纪略》，中国史学会编《捻军》第 4 册，第 35 页。

出，百数十里，乘虚捣隙，兵至即奔。窃计江、皖两省毗连之所，西邻豫境，北接豫疆，东西亘二千余里，平原四达，万马驰驱"。① 不过即便如此，清廷并未进一步采取应对措施。也就是说，清军仓促之间构筑的防线不可能真正抵御捻军北进，也未能为山东尤其平原地区提供屏障。就改道后的地理形势而言，择"要"布防也不切实际，难以进行。由于铜瓦厢改道后口门至张秋间河段并无河道，"濮、范被水之地，宽处二三十里，窄处亦五六里及七八里，漫滩一片，并无口岸可言。就其船只通行，如羊儿庄及范县城外，并张秋、八里庙、沙湾等处，皆易登涉"，② 何处为"要"可以设防很难判定。何况有些渡口早已为当地反叛力量所控制。③ 实际情况往往为"不患南贼之北来，而患北贼之南应"，由于"河干皆成坦途，防之不胜防，探之不胜探，尽心力之所能为而已"。④

除上述两点，实际运作过程中出现的问题更为复杂。城武县县令武燮在奏折中讲道："贼巢距曹、济边境不足二百里，贼马如飞，一日百数十里，一闻出巢，先期戒备，迨贼回遁，非三两月不敢解严。赴防撤防，动以旬日，一月三次，几乎无日不防。农失其时，商废其业，即如蒙、亳，去岁犹有良民，今则悉变为贼。"⑤ 或者说，清政府苦心设置的防控工事不仅未能阻止捻军北进，还给当地社会造成了负面影响，"农失其时，商废其业"，更有百姓不堪生存之苦加入反叛者的行列。

在上述举措难以发挥实际效用的情况下，清廷又决定凭依黄河故道挑挖堤壕修筑防御工事，然而此举实施起来也存有较多问题。仅就长达一千余里河段的修筑情况而言，有的河段修筑速度较快，比如咸丰九年（1859）"由龙门口至曹县边境，堤长一百六七十里，一律修竣，并商办集团分段扼守，驻扎要隘，互相策应"；⑥ 有的河段比较迟缓，比如至十年九月，"金乡、鱼台一带九十余里犹未完工"；还有的河段则没有进行这项工事，比如"考城地方，未经加筑，上年九月，该匪即由此窜入，扰及

---

① 《山东军兴纪略》，中国史学会编《捻军》第4册，第34页。
② 《山东军兴纪略》，中国史学会编《捻军》第4册，第240～241页。
③ 《山东军兴纪略》，中国史学会编《捻军》第4册，第232页。
④ 徐宗干：《斯未信斋文编》，中国史学会编《捻军》第3册，第13页。
⑤ 《山东军兴纪略》，中国史学会编《捻军》第4册，第37页。
⑥ 《清文宗实录》卷316，第5册，第643页。

东明长垣，自曹境而东。直至宿迁，亦未修筑"。① 由此不难推知，清政
府构筑这个防御工事与此前所布防线一样根本不可能阻止日益壮大的捻军
北上，捻军依旧能够凭借其强大的骑兵力量驰骋跨越南河干道北进山东。

总而言之，黄河大改道为捻军发展制造了千载难逢的机会，清廷虽对
此有所认识，但是在当时急剧动荡的政治局势下，并未给予足够重视，更
未细忖应对之策。如此，捻军得以更为迅猛地发展，与黄泛区的反叛力量
联合起来，逐渐成为清政府统治的又一心腹大患。

第三节　清廷对东路捻军的剿杀

一　僧格林沁的追剿及覆没

咸丰十年（1860）年底，淮北"捻匪倾巢北徙"，② 跨过南河干地进
入了鲁南地区。据《山东军兴纪略》载，北进的捻军"绵亘六十里，兵
声火色，数百里皆震"。③ 此时的捻军已不单纯为抢掠财物壮大力量，而
是制定了明确的政治目标，即渡越黄河，直捣京畿。

捻军大举北进对黄泛区已经蜂起的反叛力量起到了更为强大的助推作
用。据载，捻军"深入东疆"后，活跃于鲁南的幅军"额巾蓄发，祭旗
会食，四出攻钞，迫胁良民，俨袭蒙、亳南捻故态"。④ 另据清军将领僧
格林沁奏报，"自捻匪窜扰东境以来，各处土教幅枭匪徒，狡焉思逞，虽
经随时剿抚，而此伏彼起，头绪纷繁"。⑤ 甚至有民团受捻军感染也发生
了转向。民团本为在清政府管控下由普通民众组成的御匪、御侵组织，可
是捻军深入山东之后，"匪首暗遣其党向迤北各圩散旗，逼令出队。各圩
不敢拂其意，往往暂行收受，再观时事。而东南一带，朱保李八、中村张
太基、耿容埠、李宗棠等，纷然并起，西乡有曹州黑旗贼同峄县匪首孙葆
身等劫练长，逼调乡练，拥众数千，向东北掳掠，直至青莱，捆载而归，

---

① 《清文宗实录》卷305，第5册，第458页。
② 民国《济宁直隶州续志》卷6《兵革志》，第6页。
③ 《山东军兴纪略》，中国史学会编《捻军》第4册，第51页。
④ 《山东军兴纪略》，中国史学会编《捻军》第4册，第347页。
⑤ 王先谦编《东华续录》（咸丰朝）卷99，光绪刻本，第35页。

人心益动。西南山砦不下数十，转瞬皆为贼夺，惟余一天保山耳"。① 这一局面令清政府大为震惊，以致将"南北匪统为流寇"。② 在鲁南地区，捻、幅等反叛力量进一步合力，攻城略地，势如破竹。据县志记载：

> 逼鱼台城，遂窜金乡、化雨集、黄堆、羊山等处。
>
> 复自丰入县境，屠化雨集，杀戮二千余人，深水为赤，直附县城而过，遇大雪，屯驻三日，南北六十里内村落，无一完者。
>
> 长枪会匪约捻匪围金乡，初七日，城中湖勇延会匪入城，初八日，城内大乱，捻匪大掠去，初十日，匪又来，西北贼引之围城三月，乡关掳掠焚杀，前无此酷也。③

在形势极为有利的情况下，捻军欲寻找机会渡越黄河新河道继续北上，这为清军所察见。有相关记载："贼奔入范县河东香店，郓之黑虎庙，为郓、巨、濮、范土匪所引，窥隙渡黄。"④ "捻酋张敏行、刘天福、李成分数股深入蹂躏，几遍全省，且窥大清河图北渡。"⑤

对于捻军大举北进后造成的局面，清廷备感恐慌，感叹"大乱成矣"。⑥ 因为在其看来，"东省为畿辅屏蔽，关系甚重。现在贼势甚为狡狷，若不将各股迅图扑灭，后患曷可胜言"，⑦ 遂决定予以剿杀，可是实际情况非常复杂。比如"山东济宁、泗水等处虽经解围，而大投捻匪七八万，分路四窜，兖、沂、曹、济、泰各属二十六州县，纷纷告警。核计山东现有兵力，实属不敷攻剿"。⑧ 不得已之下，又调整战略部署，以防止捻军渡越黄河北进为原则，在全股战略的构想上，将作战重点放在山东，暂置河南于不顾。并且几经权衡，决定派颇受清廷倚赖的蒙古亲王僧格林沁负责南下剿杀。从此部署可以窥知，捻军对清政府统治造成的威胁之严重，以及清廷对剿捻一事的高度重视。不过有趣的是，对其何以轻松跨过

---

① 《费县志》，中国史学会编《捻军》第 3 册，第 417～418 页。
② 民国《定陶县志》卷 9《杂稽》，第 14 页。"南匪"即皖北捻军。
③ 民国《济宁直隶州续志》卷 6《兵革志》，第 6、8 页。
④ 《山东军兴纪略》，中国史学会编《捻军》第 4 册，第 56 页。
⑤ 民国《济宁直隶州续志》卷 6《兵革志》，第 9 页。
⑥ 《费县志》，中国史学会编《捻军》第 3 册，第 415 页。
⑦ 《清穆宗实录》卷 49，第 1 册，第 1333 页。
⑧ 《清文宗实录》卷 332，第 5 册，第 959 页。

清军的防御工事，清廷仍疑惑不已，"此股捻匪，既由丰县而来，何以吴棠于徐州一带，绝无一兵堵御，任令窜入东境？致无贼地方，又被滋扰，实堪痛恨。若即系永城屯聚股匪，窜至东境，是否由豫境虞城一带而来，抑系由江南丰沛一带窜至"，并命"僧格林沁查明具奏，并将防堵不力之带兵官，严行参处"。①

南下之初，僧格林沁率军以骑兵追剿战术对付捻军的骑兵流动作战方式，但是由于捻军经过多年有意识的蓄积，骑兵力量较强，加以当地反叛力量的有力配合，所以僧军未能占据优势。于是，僧格林沁做出调整，放弃流动追剿战术，改用"以静制动"的办法。据载："当是时，金、鱼、单、巨四县间，村寨数千，无不见贼。或攻或否，盘绕无定，民团呼号乞援。""王谓将佐曰：'贼势如此，数几十倍官军，不能再与野战，惟当严固直北藩篱。'"② 所谓"严固直北藩篱"当指固守黄河新河道这道天然屏障。不过经多方考虑，僧格林沁随即又将战术调整为"动静结合"，双管齐下，一面加强北面的黄河防守，命"谭廷襄饬令各河卡民团，加意严防，毋稍弛懈，并于濮范等处，择要严守，以防该匪北渡"，③ 一面重操骑兵战术，率大军在黄河以南的广大区域内继续追剿捻军，"不匝月而驰逐三四千里，寝食俱废，偶憩道左，饮火酒两巨觥，辄上马追贼。谓誓灭群丑，以纾宵旰，以拯民生"。④

在双方征战的过程中，捻军得到了当地反叛力量的有力配合，而僧格林沁大军不但没有争取当地民众的配合，还抢掠财物，强迫百姓修筑圩寨。据《东明县新志》记载，僧格林沁率军追剿捻军至东明县，遂"踞东明集，驱村民筑寨，南河数十里无不被其荼毒。至是亦慑于兵威，思为流寇以自逞"。⑤ 民众不堪官兵戕害竟然到了"思为流寇以自逞"的地步！双方的强烈对比在一定程度上预示着战争的结果。

同治四年四月，僧格林沁骑兵追剿捻军至鲁西南水套区，捻军在水套匪的接应下迅速藏匿起来，而僧军却因对水套地形不甚熟悉而迷失了方

---

① 《清穆宗实录》卷37，第1册，第992页；《清文宗实录》345，第5册，第1103页。
② 《山东军兴纪略》，中国史学会编《捻军》第4册，第60页。
③ 《清穆宗实录》卷10，第1册，第272页。
④ 民国《济宁直隶州续志》卷6《兵革志》，第10页。
⑤ 民国《东明县新志》卷12《记》，第144页。

向。在作战形势明显不利的情况下，僧格林沁未能冷静分析，仍然骄傲轻敌，命清军盲目进攻，结果导致了全军覆没的结果。据《豫军纪略》载："张总愚、赖汶洸等既窜郓城西北水套中，其地三面阻河。僧格林沁以为贼窜绝地，须乘时为一鼓荡平计，督各军昼夜进兵。时贼已勾结郓北伏莽数万，四路麕集，官军方接战于曹郡城西，伏贼尽出，僧格林沁遂遇害，将士死伤甚众，余皆溃散。"① 毫无疑问，这一结局对清军士气影响很大。据山东巡抚阎敬铭奏报，僧军失败后，清军"军情涣散，远近人心，闻风震动，土匪从而生心，势将到处蜂起。现在南自曹郡，北至东昌，数百里间，一片贼氛，势甚凶恶"②。此时捻军则势头高涨，实力更强，继续北进的屏障"止恃黄河一水"。③ 这一局面令清廷无比震惊，大为恐慌，遂又调兵遣将，命在镇压太平天国起义中立下汗马功劳的曾国藩前往剿捻，并强调"保固畿疆，为目前第一要务"。④

二　曾国藩的无效围追

吸取僧格林沁剿捻失败的教训，曾国藩对捻军进行了一番研究。首先，他认为捻军似流寇又不像流寇：

> 近时议者，多谓捻无大志，旦夕可平，微臣独忧捻匪或成流寇，祸患滋大。此贼有甚似流寇者一端，有不甚似流寇者一端。凡流寇所以日聚日众，非良民乐于从贼也，只因贼骑剽忽劫掠，居民不得耕获。百里废耕，则百里之民从贼偷活；千里废耕，则千里之民从贼偷活。今凤、颍、徐、泗、归、陈等郡，几于千里废耕，而官兵又骚扰异常，几有贼过如篦、兵过如洗之惨。民圩仇视官兵，于贼匪反有恕词，即从贼亦无愧色。此甚似流寇之象，证之可危者也。凡流寇如无源之水，听其所之，而此贼尚眷恋蒙、亳老巢，旁县皆田荒屋毁，而蒙、亳尚有田庐之乐。斯又不甚似流寇，症之差善者也。⑤

① 《豫军纪略》，中国史学会编《捻军》第 2 册，第 404～405 页。
② 《清穆宗实录》卷 138，第 4 册，第 237 页。
③ 《豫军纪略》，中国史学会编《捻军》第 2 册，第 405 页。
④ 《清穆宗实录》卷 138，第 4 册，第 252 页。
⑤ 《山东军兴纪略》，中国史学会编《捻军》第 4 册，第 101 页。

其次，捻军性好抢掠，"所以注重东路者，以山东运河以北平衍富饶，不似豫、皖之难以觅食也。若非数次痛剿而大创之，该匪断不能忘情于山东"，而"山东北乡畿辅，天下之根本"，"山东之事一日不松，则直隶之防一日难弛"，因此，加强山东战备甚为关键。如此还有一便利之处，即山东"南邻江苏，臣军银米器械所自出，楚勇、淮勇之根本也"。① 基于对捻军特性的剖析与把握，他认为，运东"青、莱、登为东三府，久未被兵，家给人足，户有盖藏，民情朴茂，兵备久弛，贼中知之久矣"，必进入此地抢掠后再图北上。② 如此一来，战略部署应大致为"北以黄河防务为主，东以运河防务为主，南以大江防务为主，能守定此数处，大局尚不至决裂"。③ 不过考虑实际地理形势，曾国藩还提出"非三省同心合防，难期周密"，④ 因此，在山东部署具体事宜时，比较注意与刘长佑、阎敬铭等人筹商合议，且最终决定分段扼守黄运两河。

大体而言，运河布防情况如下：

> 自济宁、长沟以南至韩庄，令鼎新军守之；韩庄以南，令鼎勋军守之；自长沟以北至沈口二百里，东军守之。凡成谦常武十营、飞熊吉胜六营、心安东治六营、振字五营、莫组绅绅字一营，皆筑墙树栅，专扼运东，以保完善。而曹属之菏、巨、城、定、曹、郓六县皆处运西，敬铭乃分别冲僻，檄令县募勇二三百，资守御。

黄河南岸布防情况为：

> 自范县豆腐店以上（在范县城东数里，凡豆腐店对河南岸及濮州各河口）如直隶东明、□□、长垣诸处，归直军专防。自豆腐店以下，如张秋、东阿诸处，归东军专防。敬铭原派卫荣光统东昌、寿张、范县、濮州、泰安绿营兵二千，又添派同知刘时霖勇队五百，咨调前云南提督傅振邦原驻高密景芝镇官兵千移驻张秋之南。⑤

---

① 王定安：《求阙斋弟子记》，中国史学会编《捻军》第 1 册，第 29 页。
② 《山东军兴纪略》，中国史学会编《捻军》第 4 册，第 129 页。
③ 王定安：《求阙斋弟子记》，中国史学会编《捻军》第 1 册，第 57～58 页。
④ 《豫军纪略》，中国史学会编《捻军》第 2 册，第 406 页。
⑤ 《山东军兴纪略》，中国史学会编《捻军》第 4 册，第 113、115 页。

为进一步加强布防，曾国藩还决定"藉运河衣带之水以为流寇阻截之界。惟河浅且窄，汛长千有余里，防不胜防"，"拟会阎敬铭等大加修浚，增堤置栅"。①

在与直隶总督、山东巡抚合力布防的同时，曾国藩还着意加强清军的骑兵力量。在他看来，"捻匪长处在马队，四面包围，骑贼好用大刀长棒，步贼好冒烟冲突"，②"捻匪积年虏掠，仗马极多。此次蒙古骑兵溃散，又为贼众所得，贼马闻已万余"，而清军"本止二千骑，后分与左宗棠、李榕三百骑，外此分与曾国荃、鲍超两处。数月以来，李榕部下者已遣散，鲍超部下者在上杭饥噪，尚未安抚就绪"。为扭转这一明显劣势，曾国藩决定命李鸿章"派员出口买马"，还"派员赴古北采办战马千匹"，不过也考虑到，采买战马"至速非三月不能往返，加以训练，又将两月"，③实难解燃眉之急。也就是说，若捻军趁势进击或者渡河北上，清军一时难有招架之力。然而，形势并未如此发展。

经过高家楼一役，捻军士气大振，骑兵力量得到了更大程度的加强。据奏："群贼数万，盘旋菏、曹、城、定、郓、巨、濮、范、金、济间，收纳土匪溃勇，新得官马四五千，凶焰张甚，东平、寿张、阳谷均见游骑。"④ 据曾国藩调查，捻军难剿即在此后，同治"三四两年，僧邸屡挫，贼夺官马至五千余匹之多，自此不可复制"。⑤ 可是在此关键时刻，捻军并未利用这极为有利的形势进击，反而就下一步作战部署产生了分歧，"牛烙洪与张总愚、赖汶洸、陈大喜等纷议，或先陷济南，或北趋直隶，或渡黄由豫入陕，诸酋争言不决"。⑥ 在时间一点点流逝中，捻军逐渐丧失了最佳作战时机，而曾国藩却得以整军部署加强战备，双方所处形势的对比在悄然发生变化。

同治五年（1866）三月，捻军商定先进攻运河防线，而这时清军的防御工事已得到加固，对捻军发起的几次攻势起着很强的抵御作用。据奏，捻军第一次发起的攻势情况大致为：

---

① 王定安：《求阙斋弟子记》，中国史学会编《捻军》第 1 册，第 39 页。
② 《曾文正公全集》，中国史学会编《捻军》第 5 册，第 241 页。
③ 《山东军兴纪略》，中国史学会编《捻军》第 4 册，第 91 页。
④ 《山东军兴纪略》，中国史学会编《捻军》第 4 册，第 96 页。
⑤ 《曾文正公全集》，中国史学会编《捻军》第 5 册，第 273 页。
⑥ 《山东军兴纪略》，中国史学会编《捻军》第 4 册，第 96 页。

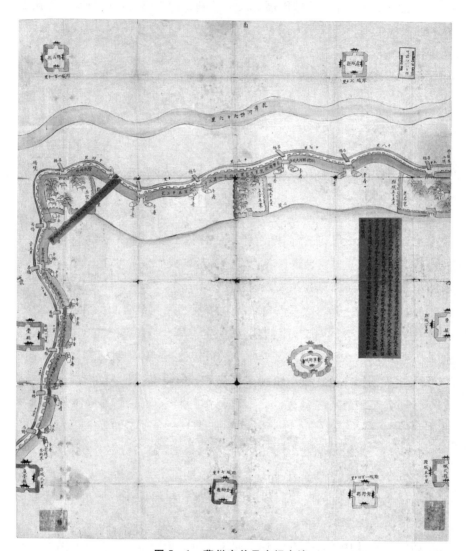

图 5 - 1　曹州府单县南堤东濠

　　图中贴条处内容：南堤濠宽一丈二尺，堤高二丈，上加女墙垛口，西界曹县老君寨，东界砀境吴家寨，计长七十七里零，共留路口四处，每路口均设寨门、吊桥、卡房各一座。东濠面宽一丈六尺，堤高一丈五尺，上加女墙垛口，南界砀境吴家寨北首路口寨门，北界金乡前赵口路口寨门，计长九十三里零，共留路口四处，均设寨门、吊桥、卡房各一座。统计南堤东濠共长一百七十余里，每一里安设窝铺一座，均已普律工竣。议定每卡房一座，驻勇二十名，每窝铺一座，驻勇四名，堵御贼匪，盘查奸细，合并登明。

　　图片来源：Rockhill, William Woodville, *Coozhou Fu Shan Xian nan di dong hao tu* [After, 1855] Map. https://www.loc.gov/item/73693312/.

　　自十六日起时扰黄运两岸，防黄东军与直军余承恩等悉力堵击。贼知不能渡黄，遂专扑运河，千百成群，日夜驰骋沈口、戴家庙西岸。陆军列营树栅，安炮排轰，晓夜无间。三日间尤为致死抢渡，上下游二十余里间无处不警，贼势层叠，数逾五六万。

　　……

　　贼见运东防军密，运河游兵复来，始辍渡运之谋，二十一日回奔西南。①

两个月后，捻军又发动了第二次攻势，仍以失败而退。据奏：

　　计二十七日起至三十日，四日夜，自王仲口、张坝口、靳家口、王坝口、刘老口、开河袁口、安山闸迤北，直接黄岸八十余里，贼蜂屯蚁聚，或分或合，多方扑河，或数处同渡，或一处专攻。官军火器四昼夜不绝声，击毙泅水贼二三百，河湾曲处几断流。舟师上下轰击，用钩连枪拨尸入溜，以防壅塞。陆师潜夜渡河雕击，所杀贼亦数百。贼中相惊，谓南军已至，如是四昼夜始西遁。②

　　该年，捻军共发动三次大的攻势，均未获得成功。这让曾国藩信心倍增，"山东防务以运河为最要，去年逆三次窜扑，均经苦战击退，固由防务之严密，亦恃水势为屏蔽"。③ 即便如此，捻军的骑兵优势仍然非常明显，尤其凭借复杂的地理形势以及水套匪的帮助，出则为强大的骑兵，败可遁入水套区。曾国藩率军追剿之时多束手无策，颇为感慨，"曹境三面皆水，若各军由南路遏之，使不得出，收功较易，众议皆系如此。然今年春间，群贼皆在水套，我军甫将合围，而该逆旋又西窜"。④

　　同治六年正月，曾国藩追剿捻军至徐州，得谕命"曾国藩既经接篆，所有察吏、筹饷、及地方事宜，均关紧要，且金陵亦不可无勋望表着大员坐镇，着即回任省城"，⑤ 剿捻之事改由李鸿章负责。从捻军方面来看，

———————————

①《山东军兴纪略》，中国史学会编《捻军》第 4 册，第 111～112 页。

②《山东军兴纪略》，中国史学会编《捻军》第 4 册，第 118 页。

③ 王定安：《求阙斋弟子记》，中国史学会编《捻军》第 1 册，第 59 页。

④《曾文正公全集》，中国史学会编《捻军》第 5 册，第 248 页。

⑤ 王定安：《求阙斋弟子记》，中国史学会编《捻军》第 1 册，第 54 页。

因内部纷争，同治五年十月分成了东西两路，分别北上。据郭豫明研究，"两军分手后，便各自展开活动，再也没有会合"。① 因西路计划经河南、陕西、甘肃北上，已经远离黄泛区，李鸿章也主要对东路捻军实施剿杀，所以以下主要讨论东路情况。

三　李鸿章的围剿与捻军覆亡

同治六年（1867）夏，黄运地区大旱，运河日形干涸，清军扼守运河防线的困难加大，因为"水师无可展施，旱兵尚嫌单弱，贼如悉数猛扑，恐上年之浚河修墙，前功尽弃"。② 而这于希图东进的捻军却是一个千载难逢的机会。这一次，捻军抓住时机向运河防线发起了猛攻，最终攻破防线得以全军进入垂涎已久的运东地区。据《山东军兴纪略》载：

> 当是时，沈口上下二十里间，匪踪层叠，充斥驰骤，戈矛如林，枪炮如雷电，通夜喧阗。贼众四五万阒渡沈口。战方鏖，另股步贼四五千，马贼五六百，于十二黎明，由戴家庙河西涉水驰突而东。都司朱万美督勇奋击，火器连环轰之，前贼应声踣百数十，后贼溃墙填堑，人马尸骸和土撑积，顷刻断流。后贼洋枪炸炮蜂涌上，人骑皆腾跃，声光煜霅。万美军致死，而贼尸愈积愈高。战两时许，天色大明。心安军由沈口驰至，督堵益力。贼升河西高阜，纵西洋炸炮火箭燔河东民庐。防军炖发于背，墙隈炮死者累累，惊乱稍懈。贼益众，如潮而升。心安度势不敌，敛队。贼众毁墙入，踞戴庙民圩，应接大股，四五万悉渡。③

进入运东地区以后，捻军抢掠财货马匹，战斗力得到了更大程度的加强，可是活动范围及其流动作战方式却受到了极大的限制。因为运东地区东为胶莱海隅，西有运河，南为曾国藩的辖区江苏，北面则是黄河新河道，这一地势攻守均属不易，正如一位研究者所言，捻军"渡过运河的行动是致命的"④。

不管怎样，清廷对捻军大举攻入运东地区还是备感震惊。不过，剿捻

---

① 郭豫明：《捻军史》，第409页。

② 王定安：《求阙斋弟子记》，中国史学会编《捻军》第1册，第59页。

③ 《山东军兴纪略》，中国史学会编《捻军》第4册，第126页。

④ 费正清、刘广京主编《剑桥中国晚清史（1800～1911）》，第317页。

钦差大臣李鸿章经过一番分析认为，可以化劣势为优势，利用捻军东进造就的有利地势，采取围剿策略，"驱之于必困之途，取之于垂死之日，会师合剿，方为上策。山东青州迤东为登、莱，地处海隅，正可乘势逼围，制贼使之不得再出。拟以胶莱为里圈，运河为外圈，合东、淮、皖、豫四省兵力，共图聚歼"①，并强调"目前办贼，舍此竟无良策"。② 在黄运两河布防，将捻军围困在黄河以南、运河以东地区，然后集中兵力予以剿杀，虽不失为一条妙策，但是毫无疑问所需兵力甚众。此时，清廷已经将太平天国起义镇压，整体也呈现一片"中兴"气象，遂得以调集更多力量剿杀捻军。清廷决定将江苏、浙江、江西等地兵力交予李鸿章，"到防分段认守，俾剿兵得以专力追击，不致顾此失彼，办理较有归宿"。③ 得此助力，李鸿章在运河东岸布起了重重防线。据山东巡抚丁宝桢奏报，当时"运防百数十营，重重扼守"。④ 同治七年秋，一位西人在考察新河道时也看到，"新旧河道之间的运河河岸之上，除毗邻或者穿过泄洪区的部分，均筑有类似城墙的锯齿形土墙"，"这些防御工事明显为近期所建"。⑤

在加强运河沿线布防的同时，山东巡抚丁宝桢还发动民众修筑黄河河墙，以强化黄河一线的防守。该年十二月，黄河沿线"由利津循历上流河墙，计至齐河五百七十余里，一律完竣。由齐河上至张秋二百八十余里，亦已完工。其齐东、青城、浦台、利津、高苑、邹平、乐安、博兴八县，复于河南岸黄水漫溢之处添筑长墙一道，约长三百余里，工程均极坚厚。此次黄河南北两岸平地筑墙共一千一百数十里"。⑥ 不过，绵长若此的河墙，派兵防守并非易事，丁宝桢"勉力凑集步队一万一千余人，加以新到马队三千余人，自齐河以东起至海口止五百七十五里，定以每二十五里驻步队一营，共五百人，每百人分驻五里，又每十里间驻马队一哨，共五十人，无事操练，

① 《豫军纪略》，中国史学会编《捻军》第 2 册，第 441 页。

② 李鸿章：《陈明办贼大致暂难亲赴前敌疏》，《皇朝道咸同光奏议》卷 53 上，第 22～23 页。

③ 《山东军兴纪略》，中国史学会编《捻军》第 4 册，第 143 页。

④ 罗文彬编《丁文诚公（宝桢）遗集》卷 4 《捻逆被剿南通照前分札并查河墙折》，第 32～35 页。

⑤ Ney Elias, "Notes of a Journey to the New Course of the Yellow River in 1868," *Proceedings of the Royal Geographical Society of London*, Vol. 14, No. 1 (1869－1870), pp. 20－37.

⑥ 罗文彬编《丁文诚公（宝桢）遗集》卷 4 《查验河墙事竣并据报逆首生擒折》，第 40～41 页。

遇警则上下巡查"。又考虑"五里分驻兵勇百人，恐难兼顾"，① 还发动沿河各县民团协助防守，"由官备给粮药，民团毋许敛费，无警各安耕凿"。②

　　在利用黄运地势加强北面与西面防御的同时，李鸿章还借助胶莱河修筑了东面的防御工事，南面则与两江总督曾国藩联络，在江苏北部运河以东至黄海段筑起防线（图5-2）。

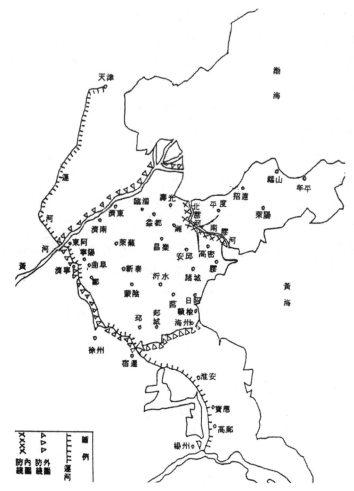

图5-2　同治六年清军平东捻圈围部署

图片来源：柯上达：《捻乱及清代之治捻》，第409页。

---

① 罗文彬编《丁文诚公（宝桢）遗集·奏稿》卷4《捻逆被剿南遁照前分札并查河墙折》，
　　第32~35页。
② 《山东军兴纪略》，中国史学会编《捻军》第4册，第124页。

从图 5 - 2 明显可见，清军利用天然地势四面布控，将捻军困在了黄河以南、运河以东、胶莱河以西的区域之内。完成布防之后，李鸿章将所统兵力分为三路，对捻军展开了围剿。各路情况大致为："鸿章橄铭传军由泰、芜趋青州为中路，鼎新军由潍、昌趋莱州为北路，凤高、宏富军由郯、兰进莒州为南路"，"三路兜剿而前，会合东军逼入登莱绝地，扼之于胶莱河，使不得复出"，"再抽调运防诸军，更番进击。如其布置未定，而贼已回窜，则运防各军随地拦截，不令再窜运西"，如此则"马贼无可驰骋，亟思就地剿灭"。① 该年底，清军各路合力将东路捻军剿灭在了严密布控的运东地区。

小　结

对于捻军，曾国藩曾谈及时人的评论，"捻匪气焰日壮，论者以为祸烈于洪、杨"，其本人对此亦表示认可。② 将捻军与太平军相比较，能够从一个侧面说明捻军在当时的影响之大，以及对清廷形成的威胁之重，何况曾国藩均曾亲自镇压。另据郭豫明研究，捻军使得"清朝政府无论在军事上还是在政治上和经济上均遭猛烈冲击，因而其统治地位受到强烈震动"，"垮台的厄运固然避免了，但是清朝政府不能不对此付出沉重的代价"。由于曾国藩的湘军与李鸿章的淮军长期被清廷倚赖，他们"不仅掌握了军事权力，而且取得了政治事权；不仅控制了南方，而且扩展到了北方；不仅操纵了地方政权，而且影响了中央政权"。③ 纵观前述可知，捻军之所以能够迅速发展壮大，对清廷统治形成巨大威胁，还与铜瓦厢决口改道造成的形势存有密切关系。

如果没有改道后出现的上千万灾民，没有黄泛区高涨的反叛势头，没有南河干地的有利地势，捻军当很难在短短几年时间里壮大起来，也难以紧接太平天国起义之后对清王朝的统治以沉重打击。不过，进入山东腹地的捻军又为黄河新河道这一天然屏障所阻挡，清军则死死把守黄河防线，并最终倚赖这一屏障多方布控将东路捻军消灭在了黄河以南。

---

① 《山东军兴纪略》，中国史学会编《捻军》第 4 册，第 132 页。
② 《曾文正公全集》，中国史学会编《捻军》第 5 册，第 258 页。
③ 郭豫明：《捻军史》，第 601 ~ 602 页。

对此，李鸿章一直念念不忘。同治十二年，其受命勘察山东黄河情形时还提到："自咸丰五年铜瓦厢东决后，粤捻诸逆窜扰曹济，几无虚日，未能过河一步，而直东北岸防堵有此凭依，稍省兵力，更为畿辅百世之利。"① 此话不假，不过在故意回避一个事实，即前述所及捻军之所以能够在短时间内迅速发展壮大，很大程度上得益于铜瓦厢改道造就的有利形势。

虽然捻军遭遇镇压，黄泛区的反叛势头也有回落，但是由于晚清黄河频繁决溢泛滥，广大黄泛区久久不能恢复元气，尤其鲁西南重灾区，各种形式的反叛力量此起彼伏，持续了很长时间，② 沿河百姓甚至谈"黄"色变，将"黄灾"与"匪患"并论。③ 其情形多少如晚清著名诗人丘逢甲在一首诗中所描写的：

> 黄河决山左，饥民遍淮徐。
>
> 耕牛已宰尽，皮角不复余。

---

① 李鸿章：《筹议黄运两河情形疏》，王延熙、王树敏辑《皇朝道咸同光奏议》卷60上，第20~22页。

② 同治十年，据丁宝桢奏报："从前东省伏莽，每以水套为逋逃薮，此次又有叛匪勾结土棍散勇至二百余人，在水套藏匿，时出抢劫。经王正起等先后拿获首伙八十余名，余匪分逃直隶、江南边境。根株未绝，仍恐蔓延。"（《清穆宗实录》卷313，第7册，第147页）光绪二十年（1894），福润奏报："山东曹州、济南两属，盗风未戢，往往因捕拿紧急，结党成群，施放洋枪，肆行拒捕。黄河北岸平原一带，及边境之夏津等县，亦间有马贼游弋，扮作防营出差弁勇，查路兵役不敢盘查，每至旷野抢掠车辆。"（朱寿朋编《光绪朝东华录》，总第3411页）据美国学者周锡瑞研究，在这一地区兴起的大刀会、义和团等秘密结社组织，均与黄河水灾存有直接或者渊源关系（参见周锡瑞《义和团运动的起源》）。

③ 据籍隶山东菏泽的水利史学者张含英回忆，民国时期，"每忆童年夏日家居，辄于皎月初升，暑气少退之时，纳凉湖畔，藉闻老人闲话，星斗在天，飞萤扑面，清风徐至，荷香阵阵袭人，致足乐也。然此闲逸之情景，每为恐怖之恶声所警破，以至举座警忧，惴惴焉若无所措，一似大难之降临者。盖鲁西曹属，位在三省交界，素多盗匪，夏季青纱帐起，匪势尤炽，而又地濒大河，水患时闻，乡农御匪防水，互以鸣炮击金为号，每至匪警水患交乘之时，则隆隆铆辂之声，喧天震地，彻夜不绝，故居民闻之，恒惶惧万状而无所措也。"也正是因为这些刻骨铭心的经历，他后来发奋求学毅然走上了研究黄河水利史的道路。（参见张含英《治河论丛》，第1页）另据儿时生活于江苏北部黄河故道边的水利史学者吴君勉回忆："游北郊见长堤横亘，平沙无垠，家人谓余曰'此旧黄河也'。则憬然有悟，低回久之。余家故当河淮前，清道咸间有良田数千亩，竟以河淮屡灾，家业中落。及余之身，河虽北徙已久，乡里故老道及黄河者犹若谈虎色变。"（吴君勉：《古今治河图说》，第3页）

使者尔北来，治河策何如？

治河无上策，荒政无完书。

颇闻泽中人，时劫行客车。

潢池竟弄兵，扰扰烦剿除。①

---

① 丘逢甲：《和晓沧买犊》，侯全亮、孟宪明、朱叔君选注《黄河古诗选》，中州古籍出版社，1989，第 357 页。

结　语

黄河，这条中华民族的母亲河，在滋养中华五千多年文明的同时，更被具体可触碰地记录为"自古为中国患"。[①]"善淤、善决、善徙"是其特性，古谚所谓"华夏水患，黄河为大""三年两决口，百年一改道"都不为过。因此，自传说中的大禹治水以降，历朝历代无不重视对其进行治理，何况一个政权得以合法存在最基本的依据为应对灾害、解决饥荒的能力。[②]也由此，黄河水患与国家政治之间关系密切，由来已久。及至元明清时期，由于政治中心北迁，黄河水患治理还有了保障漕粮运输这一重要使命。相较之下，清朝又因政权合法性构建难度远在以往朝代之上，不仅重视黄河水患治理本身的价值，还注重挖掘其中所蕴含的象征意义。也就是说，在清前期特定的时空背景下，黄河水患治理被赋予了更为深厚的政治意涵，正所谓"河工，国之大政"。[③]这一具有基调性意义的举措对清中期的治河实践产生了深刻影响。清晚期，由于形势剧变，内乱迭起，外患频仍，清廷调整发展战略，疏远了河工等一些传统要务，可是在这种转变之初，黄河就发生了大规模决口改道事件，从一个侧面回应着时代变革，以及清廷的自救努力。另需关注的是，自此以至清末，黄河水患与国

---

① 上谕档，嘉庆二十五年七月二十五日第1条，盒号907，册号1。

② 夏明方：《近世棘途：生态变迁中的中国现代化进程》，中国人民大学出版社，2012，第414页。在做这一阐述时，夏明方还参考了恩格斯的《反杜林论》中相关论说，即"政治统治到处都是以执行某种社会职能为基础，而且政治统治只有在它执行了它的这种社会职能时才能持续下去。不管在波斯和印度兴起和衰落的专制政府有多少，每一个专制政府都十分清楚地知道它们首先是河谷灌溉的总管，在那里，没有灌溉就不可能有农业。只有文明的英国人才在印度忽视了这一点；他们听任灌溉渠道和水闸毁坏，现在，由于周期发生饥荒，他们才终于发现，他们忽视了唯一能使他们在印度的统治至少同他们前人的统治一样具有某种合理性的那种行动"。（《马克思恩格斯选集》第3卷，人民出版社，1995，第523页）

③ 傅泽洪辑《行水金鉴》卷172《河南管河道治河档案》。

家政治之间的紧密关系不仅未趋于松动，反而呈现得更为纷繁复杂。

早在咸丰元年丰北决口之时，清廷决策受政局影响的痕迹就非常明显，口门堵而复决，不了了之就是明证。发生于咸丰五年的铜瓦厢决口，虽然受到强降雨、洪水涨发以及河床抬高等多重自然因素的影响，但是道咸以降河务因时局变动而逐渐废弛也是重要诱因，最终形成历史时期的第六次大规模改道则主要因为清廷为了自身的存亡绝续无暇河务进而放弃了口门堵筑工程。本来对于决口以及由此造成的灾难，清廷均有较为系统完善的应对机制，但是受晚清动荡的时局影响，河政与荒政均陷于混乱。或者就像光绪十三年（1887）郑州决口发生后外媒所评论的，"黄河决口及其造成的深重灾难远远超出了清廷的应对能力"。[①] 即在西人看来，清廷不仅无暇顾及河务，也无能力应对相关事务。然而，黄河于乱世改道，致灾深重，反过来又加剧了混乱局面。

由于口门没有堵筑，黄河失于治理，广大灾民又得不到有效救济，黄泛区各种形式的反叛力量迭起，皖北捻军则趁势发展壮大，二者形成联合之势后给清政府统治以巨大打击，其程度甚至不亚于太平天国起义。以往有关灾荒与太平天国运动、义和团运动以及辛亥革命等重大政治事件关系的研究，均有力地论证了灾荒在诸多促生因素中特有的作用，进而从一个侧面揭示了灾荒与政治的密切关系，以及灾荒在社会历史进程中的地位与作用。[②] 而通过考察铜瓦厢决口改道这一单个灾害事件则发现，其对反叛力量所起的加促作用表现得非常明显，与政治形势之间的密切关系也比较具体而深刻，甚至无须像以往那样进行合理而严密的联系、推理与论证。

除在上述两个大的方面相互影响，铜瓦厢决口改道与晚清政治局势之间的复杂关系还体现在该时期河工命运的变化问题上。具体而言，又主要指改道后河务走向边缘的复杂历程，以及地方治河实践的艰难探索。

道咸之际，受政治环境影响，河务逐渐废弛，相关规制流于纸面。咸丰元年丰北决口发生后，清廷虽下令堵筑，但是经费迟迟没有到位。咸丰

① *The Banbury Guardian*, Feb. 28, 1889.
② 参见李文海《清末灾荒与辛亥革命》，《历史研究》1991年第5期；李文海《甲午战争与灾荒》，《历史研究》1994年第6期；林敦奎《社会灾荒与义和团运动》，《中国人民大学学报》1991年第4期；康沛竹《灾荒与太平天国的失败》，《北方论丛》1995年第6期。

五年铜瓦厢决口后，仅用于抢险的料物储备就严重不足。此后，由于局势进一步恶化，河务所受影响更大，咸同之际为节约经费以供战事将南河以及东河干河河段管理机构裁撤即为明证。同光时期，虽然局势渐趋稳定，但是清廷仍无意细忖当如何应对河患这一问题，也主要因为时局变化促使其不得不重新思量发展问题。类似情况还在很大程度上意味着，河务边缘化的命运已无可逆转。朝野上下围绕新旧河道以及新河道责属问题展开的无休止的争论，以及山东巡抚无奈之下设置的地方性治河规制，亦为这一趋向的重要表征。庚子事变后，河督被裁，相关规制废弃，河南段黄河仿照山东"成案"改由地方督抚负责，此时清王朝也气数已尽。

除了晚清河务本身随时局变动的演变轨迹，还可从更为广阔的时空背景下进行考察。同治年间，将太平天国起义以及捻军镇压之后，清廷并无意恢复昔日的河工大政，而是重新谋划，将"求强、求富"作为发展重点，发起了洋务运动。众所周知，洋务运动为封建统治阶级的自救运动，但从历史长河来看，其"是中国从封建社会走向资本主义近代化的开端，也是中国从闭关自守走向改革开放的开端"。① 从这个意义上可以说，洋务兴起与河务走向边缘均为时代之必然。光绪中后期，清廷每年拨付白银40万两用于新河道的日常修守，但是这并不能说明其重新重视河工事务，因为所拨银数在整个财政支出中所占比重很小，也远不敷实际所需。光绪二十四年（1898），清廷派钦差大臣李鸿章携比利时工程师卢法尔前往新河道实地勘察，引起了广泛关注，可随后所拟大治办法被认为脱离实际，最终不了了之。或许还可以说，由于内外诸务繁杂，清廷已无喘息之机，河患虽重，也仅为心头之痒。

由于河务已游离国家事务的中心位置，沿河地方督抚不得不担起新河道治理重任，不过由于事同创始，所需经费、技术以及人才等又极为缺乏，治河实践举步维艰。何况地方督抚并不心甘情愿接手这块"烫手的山芋"，屡屡推诿。晚清黄河长期处于"无防无治"的状态，"急溜旁趋，年年漫决"，② 如此，后果非常严重。除前述反叛势头加剧，还由于长期遭受黄水漫淹，广大黄泛区生态环境不断恶化，应灾能力一步步减弱。不

---

① 姜铎：《洋务运动研究的回顾》，《历史研究》1997 年第 2 期。
② 朱寿朋编《光绪朝东华录》，总第 2042 页。

难想见，这反过来又进一步加剧了灾难。类似的恶性循环，影响甚深，甚至广大黄泛区的区域特征都被重塑，形成了一种特定的灾害环境。俗语谓："自古山东出响马。"就近代而言，除政治因素以及地方性格之外，还与黄河水灾造成的环境恶化以及区域性普遍贫困有关。当然，被重塑的灾害环境还包括民风民俗、地域文化等多个方面。

总而言之，发生于咸丰五年的铜瓦厢决口改道与晚清政局之间的关系颇为复杂，不止单纯的互动，而是在多个层面相互影响。其原因既有决口本身兼具灾害与河务两重性质，还有当时所面临的国内外大势。进一步讲，从特定的时代背景考察铜瓦厢决口改道，可见清廷因为时局所做的应对决策变化之大及其影响之深。当黄河决溢泛滥成为常态，成了晚清历史演进过程中不可分割的一部分时，又可从相关事项中窥见晚清政局风云变幻，波诡云谲，各种纠葛纷繁复杂。比如清廷内部的纷争，中央与地方的博弈，官绅市民百态，以及晚清财政竭蹶，治河技术落后，面对外来侵略当何去何从的困惑与摸索，乃至西人的殖民拓展等具体而微却又关涉宏大的问题。也就是说，当把铜瓦厢决口改道与晚清政局作为一个整体进行考察时，研究者得以从一个更深、更宽的层面透视黄河水患与国家政治之间由来已久的密切关系。由此，对单个灾害与政治之间的关系进行系统深入研究的重要性也从一个侧面得以彰显。当然，目前学界已经有非常有益的探索，比如对于明清易代问题，有学者提出小老鼠灭了大明朝，[①]就鼠疫与朝代更迭之间的密切关系进行了系统深入的剖析。在社会科学领域，还出现了"灾害政治学"的提法，并有研究者为其学科独立性努力探求。[②]不过从单一的区域性灾害事件或者特定的灾害种类出发，探讨二者之间的关系仍有空间与必要。[③]

民国时期，黄河连年决溢，百姓苦不堪言。为防治黄河水灾，1933

① 参见曹树基《鼠疫：战争与和平——中国的环境与社会》，山东画报出版社，2006。
② 参见李翔《灾害政治学：研究视角与范式变迁》，《华中科技大学学报》（社会科学版）2012 年第 4 期；丁志刚《灾害政治学：灾害中的国家》，《甘肃社会科学》2009 年第 5 期。
③ 对于灾害史研究现状，已有学者进行系统梳理、分析，并对有待深入探索的空间等问题予以展望。参见朱浒《二十世纪清代灾荒史研究述评》，《清史研究》2003 年第 2 期；阎永增、池子华《近十年来中国近代灾荒史研究综述》，《唐山师范学院学报》2001 年第 1 期；邵永忠《二十世纪以来荒政史研究综述》，《中国史研究动态》2004 年第 3 期；郝平《和而不同：多学科视野下的灾害史研究》，《灾害与历史》第 1 辑；等等。

年成立了黄河水利委员会，直接隶属国民政府。次年，又制定了《统一黄河修防办法纲要》，对治黄事务的组织领导、机构设置及经费来源等，均做了详细规定。① 自此，河政重归统一，不过治河成效并没有明显提升。抗日战争爆发后，黄河浊浪翻滚的咆哮之声被喻为中华民族因长期遭遇侵略压迫而发出的怒吼，黄河形象也被塑造为民族精神的象征、中华民族的摇篮。这可谓对黄河与中华五千多年文明关系史所做的最为丰富而深刻的凝练。新中国成立之初，面对依然严重的黄河水患，党和国家高度重视，毛泽东曾沿黄河视察，并亲笔写下"一定要把黄河的事情办好!"这也成为新中国治河实践的重要指导思想。如今，在河南省兰考县东坝头乡东坝头村南黄河渡口，修建有毛主席视察黄河纪念亭，亭中青石碑的碑阳镌刻着这个重要批示，该碑正对着的就是黄河的最后一道弯，当年铜瓦厢改道发生的地方……

---

① 侯全亮主编《民国黄河史》，黄河水利出版社，2009，第 125~127 页。

附　录

一　光绪中期黄河新河道流路情况[①]

　　自河南兰仪县铜瓦厢东折而北，又十二里左经徐公集，又东北十六里左经油坊寨，入直隶长垣县界。兰仪县北岸河长二十八里，右经叶新庄入长垣县界。兰仪县南岸河长三十六里，又北东二十五里右经竹林集，又北西十一里左经庐义姑，一名五间屋，又东六里右经直隶东明县界。长垣县南岸河长四十二里，又东五里右经郭寨，又东北八里左经李屯入东明县界。长垣县北岸河长五十五里，又北西九里左经嘴子头，又东北六里左经曹庄，又东十五里右经高村，又北西十三里左经遽村集入直隶开州界。东明县北岸河长四十三里，又东二十八里左经石庄黄入山东菏泽县界。开州北岸河长二十八里右经朱口入菏泽县界。东明县南岸长八十四里，又东十一里左经兰河口入开州界。菏泽县北岸河长十一里，又东北二里半右经蓝路口入开州界。菏泽县南岸河长十三里半，又东北十三里半左经梅寨入山东濮州界。开州北岸河长十六里，右经王庄入濮州界。开州南岸河长十三里半，又北八里左经潘寨缺口，又东北十五里左经项城集，又东北十七里右经康屯，又北八里左经柳园里，又东北十三里左经罗庄坍堤口，又东南七里左经大辛庄淤河口入山东范县界。濮州北岸河长六十八里，右经盐店入山东范县界。濮州南岸河长六十八里，又东北十一里左经邱庄，又东五里右经徐大井，又东北二十五里右经侯家楼入山东阳谷县界。范县南岸河长四十一里，又东北五里左经刘家庄入山东寿张县界。范县北岸河长四十六里，又东北十五里右经

　　① 刘鹗：《历代黄河变迁图考》，沈云龙主编《中国水利要籍丛编》第 5 集第 42 册，文海出版社，1969，第 278～295 页。

小龙湾，又北东七里右经范庄支河口，又北四里左经淤河口，又东北三里左经陈家坊，又东十里左经岔河庄入阳谷县界。寿张县北岸河长三十九里，又东七里左经黄家口入寿张县界。阳谷县北岸河长七里，又东二里右经红庙入寿张县。阳谷县南岸河长五十三里，又东北九里右经山东东平州十里铺，南运河自南来注之。寿张县南岸长九里，又北东二里左经小白铺入东平州界。寿张县北岸河长十三里，又北东十里，左经西赵桥入山东东阿县界。东平州北岸河长十里右经东赵桥入东阿县界。东平州南岸河长十二里，又东北四里左经史家桥，又北东六里左经陶城铺新运河口，又东北五里左经魏家山，又东北四里右经阴柳棵，又北东五里右经八里厅，又东七里右经庞家口，大清河汇汶水自南来注之，又东北十里左经大河口，右得狼溪河汇白雁泉、洪范池诸水自南来注之，又东北十一里右经小鲁道口入山东平阴县界。东阿县南岸河长五十二里，又东北十五里左经于家窝入平阴县界。东阿县北岸河长六十七里，又东北七里左经邓庄，又东南四里左经康口，又东北七里左经湖溪渡，又东北四里右经刘官庄入山东肥城县界。平阴县北岸河长三十四里，又东北十八里左经五哥庙入山东长清县界。肥城县北岸河长十八里右经孟家道口入长清县界。肥城县南岸河长三十里，又东北又西七里右经水坡庄，又北六里左经官庄，又东北六里右经苗家庄，右得南沙河汇诸山之水自南来注之，又西北三里左经董家寺，又东北五里左经荆隆口，又东北九里左经阴河，又东北九里左经黄陡崖，又东六里右经东兴隆庄，北沙河汇泰山之水自南来注之，又东北二里左经张村入山东齐河县界。长清县北岸河长五十三里，又北东十四里左经史家道口，又西北七里左经五里堡，又东七里左经齐河县城，右得玉符河自南来注之，又北东十三里左经陈家林，又东北二里左经李家岸，又东七里右经蒋家庄入山东历城县界。长清县南岸河长一百三里，又东九里左经西纸坊入历城县界。齐河北岸，河长五十九里，又东南七里右经泺口，泺水旧自南来注之，又东十四里左经冯家堂新河口，又东北又南东五里半，右经堰头镇小清河闸口，小清河旧自南来注之，又北又东北七里左经邢家渡，又东又北东八里，白泉河旧自南来注之，又二里右经河套圈，又北又东南北西十里，巨冶河旧自东来注之，又一里右经孟家圈，又北东五里右经秦家道口，又北又北东七里半右经溜沟入山东章丘县界。历城县南岸河长七十六里，左经二十里铺入山东济阳县界。历城县北岸河长六十七里，又北又北东五里半左经席家渡口，又北东十四里半左经济阳县城，又北东又北又东北十六里右经时王庄入济阳县界。章丘县河长三十六里，又东又北东三里半右经西侯家庄，又东北七里左经龙王庙，又东五里右经苗家庄入山东齐东县界。济阳县南岸河长十五里半，又东北八里绣江河旧自南来注之，又一里右经延安镇，又东北又北八里半左经徐家道口，又东北又东三里左经桑家渡，又东北四里半左经刘旺庄入山东惠民县界。济阳县北岸河长七十六里半，又东北十三里右经齐东县城，减河旧自南来注之，又东南又东北十二里左经于王口，又北东五里右经山东青城县界。齐东县河长五十五里，又北东四里左经归仁镇，又北东十一里半左经徐家庄，又北东又东又南东九里左经清河镇，又东南十五里左经崔家庄，又东又西北又北东九里左经姚家口，又北东又南东又东十一里右经翟家寺入山东滨州界。青城县河长五十九里半，又北东又北西又东七里左经卜家庄入滨州界。惠民县河长九十六里半，又东南七里半左经蓝家庄，又东又东南又北西又东又南东十四里半左经孔家庄，又南东又东北六里左经新街口，又北东又北西十三里半左经丁家口，又东四里右经徐家井入山东蒲台县界。滨州南岸河长五十二里半，又北西又北东七里半，右经蒲台县城，又南东又北东又南东又北东十四里左经菜园，又东又北又东又北十里半左经刘家渡，又南东三里左经山东利津县界。滨州北岸河长八十里半，又北东九里半左经宫家庄，又东又北西又东南又北西十四里半右经曹家店，又北西又东北五里右经四行子入利津县界。蒲台县河长六十四里，又北东又西北八里左经利津县城，又北东又南东又北东二十五里左经十四户王家口，又东又北东又北西十九里左经盐窝，又东又南东又北十四里左经高家庄，又东南又南东八里半右经辛庄，又东又北东十二里左经铁门关，又北东三十六里一百三十八丈左经萧神庙，又北东八里三十四丈左经洼拉，又南又南东又北东七里左经二沟子，又南东又东又东北五里四十二丈左经三沟子，又东南十七里一百三十二丈左经红头窝，又南东七里一十四丈至海口。利津县北岸河长一百九十八里，利津县南岸河长一百六十九里。自铜瓦厢至海口河长一千一百十三里半。

二　晚清黄河大事年表

时　间	事　件
道光二十一年	六月，河南祥符决口，道光二十二年二月堵筑
道光二十二年	七月，江苏桃源决口，清廷兴举的堵口工程至道光二十三年七月仍未完竣，由于其时河南中牟决口发生，其下河段断流，桃源口门遂免堵
道光二十三年	黄河中下游出现千年不遇大洪水； 七月，河南中牟决口，道光二十四年十二月堵筑
咸丰元年	八月，江苏丰北决口，咸丰三年正月堵筑。五月，丰北再决，清廷放弃堵筑
咸丰三年	清廷讨论河漕大政可否变革问题
咸丰五年	六月，河南铜瓦厢决口，由于清廷放弃口门堵筑，黄河自此改道山东大清河入海
咸丰十年	南河总督及相关管理机构裁撤
同治二年	东河干河七厅汛管理机构裁撤，东河总督及有工河段厅汛管理机构保留
同治七年	六月，河南荥泽决口，两个月后堵筑 英国人内伊·埃利阿斯考察新河道
同治八年	英国人内伊·埃利阿斯考察旧河道
同治十年	八月，山东侯家林决口，同治十一年正月堵筑，并修筑了口门上下一百一十七里官堤
同治十二年	八月，直隶东明石庄户决口，光绪元年四月堵筑，并修筑了口门上下二百五十里官堤； 李鸿章勘察新河道，奏黄河不能复归故道
光绪三年	铜瓦厢口门至山东阳谷张秋段新河道两岸大堤修筑完竣
光绪九年	议修筑山东阳谷张秋至入海口段新河道两岸大堤，十年五月，修筑完竣
光绪十三年	八月，河南郑州决口，光绪十四年十二月堵筑。工程中使用了电灯、小火车等西方技术； 李鸿藻、李鹤年勘河；曾国荃、卢士杰复勘河； 在山东省省城济南设立河防总局，负责山东段黄河诸务，山东巡抚负总责
光绪十五年	荷兰海外工程促进会派出的勘察队到达天津，并两次前往新河道进行勘察
光绪二十四年	黄河新河道多处决口，李鸿章奉命携比利时工程师卢法尔前往勘察 戊戌维新期间东河总督旋撤旋复
光绪二十五年	李鸿章等人拟定《山东黄河大加修治办法》。稍后，又拟《山东河工救济治标办法》
光绪二十七年	庚子事变后，为偿赔款，东河机构议裁
光绪二十八年	东河总督及相关管理机构裁撤，河南段黄河改归河南巡抚负责

三　晚清新河道决口情况一览

决口时间	决口纪要
同治二年	六月，决兰阳，一股直下开州，一股旁趋定陶、曹、单、考城、菏泽、东明、长垣、巨野、城武、濮州、范、寿张等均被淹
同治三年	漫溢曹州等处*
同治七年	秋，决郓城赵王河东岸之红川口、霍家桥，大溜渐移安山，由安山入大清河
同治十年	八月，决郓城沮河东岸侯家林，东注南旺湖，又由嘉祥牛头河泛滥济宁，入南阳、微山等湖，淹巨野、金乡、鱼台、铜山、沛等县
同治十二年	闰六月至七月中旬，决东明之岳新庄、石庄户，溜分三股：南溜最大，由石庄、张家支门冲漫牛头河、南阳湖入运，经金乡、嘉祥，趋宿迁、沭阳等处，入六塘河；中溜由红川口入沮寿河；北溜由正河北注，折入郓城、寿张
光绪四年	决白龙湾，入徒骇河
光绪五年	决历城南岸溃沟*
光绪六年	九月，决东明高村，漫菏泽、巨野、嘉祥数县
光绪八年	七月，决历城北岸之桃园，由济阳入徒骇河，经商河、惠民、滨州、沾化入海
光绪九年	五月，决齐东、利津及历城； 十月，决齐东、利津及蒲台
光绪十年	闰五月，决齐东南岸萧家庄、阎家庄，历城南岸霍家溜、河套圈及利津南岸等处
光绪十一年	五月，决齐河赵家庄，入徒骇。又决章丘南岸郭家寨，入小清河。六月，决寿张孙家码头，分两股：小股漫阳谷，大股穿陶城埠，趋东阿、平阴、肥城，抵长清赵王河，半由齐河入徒骇，半由五龙潭出大清河； 七月，决长清大码头，入徒骇
光绪十二年	正月，决济阳、章丘交界之南岸何王庄，分溜约十分之三，半由枯河、灉河仍归正河，半出蒲台至利津宁海庄入海； 三月，决惠民北岸王家圈、姚家口，均入徒骇。又决济阳北岸安家庙、章丘南岸吴家寨； 六月，决齐河北岸赵庄，入徒骇，又决历城南岸河套圈，入小清河
光绪十三年	六月，决开州大辛庄，灌濮州、范、寿张、阳谷、东阿、平阴、茌平及禹城； 八月，决郑州，新河道断流
光绪十五年	六月，决章丘之大寨、金王等庄，分溜由小清河经乐安入海； 七月，决齐河之张村，分溜入徒骇河
光绪十七年	决历城师家坞*
光绪十八年	闰六月，决惠民北岸白茅坟，归徒骇河入海，又决利津北岸张家屋； 七月，又决北岸桑家渡及南关灰坝，水汇白茅坟归入徒骇。又决章丘南岸之胡家岸，由小清河之羊角沟入海

续表

决口时间	决口纪要
光绪二十一年	正月,决济阳北岸高家纸坊,入徒骇。 六月,决利津北岸吕家洼。又决齐东南岸北赵家,由青城南趋,直灌小清河。又决寿张南岸高家大庙,直趋沮河,复绕东南至梁山、安山一带,仍入正河
光绪二十二年	五月,决利津北岸赵家菜园,与吕家洼倒漾之水相接
光绪二十三年	正月,决历城、章丘交界之小沙滩、胡家岸,由郭家寨经齐东、高苑、博兴、乐安等县入海。 五月,决利津两口,汇由迤南丝网口入海,东抚李秉衡请留为入海之路。 十一月,决利津北岸姜庄、马庄,由沾化之泽河入海
光绪二十四年	六月,决历城南岸杨史道口,夺溜十分之六,经高苑、博兴、乐安一带,由小清河入海。决寿张杨庄,由郓城穿运,仍入正河。决东阿王家庙,分溜十分之一,由茌平、禹城等直入徒骇。决济阳桑家渡,分溜十分之四,由商河、惠民、滨州、沾化等经徒骇直趋泽河入海
光绪二十六年	正月,决滨州张肖堂家,历惠民、阳信、沾化、利津,由泽河入海
光绪二十七年	六月,决惠民北岸五杨家。又决章丘南岸陈家窑
光绪二十八年	六月,决利津南岸冯家庄
光绪二十九年	决惠民刘旺庄。六月,决利津小宁海庄
光绪三十年	正月,决利津北岸王庄等处,由徒骇入海。 六月,决利津北岸之薄庄,穿徒骇至老鸹嘴入海,以水行较畅,故不塞
光绪三十二年	尾闾自虎滩分流至小叉河入海*
宣统元年	决濮阳孟店牛寨等村*
宣统二年	决阳孟店李忠长垣二郎庙*
宣统三年	决东明县南堤,在刘庄西数里*

注:(1)本表主要根据岑仲勉《黄河变迁史》一书第一四节上"铜瓦厢改道以至清末"黄河河患情况表修改而成。原表所及决口均有文献依据,且还包括东河河道的决口情况、部分决口的堵筑情况以及民国时期决口情况,考虑本研究空间范围集中在铜瓦厢以下新河道,改道后原东河河段决溢较少,以及堵塞口门情形复杂,本表仅选取了晚清时期新河道决口情况,未及堵塞。(2)为了尽可能展示晚清新河道决口概况,本表还参考了吴君勉《古今治河图说》一书第九章第三节"近代河患及塞治二",*条目即来源于此。(3)从清末山东巡抚周馥所撰《治水述要》中所及晚清黄河概况来看,本表仍有遗漏,不过考虑新河道长期"无防""无治",决溢极为频繁,难以确切统计,未做进一步补充。(4)由于新河道上游在改道后的很长一段时间里没有固定河道,处于肆意漫流的状态,决口次数无法统计,故未将此包括在内。

参考文献

一 史料类

（一）档案

国家清史纂修工程灾赈志课题组与第一历史档案馆合作整理《清代灾赈档案专题史料》，电子版。

黄河档案馆藏清1黄河干流档案。

水利电力部水管司、水利水电科学研究院编《清代淮河流域洪涝档案史料》，中华书局，1988。

水利电力部水管司科技司、水利水电科学研究院编《清代黄河流域洪涝档案史料》，中华书局，1993。

中国第一历史档案馆藏宫中档朱批奏折。

中国第一历史档案馆藏军机处录副奏折。

中国第一历史档案馆编《雍正朝汉文朱批奏折汇编》，江苏古籍出版社，1991。

中国第一历史档案馆编《光绪朝朱批奏折》，中华书局，1995。

中国第一历史档案馆编《光绪宣统两朝上谕档》，广西师范大学出版社，1996。

中国第一历史档案馆编《咸丰同治两朝上谕档》，广西师范大学出版社，1998。

中国第一历史档案馆编《嘉庆朝上谕档》，广西师范大学出版社，2008。

（二）官书

纪昀等撰《历代职官表》，上海古籍出版社，1989。

龙文彬撰《明会要》，光绪十三年永怀堂刻本。

《清代起居注册·咸丰朝》，台北国学文献馆，1983。

《清会典事例》，中华书局，1991。

《清实录》，中华书局，1985～1987。

申时行等修，赵用贤等纂《大明会典》，明万历内府刻本。

王先谦编《东华续录》（咸丰朝），光绪刻本。

王锺翰点校《清史列传》，中华书局，1987。

赵尔巽等撰《清史稿》，民国17年清史馆铅印本。

赵尔巽等撰《清史河渠志》，沈云龙主编《中国水利要籍丛编》第2集第18册，文海出版社，1969。

中国第一历史档案馆编《大清五朝会典》，线装书局，2006。

朱寿朋编《光绪朝东华录》，中华书局，1959。

（三）时人著述

包世臣：《安吴四种》，同治十一年刻本。

陈锦：《勤馀文牍》，光绪五年刊本。

陈康祺：《郎潜纪闻四笔》，中华书局，1990。

陈蘷龙：《庸庵尚书奏议》，民国2年排印本。

陈弢辑《同治中兴京外奏议约编》，光绪元年刊本。

陈文述：《颐道堂文钞》，道光刻本。

董平章：《秦川焚馀草》，《续修四库全书》本。

范玉琨：《安东改河议》，道光刻本，石光明、董光和、杨光辉主编《中华山水志丛刊》下卷第21册，线装书局，2004。

冯桂芬：《显志堂稿》，光绪二年刻本。

顾廷龙、戴逸主编《李鸿章全集》，安徽教育出版社，2008。

郭嵩焘：《养知书屋诗文集》，光绪十八年刊本。

黄玑：《山东黄河南岸十三州县迁民图说》，光绪二十二年。

靳辅：《治河奏绩书》，浙江鲍士恭家藏本。

康基田：《河渠纪闻》，沈云龙主编《中国水利要籍丛编》第2集第17册，文海出版社，1969。

李瀚章编《曾文正公全集·奏稿》，光绪二年校刻本。

李祖陶：《迈堂文略》，道光刻本。

刘鹗：《老残游记》，中华书局，2013。

刘承翰辑《王文敏公（懿荣）遗集》，民国12年刊本。

刘鹗：《历代黄河变迁图考》，沈云龙主编《中国水利要籍丛编》第5集第42册，文海出版社，1969。

罗文彬编《丁文诚公（宝桢）遗集》，光绪二十五年补刊本。

欧阳兆熊、金安清：《水窗春呓》，中华书局，1984。

沈粹芬等辑《国朝文汇》，宣统石印本。

沈桐生辑《光绪政要》，宣统元年石印本。

王延熙、王树敏辑《皇朝道咸同光奏议》，光绪二十八年石印本。

吴汝纶、章洪钧编《李肃毅公（鸿章）奏议》，光绪石印本。

锡良：《锡清弼制军奏稿》，文海出版社，1974。

萧荣爵编《曾忠襄公（国荃）奏议》，光绪二十九年刊本。

张集馨：《道咸宦海见闻录》，中华书局，1981。

张祖佑原辑，林绍年鉴订《张惠肃公（亮基）年谱》，油印本。

章晋墀、王乔年述《河工要义》，沈云龙主编《中国水利要籍丛编》第4集第36册，文海出版社，1969。

中华书局编辑部编《魏源集》，中华书局，1983。

周馥：《秋浦周尚书（玉山）全集》，民国11年秋浦周氏刊本。

朱采：《清芬阁集》，光绪三十三年排印本。

朱之臻：《常惺惺斋文集》，民国9年刊本。

（四）方志

光绪《肥城县志》，光绪十七年刻本。

光绪《丰县志》，光绪二十年刻本。

光绪《惠民县志》，光绪二十五年刻本。

光绪《利津县志》，光绪九年刻本。

光绪《平阴县志》，光绪二十一年刻本。

光绪《寿张县志》，光绪二十六年刻本。

光绪《睢宁县志》，光绪十三年刻本。

光绪《新修菏泽县志》，光绪十一年刻本。

光绪《阳谷县志》，民国31年铅印本。

光绪《郓城县志》，光绪十九年刻本。

河南省兰考县县志编纂委员会：《兰考旧志汇编》，兰考县志总编室

1981 年整印。

嘉靖《兰阳县志》，嘉靖刻本。

民国《山东通志》，民国 7 年铅印本。

民国《茌平县志》，民国 24 年铅印本。

民国《定陶县志》，民国 5 年刻本。

民国《东明县新志》，民国 22 年铅印本。

民国《东平县志》，民国 25 年铅印本。

民国《济宁直隶州续志》，民国 16 年铅印本。

民国《考城县志》，民国 30 年铅印本。

民国《利津县续志》，民国 24 年铅印本。

民国《兰阳县志》，民国 24 年铅印本。

民国《临清县志》，民国 23 年铅印本。

民国《沛县志》，民国 9 年铅印本。

民国《齐东县志》，民国 24 年铅印本。

民国《齐河县志》，民国 22 年铅印本。

民国《青城续修县志》，民国 24 年铅印本。

民国《寿光县志》，民国 25 年铅印本。

民国《续修历城县志》，民国 15 年铅印本。

民国《阳信县志》，民国 15 年铅印本。

民国《沾化县志》，民国 24 年铅印本。

民国《长清县志》，民国 24 年铅印本。

民国《重修博兴县志》，民国 25 年铅印本。

乾隆《利津县志补》，乾隆三十五年刊本。

同治《增修长垣县志》，同治十二年刊本。

咸丰《滨州志》，咸丰十年刻本。

咸丰《武定府志》，咸丰九年刻本。

翟自豪编著《兰考黄河志》，黄河水利出版社，1998。

林传甲总纂，孔教会本部编辑，中国地学会校勘《大中华山东省地理志》，1920。

（五）其他中文史料

《东方杂志》

《申报》

傅泽洪辑《行水金鉴》，上海商务印书馆，1936。

葛士濬辑《清经世文续编》，光绪二十七年排印本。

侯全亮、孟宪明、朱叔君选注《黄河古诗选》，中州古籍出版社，1989。

黎世序等纂修《续行水金鉴》，上海商务印书馆，1940。

李文海、林敦奎、周源、宫明：《近代中国灾荒纪年》，湖南教育出版社，1990。

山东地方史志编纂委员会编《山东史志资料》1982 年第 2 辑，山东人民出版社，1982。

盛康辑《清经世文编续编》，光绪二十三年刊本。

汪胡桢、吴慰祖编《清代河臣传》，沈云龙主编《中国水利要籍丛编》第 2 集第 19 册，文海出版社，1969。

中国史学会主编《捻军》，上海人民出版社，1957。

中国水利水电研究院水利史研究室编校《再续行水金鉴》黄河卷、运河卷，湖北人民出版社，2004。

左慧元编《黄河金石录》，黄河水利出版社，1999。

（六）外文史料

North-China Herald

Saunders's News-letters and Daily Advertiser

The Morning Post

The Banbury Guardian

The Banbury Advertiser

The Bath Chronicle

The Diss Express and Norfolk and Suffolk Journal

The Evening Telegraph

The Leeds Mercury

"Geographical Notes," *Proceedings of the Royal Geographical Society and Monthly Record of Geography*, Vol. 1, No. 2 (1879).

"On the Important Changes That Have Lately Taken Place in the Yellow River," *Journal of the Royal Geographical Society of London*, Vol. 28 (1858).

Ney Ellas, "Notes of Journey to the New Course of the Yellow River in 1868," *Proceedings of the Royal Geographical Society of London*, Vol. 14, No. 1 (1869).

Ney Elias, "Subsequent Visit to the Old Bed of the Yellow River," *The Journal of the Royal Geographical Society of London*, Vol. 40 (1870).

William Lockhart, "The Yang-Tse-Keang and Hwang-Ho, or Yellow River", *The Journal of the Royal Geographical Society of London*, Vol. 28 (1858).

"Extract of the Accounts of Captain P. G. Van Schermbeek and Mr. A. Visser, Relating Their Travels in China and the Results of Their Inquiry into the State of the Yellow River," *Memorandum Relative to the Improvement of the Hwang-ho or Yellow River in North-China*," The Hague Martinus Nijhoff, 1891.

二　研究论著类

(一) 著作

包锡成:《包锡成文集》,黄河水利出版社,1999。

曹树基:《鼠疫:战争与和平——中国的环境与社会》,山东画报出版社,2006。

岑仲勉:《黄河变迁史》,中华书局,2004。

邓拓:《中国救荒史》,三联书店,1958。

杜赞奇:《文化、权力与国家:1900~1942 年的华北农村》,王福明译,江苏人民出版社,2003。

费正清、刘广京主编《剑桥中国晚清史 (1800~1911 年)》上卷,中国社会科学院历史研究所编译室译,中国社会科学出版社,1985。

复旦大学历史地理研究中心主编《自然灾害与中国社会历史结构》,复旦大学出版社,2001。

高治定、李文家、李海荣等编著《黄河流域暴雨洪水与环境变化影响研究》,黄河水利出版社,2002。

郭豫明:《捻军史》,上海人民出版社,2001。

韩昭庆:《黄淮关系及其演变过程研究——黄河长期夺淮期间淮北平原湖泊、水系的变迁和背景》,复旦大学出版社,1999。

侯全亮主编《民国黄河史》,黄河水利出版社,2009。

侯仁之：《续〈天下郡国利病书〉·山东之部》，哈佛燕京学社，1941。

黄河水利委员会、黄河志总编辑室编《黄河河政志》，河南人民出版社，1996。

冀朝鼎：《中国历史上的基本经济区与水利事业的发展》，朱诗鳌译，中国社会科学出版社，1981。

卡尔·A. 魏特夫：《东方专制主义：对于集权力量的比较研究》，徐式谷、吴瑞森、邹如山等译，中国社会科学出版社，1989。

康沛竹：《灾荒与晚清政治》，北京大学出版社，2002。

柯文：《历史三调：作为事件、经历和神话的义和团》，杜继东译，江苏人民出版社，2000。

孔飞力：《中华帝国晚期的叛乱及其敌人：1796～1864 年的军事化与社会结构》，谢亮生等译，中国社会科学出版社，2002。

李文海、周源：《灾荒与饥馑：1840～1919》，高等教育出版社，1991。

李文海等：《中国近代十大灾荒》，上海人民出版社，1994。

李向军：《清代荒政研究》，中国农业出版社，1995。

李祖德、陈启能主编《评魏特夫的〈东方专制主义〉》，中国社会科学出版社，1997。

林修竹：《历代治黄史》，山东河务总局印行，1926。

林修竹编，陈名豫校《山东各县乡土调查录》，商务印书馆，1919。

刘伟：《晚清督抚政治》，湖北教育出版社，2003。

马俊亚：《被牺牲的"局部"：淮北社会生态变迁研究（1680～1949)》，北京大学出版社，2011。

倪玉平：《清代漕粮海运与社会变迁》，上海书店出版社，2005。

裴宜理：《华北的叛乱者与革命者：1845～1945》，池子华、刘平译，商务印书馆，2007。

彭慕兰：《腹地的构建：华北内地的国家、社会和经济（1853～1937)》，马俊亚译，社会科学文献出版社，2005。

任美锷：《黄河：我们的母亲河》，清华大学出版社，2002。

芮玛丽：《同治中兴：保守主义的最后抵抗》，房德邻等译，中国社会科学出版社，2002。

森田明：《清代水利社会史研究》，郑梁生译，台湾编译馆，1996。

申丙：《黄河通考》，台湾中华丛书编审委员会，1960。

申学锋：《晚清财政支出政策研究》，中国人民大学出版社，2006。

史念海：《黄土高原历史地理研究》，黄河水利出版社，2001。

史念海：《中国的运河》，陕西人民出版社，1988。

水利部黄河水利委员会《黄河水利史述要》编写组：《黄河水利史述要》，水利出版社，1982。

水利部黄河水利委员会编《黄河河防词典》，黄河水利出版社，1995。

水利电力部黄河水利委员会编《人民黄河》，水利电力出版社，1959。

《孙中山全集》，中华书局，1981。

王亚南：《中国官僚政治研究》，中国社会科学出版社，1981。

魏丕信：《18 世纪中国的官僚制度与荒政》，徐建青译，江苏人民出版社，2003。

吴君勉：《古今治河图说》，水利委员会，1942。

吴祥定、钮仲勋、王守春等：《历史时期黄河流域环境变迁与水沙变化》，气象出版社，1994。

夏明方：《近世棘途：生态变迁中的中国现代化进程》，中国人民大学出版社，2012。

夏明方：《民国时期自然灾害与乡村社会》，中华书局，2000。

谢世诚：《晚清道光、咸丰、同治朝吏治研究》，南京师范大学出版社，1999。

姚汉源：《中国水利发展史》，上海人民出版社，2005。

尹学良：《黄河下游的河性》，中国水利水电出版社，1995。

詹姆斯·C. 斯科特：《国家的视角：那些试图改善人类状况的项目是如何失败的》，王晓毅译，社会科学文献出版社，2004。

张含英：《历代治河方略述要》，商务印书馆，1945。

张含英：《治河论丛》，国立编译馆，1936。

郑肇经：《中国水利史》，商务印书馆，1993。

周锡瑞：《义和团运动的起源》，张俊义、王栋译，江苏人民出版社，1995。

朱浒：《地方性及其超越：晚清义赈与近代中国的新陈代谢》，中国人民大学出版社，2006。

邹逸麟：《千古黄河》，香港中华书局，1990。

（二）期刊论文

陈桦：《清代的河工与财政》，《清史研究》2005 年第 3 期。

丁志刚：《灾害政治学：灾害中的国家》，《甘肃社会科学》2009 年第 5 期。

董龙凯：《1855~1874 年黄河漫流与山东人口迁移》，《文史哲》1998 年第 3 期。

董龙凯：《从清末山东黄河南岸十三州县迁民及返迁看政府与农民关系》，《社会科学战线》2003 年第 6 期。

韩仲文：《清末黄河改道之争议》，《中和》第 3 卷第 10 期，1942 年 10 月。

郝平：《和而不同：多学科视野下的灾害史研究》，《灾害与历史》第 1 辑，商务印书馆，2018。

侯仁之：《靳辅治河始末》，《史学年报》第 2 卷第 3 期，1936 年。

胡思庸：《近代开封人民的苦难史篇》，《中州今古》1983 年第 1 期。

胡思庸：《清代黄河决口次数与河南河患纪要表》，《中州今古》1983 年第 3 期。

姜铎：《洋务运动研究的回顾》，《历史研究》1997 年第 2 期。

康沛竹：《灾荒与太平天国的失败》，《北方论丛》1995 年第 6 期。

李靖莉：《光绪年间黄河三角洲的河患与移民》，《山东师范大学学报》（人文社科版），2002 年第 4 期。

李文海：《甲午战争与灾荒》，《历史研究》1994 年第 6 期。

李文海：《清末灾荒与辛亥革命》，《历史研究》1991 年第 5 期。

李文海：《鸦片战争时期连续三年的黄河大决口》，《历史并不遥远》，中国人民大学出版社，2004。

李文海：《中国近代灾荒与社会稳定》，《李文海自选集》，学习出版社，2005。

李文学：《论"宽河固堤"与"束水攻沙"治黄方略的有机统一》，《水利学报》2002 年第 10 期。

李翔：《灾害政治学：研究视角与范式变迁》，《华中科技大学学报》（社会科学版）2012 年第 4 期。

林敦奎：《社会灾荒与义和团运动》，《中国人民大学学报》1991 年第 4 期。

刘国旭：《试从气候和人类活动看黄河问题》，《地理学与国土研究》2002 年第 3 期。

刘仰东：《灾荒：考察近代中国社会的另一个视角》，《清史研究》1995 年第 2 期。

钮仲勋：《黄河与运河关系的历史研究》，《人民黄河》1997 年第 1 期。

彭泽益：《清代财政管理体制与收支结构》，《中国社会科学院研究生院学报》1990 年第 2 期。

钱宁：《1855 年铜瓦厢决口以后黄河下游历史演变过程中的若干问题》，《人民黄河》1986 年第 5 期。

商鸿逵：《康熙南巡与治理黄河》，《北京大学学报》（哲学社会科学版）1981 年第 4 期。

邵永忠：《二十世纪以来荒政史研究综述》，《中国史研究动态》2004 年第 3 期。

申学锋：《光绪十三至十四年黄河郑州决口堵筑工程述略》，《历史档案》2003 年第 1 期。

沈怡：《黄河与治乱之关系》，《黄河水利月刊》第 1 卷第 2 期，1934 年。

师长兴：《1855 年以来黄河泥沙输移系统的泥沙淤积分布分析》，《泥沙研究》2003 年第 2 期。

谭其骧：《黄河与运河的变迁》，《地理知识》1955 年第 8、9 期。

唐博：《铜瓦厢改道后清廷的施政及其得失》，《历史教学》（高校版）2008 年第 4 期。

田德本：《1855～1995 年黄河下游山东河段河道冲淤厚度浅析》，《人民黄河》1998 年第 4 期。

王京阳：《清代铜瓦厢改道前的河患及其治理》，《陕西师大学报》（哲学社会科学版）1979 年第 1 期。

王林：《黄河铜瓦厢决口与清政府内部的复道与改道之争》，《山东师范大学学报》（人文社科版）2003 年第 4 期。

王先明：《晚清士绅基层社会地位的历史变动》，《历史研究》1996 年第 1 期。

王英华、谭徐明：《清代江南河道总督与相关官员间的关系演变》，《淮阴工学院学报》2006 年第 6 期。

王英华：《康乾时期关于治理下河地区的两次争论》，《清史研究》2002 年第 4 期。

王英华：《清口东西坝与康乾时期的河务问题》，《中州学刊》2003 年第 3 期。

王涌泉：《1855 年黄河大改道与百年灾害链》，《地学前缘》2007 年第 6 期。

王振忠：《河政与清代社会》，《湖北大学学报》（哲学社会科学版）1994 年第 2 期。

王质彬、王笑凌：《清嘉道年间黄河决溢及其原因考》，《清史研究通讯》1990 年第 2 期。

王质彬：《明清大运河兴废与黄河关系考》，《人民黄河》1983 年第 6 期。

王竹泉：《黄河河道成因考》，《科学》10 卷 2 期，1925 年 5 月。

魏丕信：《水利基础设施管理中的国家干预——以中华帝国晚期的湖北省为例》，陈锋主编《明清以来长江流域社会发展史论》，武汉大学出版社，2006。

魏丕信：《中华帝国晚期国家对水利的管理》，陈锋主编《明清以来长江流域社会发展史论》，武汉大学出版社，2006。

夏明方：《铜瓦厢改道后清政府对黄河的治理》，《清史研究》1995 年第 4 期。

徐福龄：《黄河下游河道历史变迁概述》，《人民黄河》1982 年第 3 期。

徐福龄：《黄河下游明清河道和现行河道演变的对比研究》，《治河文选》，黄河水利出版社，1996。

徐凯、商全：《乾隆南巡与治河》，《北京大学学报》（哲学社会科学版）1990 年第 6 期。

阎永增、池子华：《近十年来中国近代灾荒史研究综述》，《唐山师范学院学报》2001 年第 1 期。

　　颜元亮：《黄河铜瓦厢决口后改新道与复故道的争论》，《黄河史志资料》1988 年第 3 期。

　　颜元亮：《清代黄河铜瓦厢决口及新河道的演变》，《人民黄河》1986 年第 2 期。

　　颜元亮：《清代铜瓦厢改道前的黄河下游河道》，《人民黄河》1986 年第 1 期。

　　张含英：《黄河改道之原因》，《陕西水利月刊》第 3 卷第 4 期，1936 年。

　　张含英：《五十年黄河话沧桑》，《黄河水利月刊》1934 年 10 月。

　　张家驹：《论康熙之治河》，《光明日报》1962 年 8 月 1 日。

　　张汝翼：《近代治黄中西方技术的引进》，《人民黄河》1985 年第 3 期。

　　张瑞怡：《黄河铜瓦厢改道地质背景浅析》，《人民黄河》2001 年第 9 期。

　　张徐乐：《晚清郑工借款考论》，《史学月刊》2003 年第 12 期。

　　郑师渠：《论道光朝河政》，《历史档案》1996 年第 2 期。

　　周文浩：《黄河山东河段几个历史问题的分析》，《人民黄河》1982 年第 5 期。

　　庄积坤：《1855 年前后黄河沁河口至铜瓦厢河段情况初探》，《人民黄河》1982 年第 1 期。

　　邹逸麟：《黄河下游河道变迁及其影响概述》，《复旦学报》历史地理专辑，1980 年。

（三）学位论文

　　陈华：《清代咸同年间山东地区的动乱——咸丰三年至同治二年》，台湾大学博士学位论文，1979。

　　董龙凯：《山东段黄河灾害与人口迁移（1855～1947）》，复旦大学博士学位论文，1999。

　　刘仰东：《灾荒与近代社会》，中国人民大学博士学位论文，1995。

　　王英华：《清前中期（1644～1855 年）治河活动研究：清口一带黄淮运的治理》，中国人民大学博士学位论文，2003。

（四）外文成果

Antonia Finnane, "Bureaucracy and Responsibility—a Reassessment of the Administration under the Qing," *Far Eastern History* 30, 1984.

Chang-Tu Hu, "The Yellow River Administration in the Ch'ing Dynasty," *The Far Eastern Quarterly*, Vol. 14, No. 4, Special Number on Chinese History and Society, 1955.

Randalla Dodgen, *Controlling the Dragon—Confucian Engineers and the Yellow River in Late Imperial China*, Honolulu University of Hawai'I Press, 2001.

Will, Pierre-Etienne, "On State Management of Water Conservancy in Late Imperial China," *Papers on Far Eastern History* 36, 1987.

索　引

后　记

2017 年暑假，我到山西大同参加第二届"灾害与历史"研修班，在自由交流环节，谈了自己学习研究清代黄河史十余年的一点儿心得，包括我的博士学位论文《黄河铜瓦厢决口改道与晚清政局》。当时，高建国老师建议我到铜瓦厢决口改道发生的地方实地走走，并讲"读万卷书"与"行万里路"不可偏废。对此教诲，我在感谢之余颇为认同。记得刚刚接触这个问题时，对于文献所载"民埝"和"官堤"多有迷惑，何为民埝，何为官堤，似乎从字面不难理解，可是由于黄河的游荡性与流量的季节性较强，加以晚清治理情况错综复杂，二者在地理上到底如何区别与关联，直到我亲临黄河看到宽阔的河床上水流与河滩的占比时才稍显清晰。只是后来由于研究问题转移，一直未进行更进一步的考察，不过这时我应该可以了，于是决定趁假期到咸丰五年黄河发生改道的地方——河南省兰考县东坝头乡东坝头村走走。

东坝头村，从村名来看，就有很强历史的印记。水利部黄河水利委员会编的《黄河河防词典》记：东坝头指兰考县东坝头险工的 28 号坝。1855 年黄河决铜瓦厢（今兰考县境）改道后，河东断堤裹护后称"东坝头"。该坝长 440 米，现为控制河势的重点坝。如今以此命名村庄，当是对 1855 年黄河大改道的别样记忆。再者，考诸文献以及实地考察，还有"西坝头"以及"西坝头村"与之对应，不同的是，东坝头村紧邻黄河，而西坝头村则有几千米的距离，这应也与当年决口发生在北岸后又形成大改道有关。或许由于当地在搞红、黄、绿三色旅游资源开发，人气较高，本地百姓对于黄河的历史也有了解。一位热情好客的大姐侃侃而谈之余还手指不远处：瞧，那里就是当年黄河发生改道的地方。我顺着望去，大概就是黄河河道向东北方向拐弯处，与史料所记大体吻合。当我询及近年所立"铜瓦厢决口处"碑时，有位大爷说，碑不在他们村，立在了西坝头村，距离得有十几里路。当然，除了我感兴趣的"黄"，村民们还饶有兴致地谈到了"红"，即焦裕禄精神，并以骄傲自豪的口吻说，国家主席习近平曾到这里实地考察。其实，河岸上修建的"毛主席视察黄河纪念亭"也是一个很好的明证。稍后，我决定再去西坝头村看看。根据村民的指点，我驱车驶过不远处的浮桥，进入一条乡间小路，路两边是大片大片的玉米地，记得走了很远才望到村庄，这一地况也是铜瓦厢改道具体情形的一个诠释：由于决口发生在北岸，黄水朝东北方向倾泻，北面和西面的区域所受影响较大，或许这大片的农田就是当年诺宽的水道。不过遗憾的是，在田野间的无名路上行驶，导航失灵，正午时分又不见行人，加上小女觉得无趣，烦闹一番，我们不得不中途折回。即便如此，也深深地感到，做黄河史研究除了要在书斋里阅读大量文献，还需要沿河走走，以在现实的细微之处体味复杂的历史情感。

　　这些年生活在山东，去到黄河也就有了些许便利，不过或许由于关注过晚清黄河灾害问题的缘故，每每都带有一种悲情与迷思。比如济南这座有着两千多年历史的文化名城，本因处在济水之南而得名，可是1855年铜瓦厢改道后，不仅济水河道为黄河所侵占，这座城市也陷入了灾难之中，久而久之，其形神不能不深受影响。就像晚清小说家刘鹗在《老残游记》中提及："当初黄河未并大清河的时候，凡城里的七十二泉泉水，皆从此地（泺口）入河，本是个极繁盛的所在。自从黄河并了，虽仍有货船来往，究竟不过十分之一二，差得远了。"及至一百多年后的今天，黄河已不再泛滥为患，济南也在规划跨河发展，沿黄防护林还被开发为旅游资源。如此沧桑巨变不能不引人深思。我们在地域文化的深处还能察觉到哪些蛛丝马迹？体会怎样的味道？还有距离济南不远的东营，黄河入海的地方，一座融汇黄、蓝、黑的城市，也有颇多景观引人瞩目。比如在面积广阔的黄河口湿地上，河水缓缓流淌，伴着芦苇塘、盐碱地、养殖池，以及珍禽鸟类，稀有树种……如沿河行至河口，还可见黄蓝相间如泾渭分明般的水面，以及数口油井竖立水中。对此奇观之成因，自然科学领域已经从水体密度、河海动力等多个方面进行探析，而若从人文的角度出发，又会有怎样的体验？

　　以这样的形式为后记开头，主要是不想让本书出版因为时间长久而显沉重。坦率地讲，这个课题是李文海先生指定的，我当时也下决心做好，可是由于资质愚钝，加以博三时那场大病，不得不降低要求。后来进入博士后研究阶段，由于工作所需，我转到了一个相关问题的探讨，研究时段也拓展至清前期。只是身为女性，奔波于育儿与工作之间，这一转就是一段很长的时间。稍感欣慰的是，相关探讨不仅实现了我研究生涯的一个突破，也有助于理解与把握晚清黄河灾害。诚然，时不我待，这些年已有一些新的相关研究成果出现，从河工物料、治河经费、水灾影响等方面进行延展与深入探讨。不过越是这样，我越觉得需要将本项研究出版，原因主要在于铜瓦厢改道问题为认识晚清乃至整个近代黄河问题的基本点。随着研究的深入，我也深感以往对于该问题的理解与把握存在诸多不足。

在本书即将出版之际，我要向多年来支持、帮助过我的师友致以深深的谢意。能够到人大清史所攻读博士学位是我人生的幸运。在这里，我得到了李文海先生的耳提面命，如今先生已驾鹤西去，但是音容笑貌时常浮现于眼前，恩泽教诲则深刻于心。在这里，我还被一种始终追求卓越的学术研究精神所感染，也受惠于老师们的深切关爱以及同学间浓浓的切磋砥砺之情。还有此间，由于李文海和夏明方老师在主持编纂大清史灾赈志，我自然成为课题组成员，记得朱浒师兄、晓华师姐、李岚师姐、王娟师姐和四伍师兄早在其中，还有余新忠老师倾情参与，与诸老师及同门如此近距离接触，收获颇丰。在后来论文修改过程中，曾受国家留学基金委与山东大学合作的青骨项目资助到伦敦大学访问学习，其间，我不仅搜集了对于完善书稿具有重要价值的英文文献，还在 Andrea Janku 老师的安排下，做了一次研讨报告，诸老师和同学所提问题对完善书稿也多有启发。这些年，山东大学浓郁的学术氛围、领导同事的支持与鼓励，还有诸多师友的提点与帮助，也让我有信心一直坚持，在此一并致谢！最后感谢学位论文评审与答辩专家，以及国家社科基金后期项目匿名评审专家所提宝贵意见！感谢社会科学文献出版社徐思彦老师、宋荣欣老师和陈肖寒老师的大力支持！感谢硕士生张凤娜帮助校核书稿！感谢家人一直以来的宽容与体谅！

如今，黄河的问题已经发生变化，如何"维持黄河健康生命"，重塑人与河流的关系成为新的时代命题。毫无疑问，这不仅需要自然科学界的不懈努力，还需要人文社科尤其历史学界的积极参与，本书所及朝野论争中蕴含的人与自然的关系以及晚清黄河的悲剧性命运或可从一个侧面予以证明。若放宽视野更可感知，历史中的黄河，有温情，有暴虐，黄河中的历史，有多样日常，也有波诡云谲，当把黄河放还到天地生人这一庞大的系统之中进行纵向考察时，还有助于在历史的纵深之处探测其未来走向。最后，限于本人学识能力，研究中还存有诸多不足，唯有继续勉力探索，也请专家同仁不吝赐教。

2019 年 7 月于泉城济南

图书在版编目（CIP）数据

黄河铜瓦厢决口改道与晚清政局 / 贾国静著 . -- 北
京：社会科学文献出版社，2019.8
国家社科基金后期资助项目
ISBN 978 - 7 - 5201 - 4951 - 8

Ⅰ . ①黄⋯ Ⅱ . ①贾⋯ Ⅲ . ①黄河 - 决口 - 关系 - 政
治制度史 - 研究 - 中国 - 清后期②黄河 - 河流改道 - 关系
- 政治制度史 - 研究 - 中国 - 清后期 Ⅳ . ①TV882.1
②D691.2

中国版本图书馆 CIP 数据核字（2019）第 102206 号

·国家社科基金后期资助项目·

黄河铜瓦厢决口改道与晚清政局

著　　者 / 贾国静

出　版　人 / 谢寿光
责任编辑 / 梁艳玲　陈肖寒
文稿编辑 / 侯婧怡

出　　版 / 社会科学文献出版社·历史学分社（010）59367256
　　　　　　地址：北京市北三环中路甲 29 号院华龙大厦　邮编：100029
　　　　　　网址：www. ssap. com. cn
发　　行 / 市场营销中心（010）59367081　59367083
印　　装 / 三河市龙林印务有限公司

规　　格 / 开　本：787mm × 1092mm　1/16
　　　　　　印　张：18　字　数：292 千字
版　　次 / 2019 年 8 月第 1 版　2019 年 8 月第 1 次印刷
书　　号 / ISBN 978 - 7 - 5201 - 4951 - 8
定　　价 / 98.00 元

本书如有印装质量问题，请与读者服务中心（010 - 59367028）联系

▲ 版权所有 翻印必究